해양과학총서 5

지구환경 변화사와 해저자원

(2판)

국립중앙도서관 출판시도서목록(CIP)

지구환경 변화사와 해저자원 / 2판 / 석봉출, 이희일 엮음. -- 안산 : 한국해양과학기술원(전 한국해양연구원), 2013년 7월 1일 p.208 ; 18.8×25.7cm ISBN 978-89-444-1027-7 04450 : ₩18,000 ISBN 978-89-444-1022-2(세트) 04450 해양 과학[海洋科學] 450-KDC5 550-DDC21 CIP2013006584

해양과학총서 5

지구환경 변화사와 해저자원

발행인 | 강정극
발행처 | 한국해양과학기술원
책임편집 | 석봉출, 이희일
출판기획 | 한종엽, 함춘옥
편집디자인 | 모모새비지니스 조심일, 이경희
인쇄 | 올리브 디앤피
표지 일러스트 | 손정호

초판 발행 | 1999. 12. 30
2판 발행 | 2013. 07. 01

출판등록 | 1990. 09. 07 안산시 제9호
ISBN 978-89-444-1022-2 (세트)
ISBN 978-89-444-1027-7 (04450) 값 18,000원

한국해양과학기술원 www.kiost.ac
주 소 | 426-744 경기도 안산시 상록구 해안로 787
Tel. 031)400-6000
주문·보급 | 계백북스
Tel. 02)734-2267, 734-9914 Fax. 02)736-9917

지구환경 변화사와 해저자원

2판

석봉출 · 이희일 엮음

목 차

6 2판에 붙여
8 초판 책머리에

1장 지구의 변동

원시지각이 만들어진 후 지구 환경은 쉼 없이 변하였고, 고생물들도 수차례에 걸쳐 멸종하였다.

12 중생대 말 대멸종과 지구환경 변화 장순근
24 살아 있는 지구, 대륙이동과 판구조론 석봉출

2장 해저지질과 고해양학

지구온난화의 원인을 파악하고 기후변화를 예측하기 위해 과거 지질시대의 기후변동을 연구해야 한다.

38 지질시대의 기후변동 현상민
46 화산활동과 고해양환경 천종화
56 해양 미생물과 고환경·고기후 변화 신임철·이희일
64 배타적 경제수역 및 동해 지질환경 유해수
72 극지 빙하기록에 나타난 고기후 변화 홍성민

3장 해저자원의 개발 및 이용

광물자원의 해외 의존도가 심한 우리나라는 심해저에
부존하는 21세기 유망자원에 주목해야 한다.

92 한반도의 해저와 유용광물자원 석봉출
102 대륙붕 석유와 천연가스 허 식
110 21세기 바다의 검은 노다지, 망간단괴 박정기
118 심해저 암반 위의 보고, 망간각 문재운
126 20세기의 위대한 발견, 해저열수광상 김종욱 · 이경용
136 21세기 신에너지 자원, 메탄수화물 석봉출
146 심해에 있는 산업 비타민, 희유금속 자원 박상준 · 유찬민

4장 해양탐사기술

무한한 자원을 품고 있지만 접근이 어려운 심해를
연구하기 위해 다양한 탐사기술이 개발되고 있다.

158 해저퇴적물 채취 및 분석기술 우한준 · 이희일
166 해저 지구물리 탐사기술 석봉출
174 해양원격 탐사기술 안유환 · 유홍룡
188 해저면 음향영상 탐사기술 김성렬

부 록

198 찾아보기

지구환경에 대해 경외심을 갖고 기후변화에 대응해야 할 것이다.

지구에 영향을 미쳤던 환경변화 중 '자연재앙'이라 할 만한 것은 대형 해저화산, 해저지진, 그리고 우주에서 날아온 큰 소행성의 충돌 등을 들 수 있다. 이러한 환경변화로 인해 지질시대의 많은 생물이 죽었고, 대형포유류인 공룡은 전멸하기도 했다. 그러나 이런 사건은 과거에 묻힌 것이 아니라 미래에 닥칠 수도 있는 사건이라는 점을 잘 알아야 한다.

최근 지구환경은 지금까지 인류가 경험하지 못했던 새로운 방향으로 변화되고 있으며, 이는 장차 인류의 존망과도 밀접한 관계가 있을 만큼 중요한 문제로 인식되고 있다. 지구역사를 통해 우리는, 짧게는 수천 년에서 길게는 수백만 년의 주기로 빙하기와 간빙기가 반복되며 환경이 변화했다는 것을 밝혀냈지만, 산업혁명 이후 화석연료의 사용, 무분별한 산림파괴, 오염물질 방출 등 최근 150년간 인간의 산업 활동으로 인해 지구의 환경은 수천, 수백만 년 간에 걸쳐 이뤄진 자연의 힘에 맞먹는 변화가 일어나고 있다. 더구나 18세기 초, 10억 명이었던 세계 인구는 산업혁명을 전후하여 뜀박질하듯 증가하여 20세기에 들어 1927년에는 20억, 1960년에 30억을 넘었고 21세기 현재, 70억을 넘어서고 있다. 특히 전체 인구의 80%가 육지의 10%에 해당하는 지역에 살고 있으며, 대부분은 바다에 연하여 살고 있다. 2050년 세계 인구는 92억 명에 이를 것으로 전망한다. 현재보다 1/3의 인구가 더 늘어나는 것이다.

그렇다면 과연 우리 인류가 살아가는 터전은 어떠한가? 인구는 폭발적 증가하지만 삶의 터전이 증가하는 것은 전혀 기대할 수 없다. 따라서 인류는 생존하기 위해 33%의 필요한 터전을 바다로부터 해결할 수밖에 없는 실정이다. 하지만 이에 따라 바다를 포함한 지구 환경이 파괴, 변화되고 자원이 고갈될 것은 분명하다. 자원을 무분별하게 사용하고

환경을 개발하며 파괴한 자연은 우리에게 크나큰 재앙으로 다시 돌아온다.

1978년 환경학자 제임스 러브록(James Lovelok)의 주장대로 지구를 하나의 유기체라 생각한다면 지금 살아있는 생명체 지구는 열병을 앓고 있는 셈이다. 극심한 열파, 열대성 폭풍우, 홍수, 화재, 지진, 쓰나미, 거대한 빙하의 해빙, 생물종의 멸종 등 걷잡을 수 없이 무너지고 있는 환경을 통해 우리는 지구의 변화를 인식할 수 있다. 이는 인간의 무분별한 활동의 결과로 지금부터라도 환경보전을 통해 변화를 최소화시켜 지구가 자정능력을 발휘할 수 있도록 해야 할 것이다.

어떻게 칼의 양날과도 같은 환경보전과 자원개발을 동시에 수행할 수 있을 것인가? 어떻게 아름답고 풍요로운 지구를 우리 후손에게 온전히 물려줄 수 있을 것인가? 이를 위해 우리는 체계적이고 확실한 과학적 기반 위에 지구환경 변화를 연구해야 할 것이며 해양의 지속가능한 개발과 보전을 통해 인간의 삶의 질을 향상시켜야 할 것이다. 우리 모두 지구환경에 대해 경외심을 갖고 기후변화에 대응해야 할 것이다. 지구환경 보전에 충실하여야 하며 해양에서의 자원개발도 더욱 환경 친화적으로 접근하여야 할 것이다.

이 책은 지구과학 관점에서 바라본 지구 환경변화의 역사와 함께 지구해양의 자원적 가치와 이의 효율적인 개발·이용을 위한 방법까지 전 분야에 걸쳐서 언급하고 있다. 1999년 초판이 출판되고 15년이 되어 시대가 변함에 따라 좀 더 알차고 충실한 지구과학 교본의 역할을 하기 위해 각 분야를 재조명하였고 두 편을 추가하였다. 따라서 이 책은 지구과학과 관련 있는 고교상급생, 대학생, 전문 기업인, 정책 입안자뿐만 아니라 일반 시민 모두에게 유용할 것이다.

옥고를 주신 필자들과 원고 수정에 귀한 시간을 쪼개어 주신 모든 필자들께 심심한 감사를 드린다. 특히, 이 책의 출간을 누구보다 기다렸던 고 신임철 박사께 감사와 애도의 마음을 전한다. 또한 원고를 다듬고 이 책의 발간을 위해 애써주신 한국해양과학기술원 해양과학도서관의 함춘옥 선생님, 그리고 모모새의 편집 디자인실 여러분께 감사를 드린다.

2013. 7.

편저자 석봉출·이희일

지구의 변화사를 이해하고
변화를 예측할 수 있다면,
지구를 더 잘 보살필 수 있을 것이다.

바다는 전 지구 표면의 70% 이상을 차지하고 있다. 그러나 거대하게 출렁이는 바닷물 밑바닥에도 육지와 같은 땅이 있다는 사실을 우리는 때때로 잊어버리기도 한다. 육지와 바다의 모습을 포함한 이 땅덩어리는 45억 년이란 세월 동안 끊임없이 변하여 왔고 지금도 그 활동을 멈추지 않고 있다. 인간의 출현과 활동은 이러한 지구의 역사와 비교할 때 한 방울 아침이슬이 반짝이다 사라지는 찰나에 불과하다. 이런 거대한 시간의 흐름을 자연스럽게 받아들이기까지 인간은 스스로 지구의 중심이라 믿었고 그 사고는 여전히 변하지 않고 있다. 특히 우리 인간은 개발의 명목으로 지구환경을 파괴하여 왔으며, 그 결과 지구는 급격하게 훼손되고 있다. 그러나 최근 이러한 지구환경의 급격한 변화는 이 지구가 생명체의 일부분임을 인식케 하는 계기가 되고 있으며 지구환경을 보호하여 후손에게 지구 원래의 모습을 넘겨주어야 한다는 지각운동이 활발하게 일어나고 있다. 따라서 우리가 지구 전체의 변화사를 이해하고 이를 토대로 앞으로의 변화까지도 예측할 수 있다면, 지구를 더 잘 보살필 수 있을 뿐 아니라 지구가 주는 보화를 적절하게 활용할 수 있을 것이다.

이 글의 구성을 크게 나누면 네 단락으로 구분되어 있다. 첫째, 지구의 전체변동을 이해하기 위하여 지구역사의 일부인 중생대와 판구조론을 언급하였고 둘째, 지구의 활동과 기후변동을 이해하면서, 현재 가장 민감한 이슈인 각국의 해역결정에 대한 지질의 중요성을 다루었으며 셋째, 숨겨져 있는 해저자원을 어떻게 적절하게 개발하고 이용할 수 있는 지를 다루었다. 그리고 마지막으로 앞의 세 부분을 이해하기 위해 사용되는 해양탐사기술에 대하여 언급하면서 마무리하였다.

20세기 마지막 해를 보내면서 좀 더 나은 해양과학총서를 만들고자 하였지만 여러 가지 부족한 점들이 많았다. 연안지형이나 갯벌에서의 지질의 중요성, 부유퇴적물이나 대기로부터 날아 들어오는 황사 등 지질학적인 물질들이 단지 땅에만 극한되지 않고 해수와 대기에서도 활발하게 움직이면서 지구환경에 지대한 영향을 준다는 사실들까지 포함시키고자 하였지만 다음 기회로 미룰 수밖에 없었다. 2년여의 산고 끝에 이 책이 세상에 빛 보도록 물심양면으로 도와주신 모든 분들에게 감사를 드린다. 바쁜 가운데도 원고청탁을 거절하지 않고 글을 써 주신 집필자들, 이 원고를 모두 읽어 주시고 많은 충고를 주신 한상준 소장, 김예동 박사, 최형태 과장, 이 책이 나오기까지 원고정리를 도와준 최현주, 김신정, 출판을 위하여 애를 써 주신 송기섭, 한종엽 그리고 도서출판 춘광의 정춘석 사장께 감사를 표한다. 이 책은 한국해양연구소의 해양과학총서 발간 비용으로 출판되었음을 밝힌다.

1999. 12.

편저자 씀

지구의 변동

Dynamic Earth

원시지각이 만들어진 후 지구 환경은 쉼 없이 변하였고,
고생물들도 수차례에 걸쳐 멸종하였다.

중생대 말 대멸종과 지구환경 변화 12

46억 년 전 지구가 탄생하고 원시지각이 만들어진 이후 지질시대에는 여러 번의 고생물 멸종이 있었다. 그 가운데 중생대 말인 6천550만 년 전 공룡 멸종에 관한 미스터리를 밝혀본다.

살아 있는 지구, 대륙이동과 판구조론 24

아주 먼 옛날, 지구는 판게아(Pangaea)라는 하나의 커다란 대륙으로 이루어져 있었다. 이것이 어떤 이유로 현재 일곱 개의 대륙으로 나누어지게 됐는지, 대륙이동과 판구조론을 설명한다.

중생대 말 대멸종과 지구환경 변화

46억 년 전 지구가 탄생하고 원시지각이 만들어진 이후 지질시대에는 여러 번의 고생물 멸종이 있었다. 그 가운데 중생대 말인 6천550만 년 전 공룡 멸종에 관한 미스터리를 밝혀본다.

장순근 한국해양과학기술원 부설 극지연구소

흔히 'K/T 경계의 대멸종'이라고 부르는 중생대 말의 이 사건은 지질학에서는 가장 최근에 일어난 대규모 멸종이다. 지질학자들은 중생대/신생대 경계를 보통 'K/T 경계'라고 부르는데, K는 독일어로 중생대 백악기(Kreide)를 나타내며, T는 영어로 신생대 제 3기(Tertiary)를 나타낸다. 특별히 화석이나 지질학에 관심이 없는 사람도 한때 지구의 주인이었던 공룡들이 어떻게 일시에 사라졌는지에 대한 궁금증을 한 번쯤은 가져봤을 것이다. 지금부터 이 수수께끼 같은 사건의 원인을 추측해 보자.

● 바다 생물의 멸종

중생대 말, 대규모 멸종 이전의 지구에는 당시 환경에 맞춰 여러 생물들이 살고 있었다. 육지에는 적지 않은 종의 공룡들이 서식했고, 하늘에는 익룡들이 날아다녔다. 그리고 호수에는 시아노박테리아(남조류)와 몸을 보호할 껍데기가 없는 편모조류가 번성했다. 한편 열대와 온대의 바다에는 석회질 조각이 붙어 둥글어진, 조류의 일종인 코코리스와 암몬조개가 번성했다. 반면 북극해에는 북극의 밤에도 생장할 수 있는 규산질 껍데기를 가진 규조류와 와편모조류가 발달했다. 그러나 코코리스는 중생대 말에 상당히 많은 양이 사라졌으며, 시아노박테리아도 멸종해 지금은 주로 인산염으로 오염된 물에서만 생장하는

국립중앙과학관

장순근

백악기 말에 멸종 된 육식공룡의 상징 티라노사우루스와 초식공룡 스테고사우루스 ①

중생대 말 멸종한 익룡의 골격 ②

독일 마틴루터 대학교 박물관

중생대 말 대멸종에서 살아남아 진화한 독일의 에오세(Eocene epoch)의 포유류 화석

것으로 알려졌다.

바닷물에서 헤엄치면서 번성했던 암몬조개와 크기가 훨씬 작았던 부유 유공충도 중생대 말에 멸종했다가 신생대에 새로운 종들로 다시 등장했다. 그중에서도 새끼 때 얕은 바닷물에 떠서 살았던 암몬조개는 거의 완전히 멸종되었던 것으로 보인다. 이 밖에도 중생대 동안에는 바다에서 번성했던 게와 비슷한 갑각동물, 극피동물, 해면동물이 멸종했으며, 다행히 살아남은 포유류는 신생대에 크게 발달했다. 고생물학자들은 지금까지 이들의 멸종을 '지구환경의 변화'라는 지질학적 사실로만 쉽게 설명했다.

지구환경의 변화

지구의 환경은 쉬지 않고 변한다. 예컨대, 오늘날 넓은 육지는 지질시대에는 얕은 바다로 덮여 있었다. 지금은 당시의 퇴적물들이 쌓여 퇴적암으로 노출된 곳도 있다. 이 퇴적암들의 높이로 당시의 수심을 짐작해 볼 수 있는데, 이는 450~600m 정도로 요즘의 심해에 비하면 아주 얕다. 북아메리카 대륙의 허드슨 만 정도가 그에 해당하는데, 지금은 당시처럼 얕은 바다는 거의 찾아보기 힘들다.

오늘날 대륙의 상당 부분이 백악기 후기에는 얕은 바다로 덮여 있었다. 중생대와 신생대 경계에 이른 시기에 대륙이 해수면 위로 많이 노출되었다. 즉 중생대 말에 접어들어 해수면이 내려가 육지가 넓어졌다. 최근 지질시대의 육지와 바다를 추측한 지도를 보면 중생대 말에 8천192만 km^2였던 육지 면적이 신생대 초에는 1억 1천8만 km^2로 늘어난 것을 알 수 있다. 참고로 현재의 육지면적은 1억 4천843만 km^2이다. 중생대 말-신생대 초에 늘어난 육지 면적은 25% 이상으로, 지구역사 중 어느 때보다 높은 비율이다. 이 시기에 아프리카 대륙만한 육지가 새로 나타났다고 하면 이해하기 쉬울 것이다.

정순근

1999년 여름 경기도 시화호 간석지에서 발견된 공룡 알 화석
침식되어 입체가 아닌 원형으로 보인다. 이 알의 주인공도 멸종되었다.

이 정도 규모의 대륙이 나타나려면 해수면이 약 150m 정도 내려가야 한다. 지역을 따지면 북아메리카 대륙에 육지가 많이 나타났고, 유럽지역도 넓어졌다. 육지가 넓어지면서 하천의 길이가 늘어났고, 해양생물들이 살았던 연안지역은 좁아지고 나누어지면서 그 부근과 바다에 살았던 생물들이 많이 죽었던 것으로 짐작된다. 이렇게 육지가 갑자기 넓어진 것은 바닷물의 증발에 따른 해수면 하강이 아니라, 얕은 물에 잠겨있던 지역이 융기되어 노출된 것이다. 중생대 트라이아스기와 쥐라기 사이의 경계시기에도 육지가 급속도로 넓어졌다가 이후 천천히 줄어든 적이 있다. 당시에도 해수면의 상승과 침강이 있었는데, 최근과 같이 빙하의 성쇠 때문이 아니라 지각의 운동, 즉 육지의 융기나 침강 때문으로 해석된다.

● 질병과 다른 복잡한 원인

당시 대멸종의 원인으로 공룡을 비롯한 생물들이 질병에 걸린 경우도 생각해 볼 수 있다. 환경 변화를 피해 생명체가 이동하거나 적응 노력을 할 때, 이에 실패하거나 스트레스를 일으킬 가능성이 크다. 그럴 경우 생물의 번식력도 떨어지고 질병에 걸릴 확률도 더 높아진다. 콜로라도 주립대학교 박물관의 공룡학자 로버트 바커(Robert T. Bakker) 박사는 다음에 언급할 외계물체의 충돌론을 절대 부정하는 학자로, 공룡들이 온도와 해수면 하강에 따라 다른 지역으로 이동하면서 병에 걸리거나, 다른 복잡한 원인들이 겹쳐 천천히 멸종했다고 주장한다. 알을 낳았던 공룡은 내륙지방에도 살았으나 상당수의 종은 하천의 하류처럼 물 가까이에 살았던 것으로 보인다. 기온이 내려가고 바다가 후퇴하면서 연안지역이 좁아지게 되자 이러한 변화에 적응치 못한 채 초식공룡이 먼저 죽고, 상위 포식자인 육식공룡이 뒤를 따랐다는 예측도 가능하다.

● 외계에서 온 물체와 충돌

1980년 6월 6일, 중생대 말 대멸종에 관한 놀라운 주장이 나왔다. 바로 1968년 노벨 물리학상 수상자인 루이스 알바레즈(Luis Alvarez)와 그의 아들인 지질학자 월터 알바레즈(Walter Alvarez) 등이 과학학술지 사이언스(208권 4448호)에 장장 13페이지에 걸쳐 게재한 논문이다. 여기에는 중생대 말 지구가 지름 10km 정도의 소행성과 충돌해 공룡이 멸종했다는 '외계물체 충돌론'이 담겨있다. 이 이론은 신문과 잡지에 대서특필되었고, 텔레비전에서도 큰 반응을 보였다. 조용하고 평화로운 지구가 느닷없이 운석이나 혜성에 맞아 생물이 일시에 멸종한다는 것은 아무리 가설이고 또 그 확률이 대단히 낮더라도 무심하게 넘길 내용은 아니었기 때문이다. 경우에 따라서는 인류도 공룡처럼 단 한순간에 사라질 수 있다고 생각하면, 증명되지 않았어도 두려움을 불러일으키기에 충분하다.

외계물체 충돌론이 발표된 이후 외계에서 온 물체가 지구에 충돌했던 흔적 또는 증거들이 모이기 시작했다. 예컨대, 충돌 흔적이라 믿어지는 곳에서는 이리듐(Ir) 외에 같은 우주기원인 오스뮴(Os)이 특별히 많이 검출된 것이다. 충돌론자들의 주장으로는 1980년대 중반까지 거의 100곳 가까운 중생대/신생대 경계지층에서 이상하게 많은 이리듐이 보고되었다.

외계물체와 주기충돌설

충돌론을 열렬하게 지지했던 시카고 대학의 데이빗 라우프(David Raup) 교수는 1984년, 고생물들이 고생대 말부터 주기를 가지고 멸종했고 그 주기가 2천6백만 년이라고 주장했다. 고생물들이 주기를 가지고 멸종했다는 주장은 이때가 처음이 아니며, 이미 프린스턴 대학의 알프레드 피셔(Alfred G. Fisher) 교수가 1977년에 발표한 적이 있다. 그는 먼저 지질시대에 나타났다 멸종한 바닷속 무척추동물의 목록을 만들어 시대별로 생존했던 생물의 총계를 냈다. 이는 수많은 논문을 찾고, 고생물의 부류별로 출현과 멸종의 시대를 확인해야 하는 방대한 작업이었다. 그러나 이 힘든 작업은 시작에 지나지 않았다. 이를 토대로 다시 통계처리를 해야 비로소 연구의 참된 의미를 찾을 수 있었다. 피셔는 이 작업을 통해 지상에 나왔던 해양 무척추 고생물들의 멸종에 일정한 주기가 있다는 사실을 알아냈다. 그러나 그의 주기 멸종에 대한 주장은 무시되거나 잊혀졌다. 생물이 기후변화나 해수면 변화 같은 지질학에서 생각할 수 있는 원인으로 죽는 것은 상식으로 이해되지만, 그 지질학 원인에 주기가 있다고 생각하기는 쉽지 않았기 때문이다. 그러나 잊혔던 고생물의 주기적 멸종은 외계물체 충돌론으로 다시 살아나게 되었다.

한편 라우프 교수는 1985년에 멸종의 주기는 3천만 년이며, 그 원인은 지구의 자극이 반전(反轉)되기 때문이라고 주장했다. 현재의 북극이 언제나 북극이 아니고 자극은 지질시대를 통하여 수십 번 바뀌었으며, 자극이 바뀌면서 생물이 멸종했다고 상상할 수도 있을 것이다. 자극의 변화로 지층의 순서를 연구하는 자기층서학(磁氣層序學)에서 중생대/신생대 경계는 '29R'에 속한다. R은 지자기의 반전(反轉 Reverse)을 뜻하며, 29는 스물아홉 번째의 자극반전현상이라는 뜻이다. 현재는 '1N'으로, 자기층서학에서 나눈 첫 번째의 자기정상(正常 Normal)시대이다.

시간이 지나며 중생대/신생대 경계의 시기에 생성된 것으로 보이는 충돌구들이 많이 발견되었는데, 그중 10여 곳은 특별히 믿을 만하다. 그 가운데 멕시코 유카탄반도 북쪽 끝에서 발견된 충돌구는 지름 180km로, 규모가 크고 생성 시기도 6천498만 년(오차범위 50만 년) 전으로 측정되어 중생대/신생대 경계와 정확하게 들어맞았다. 충돌구의 규모와 생성 시기로 보아 그 충돌구는 멸종을 일으켰던 외계 물체 흔적의 하나로 생각된다. 1993년 이 충돌구를 발표했던 학자는 인근 마을의 이름을 따 '칙후룹(Chicxulub)'이라고 불렀다. 멕시코 마야족 말로 '칙후룹'은 '악마의 꼬리' 또는 '뿔의 흔적'이다.

충돌론을 믿지 않았던 사람들도 있었지만, 충돌론은 대다수 사람들에게 지지를 받은 가설이다. 충돌론 주장자들의 목소리가 높아지면서 생물은 운이 나쁠 경우 일시에 몰살될 수 있다는 인식이 생겼으며, 환경에 적응하지 못하면 종족보존을 할 수 없다는 찰스 다윈(Charles R. Darwin, 1809~1882)의 진화론은 공격받기에 이르렀다.

외계물체와 충돌한 원인

생물의 멸종에 주기가 있다는 충돌론을 주장하는 학자들은 충돌의 원인을 태양계와 우리 은하계의 운동에서 찾았다. 그 하나가 '네메시스(Nemesis)'라고 부르는, 태양의 연성(連星)이나 해왕성 부근에 있는 태양계의 열 번째 행성인 '행성 X'이다. 별은 보통 두 개가 함께 돌므로 태양의 연성인 또 다른 별을 예상할 수 있다. 또 명왕성 궤도 밖의 행성도 존재할 수 있다. 이 가상의 별들은 크기가 작으며, 궤도의 이심률(離心率)이 아주 큰 타원궤도를 돌 것으로 생각된다.

두 번째 충돌원인은 태양계의 운동이다. 우리 은하계는 반지름이 5만 광년으로, 태양계는 은하계의 중심에서 약 3만 광년 떨어져 반시계방향으로 초속 220km로 공전한다. 즉, 약 2억3천만 년에 한 번 공전하는 것이다. 이때 태양계는 약 6천3백만 년에서

6천7백만 년의 주기를 가지고 은하계 장축면의 아래위를 왔다갔다 한다. 현재는 태양계가 장축면 가까이 있다. 충돌론자들은 '네메시스'나 '행성 X'가 태양 근처를 지날 때, 소행성이나 혜성처럼 천체에 있는 작은 물체들이 만유인력에 따라 지구로 끌려와 충돌한다고 가정했다.

천체에는 소행성, 혜성, 운석, 유성처럼 지구에 부딪칠 물체가 많으며, 실제로 부딪치기도 한다. 예컨대, 1908년 6월 30일, 반지름 수십 미터 크기의 운석으로 보이는 외계물체가 시베리아 퉁구스카(Tunguska) 상공에서 폭발해 반지름 50km 내에 있던 수많은 나무가 일거에 쓰러지고, 동물들이 타 죽은 일이 있었다. 당시 560km 떨어진 시베리아 횡단철도에서도 충돌소리가 들렸다고 한다. 그 폭발력은 약 12메가톤의 TNT로, 대단히 큰 수소폭탄 한 개의 위력과 맞먹는다. 1945년 8월 6일 일본 히로시마에 투하된 원폭의 위력이 12,500톤의 TNT에 해당하므로, 퉁구스카 상공에서 터진 물체의 위력은 그에 약 1,000배에 해당한다.

1994년 여름, 목성에 충돌했던 '슈메이커-레비 혜성' 같은 별이 지구에 충돌할 수도 있다. 우주에서 벌어진 슈메이커-레비의 충돌현상은 지구에서 관찰되었을 정도이니 그 크기와 위력은 상상을 넘어선다. 달 표면에 보이는 수많은 충돌 자국은 상당 부분 외계물체의 충돌 흔적이라 생각한다. 지구 표면에 있는 충돌 흔적들은 주로 물과 생물의 작용으로 침식되었지만, 달 표면에는 침식현상이 없으므로 그대로 남아있는 것이다. 그러므로 외계물체 충돌론은 더욱 설득력 있게 들린다. 아직 '네메시스'나 '행성 X'는 발견되지 않았다. 그렇다고 이에 대한 가설이 틀렸다고 하기도 어렵다. 앞으로 발견될 수 있고, 지구와 충돌할 수 있는 다른 별이 있을 수 있기 때문이다.

● 화산 폭발로 인한 멸종

한편 중생대 말에 거대한 화산이 폭발하여 공룡이 멸종되었다는 주장도 있다. 1972년 워싱턴 D. C. 소재 미국 해군연구소의 피터 보그트(Peter R. Vogt) 박사의 말을 들으면, 인도 데칸고원을 만든 거대한 화산 폭발이 그 원인이었다는 것이다. 인도 데칸고원은 한반도 넓이의 거의 열 배인 200만 km^2 정도로, 그 위를 덮은 현무암질 용암의 평균 두께는 600m, 용암의 양은 120만 km^3다. 이 거대한 데칸고원을 만든 용암은 자기층서의 30정상(N) 후기에 폭발하기 시작해서 29반전(R)에 최고조에 달했다가 29정상(N)초기에 끝나, 약 50만 년 동안 폭발한 것으로 보인다. 데칸고원의 화산폭발 시점이 중생대가 시작된 2억5,100만 년 전 이후, 규모가 가장 크고 멸종속도가 빨랐던 중생대 말의 대멸종과 일치하는 것은, 이 두 사건의 관계가 피할 수 없다는 추정을 가능케 한다. 화산폭발은 외계물체 충돌론이 나오기 전에는 대멸종을 설명할 수 있었던 거의

일본 슈게이도

일본 사쿠라지마의 화산폭발 장면

화산폭발도 고생물 멸종 원인 중 하나다.

유일한 주장이었다.

지금도 외계물체 충돌론을 부정하는 화산폭발 주장자들의 반론도 만만치 않다. 첫째, 충돌론 지지자들이 증거로 제시하는 이리듐이 반드시 외계에서 온 것이 아닐 수 있다는 점이다. 예컨대, 이리듐은 하와이 섬의 킬라우에아 화산과 인도양 레위니옹(Reunion) 섬의 화산에서도 공급될 수 있다. 둘째, 충돌론자들이 증거로 제시한 중생대/신생대 경계의 이리듐이 많은 1cm 두께의 점토층 성분이 위아래의 점토 성분과 다르다는 것이다. 점토층에 흔한 광물인 일라이트(illite)가 스멕타이트(smectite)가 교대된 것은 화산재가 변질된 것으로 보인다. 이는 외계의 물체가 지면에 충돌한 결과로 보기보다는 화산폭발의 결과라 하는 것이 이치에 더 합당하다. 또한, 그 경계부의 점토층 성분은 지각물질 10에 석질(石質)운석 1을 섞으면 비슷해진다. 그러나 지각 아래 맨틀 상부의 성분도 석질운석의 성분과 아주 비슷하다. 그러므로 점토층과 비슷한 성분이 될 수 있다. 실제 점토층의 레늄(Re)과 오스뮴의 비율은 석질운석이나 맨틀의 비율과 비슷하다. 이러한 이유로 화산론자들은 점토층의 물질이 외계보다는 지구에 가깝다고 주장한다.

중생대/신생대 경계부위에서 발견되는 물질들도 반드시 외계물체로부터 온 것이라는 증거가 없다. 예컨대, 작은 알갱이들 가운데 점토로 된 알갱이가 화산분출물에서 기원했는지, 외계물체에 충돌한 해저지각이 녹은 결과인지 분명치 않다. 충돌론자들이 증거로 제시하는 고압의 충격을 받아 두 방향으로 아주 잘고 평행하게 쪼개진 석영도 고온으로 가열하면 훨씬 낮은 온도에서 쪼개진다는 점에서 충분한 증거가 될 수

정순근

화석특별전을 홍보하는 미국 자연사박물관

공룡과 화석은 박물관의 인기 있는 전시 주제 중 하나이다.

없다. 이 외에도 화산폭발을 주장하는 사람들이 제시하는 증거는 많다.

화산폭발설은 그 후 프랑스 파리 지구물리학연구소 교수인 뱅상 꾸르띠요(Vincent E. Courtillot) 박사를 중심으로 많은 학자의 지지를 받고 있다. 그들의 주장은 약 6천 5백5십만 년 전 당시 열점(熱點)이었던 레위니옹 섬에서 약 50만 년에 걸쳐 폭발하기 시작한 화산이 데칸고원을 만들었고, 그 결과 생물이 멸종했다는 것이다. 실제로 지금도 간혹 터지는 커다란 활화산의 위력으로 볼 때, 생물들이 화산재나 용암에 덮여 멸종한다는 것은 가능해 보인다. 또한, 폭발이 수십만 년 동안 계속된다면 하늘과 태양은 화산재로 가려질 것이고, 식물과 동물의 운명은 소행성이 충돌했을 때와 크게 다를 바 없을 것이다.

최근에 주장된 충돌론

최근에는 중생대 말 대멸종을 화산 폭발보다는 외계물체의 충돌로 보는 경향이 있다. 그러나 충돌내용은 처음의 주장과는 많이 달라졌다.

여러 개의 혜성이 동시에 지구와 충돌

1990년대에 들어와 충돌론은 주기가 있는 게 아니라 완전한 우연한 것이라는 주장이 제기됐다. 캐나다의 지구화학자인 데이빗 칼리슬(David B. Carlisle) 박사는 '생물의 주기적 멸종설은 실제로는 주기가 없는데 마치 주기가 있는 것처럼 보이는 통계현상에

속은 것'이라고 주장한다. 이렇게 실제가 아닌 현상에 속는 것을 통계학에서는 '유니콘 오류(Unicorn 誤謬)'라고 부른다. 유니콘이란 뿔이 하나인 동물로 많은 사람이 알고 있지만, 실체가 없이 상상 속에만 존재한다. 이처럼 우연한 충돌을 주장하는 사람들은 '생물의 주기적 멸종설'은 추계학(推計學 stochastics) 현상일 뿐, 그 이상은 아니라고 말한다. 어떤 시기에 멸종한 생물은 그 전이나 후의 멸종과는 아무런 관계가 없다는 주장이다. 즉, 생물의 멸종시기를 놓고 통계평균을 낼 수 있으나, 그 평균이 어떤 주기성이 있는 것은 아니라는 것이 우연한 충돌을 주장하는 학자들의 요지다. 위의 결론은 과거의 연구를 다시 해석해서 얻은 결론이다.

처음 외계충돌설이 나왔을 때에는 지구가 한 개의 소행성에 충돌했다고 가정했다. 그러나 1990년대에 들어와 한 개가 아니라 여러 개의 혜성이 한꺼번에 충돌했다는 주장이 대두되었다. 앞서 이야기했듯이, 중생대/신생대 경계 시기의 것으로 보이는 충돌구가 육상에서만 열 곳 이상이 알려졌기 때문이다. 바다에 충돌한 것까지 합하면 그 수가 더욱 많아질 것이 분명하다. 이렇게 많은 충돌구를 해석하는 방법은 두 가지다. 첫 번째는 한 개의 혜성이 지구에 가까워지면서 여러 개로 나누어졌다는 것이다. 실제로 멕시코 남동부의 유카탄반도, 미국, 시베리아, 중국에 각기 떨어진 네 개의 충돌구를 이으면 큰 원을 이루고 있다는 점은 이 가설에 힘을 실어준다.

그러나 칼리슬 박사는 처음부터 여러 개의 혜성이 지구에 부딪친 것이라 생각했다. 지금부터 6천550만 년 전, 태양에서 약 4.2~4.9광년 떨어진 곳에 있는 태양 질량의 20배~25배 정도의 초신성이 폭발하면서 약 200만 개의 혜성이 지구 쪽으로 날아왔는데, 그 가운데 100개 정도가 지구에 부딪쳤다는 것이 그의 주장이다. 이는 천체에서 온 물체들의 휘발성분, 유기탄소와 산화탄소와 흑연과 다이아몬드 같은 탄소성분, 광물 조성과 동위원소, 아미노산 같은 것들을 분석한 결과이다. 또한, 당시 천체 상황을 분석하여 지구와 부딪칠 정도의 속도와 에너지를 가진 외계 물체들의 충돌 가능성도 종합적으로 분석하였다.

멸종의 복합원인

최근 캘리포니아 산 디에고 주립대학의 생물학 교수인 데이빗 아키볼드(J. David Archibald, 포유동물학자) 박사는 공룡의 멸종 원인을 해수면이 낮아지고 그에 따라 생물들의 서식지가 나뉘게 된 것, 화산의 폭발, 외계물체의 충돌 같은 지질학과 지구 외의 원인이 복합되었다고 제안했다. 그의 제안은 미국 몬타나주 북동부 지역의 중생대 말부터 신생대 초기 지층에서 나오는 척추동물 화석 15만 점을 12가지 부류로 나누어 면밀하게 조사했다는 점에서 신뢰할 만하다. 산출된 화석에 바탕을 두었다는 점에서 그의 연구는 높게 평가받을 것으로 보인다.

아키볼드 박사는 자신의 화석연구 결과에 바탕을 두고 충돌론을 비판했다. 예컨대, 외계물체가 충돌한 직후 지상이 갑자기 추워진 것이 찬피동물 전체를 멸종시켰다는 것은 아니라는 점이다. 실제 찬피동물 가운데 도마뱀의 70% 정도가 멸종됐지만, 나머지 찬피동물, 즉 개구리, 도롱뇽, 거북, 악어는 살아남았다. 현재는 북위 70°에 있지만, 지질시대에는 85° 정도에 있어 더욱 추웠던 알래스카의 백악기 후기 지층에서는 찬피동물인 양서류와 파충류의 화석은 안 나와도 더운피동물인 공룡의 화석은 꽤 나온다. 그러므로 더운피동물들은 백악기 후기의 기온하강에도 살아남을 수 있었다고 보아야 한다. 살아남은 찬피동물들은 동면하거나 땅속으로 들어가 추위를 피했던 것으로 보인다. 물고기는 대부분이 찬피동물이지만, 물속에서 살면서 기온변화에 영향을 덜 입어 많이 살아남았을 것으로 생각된다. 물속에서 사는 생물들이 더 많이 살아남은 것도 그런 연유로 생각할 수 있다.

위의 내용을 종합해보면, 중생대 말의 공룡들은 충돌론에서 주장한 것처럼 한순간에 멸종한 것이 아니라 약 1천만 년에 걸쳐 서서히 죽어갔으며, 함께 서식했던 것으로 보이는 육상동물들도 서서히 멸종된 것으로 보인다. 실제 지층의 화석을 조사한 결과가 공룡이 일시에 사라진 것이 아니라는 주장에 힘을 실어준다. 공룡들은 중생대 말기 지층보다는 바로 그 아래 지층과 말기지층 사이인 약 7천5백만 년 전에서 6천5백5십만 년 전 시기의 지층에서 더 많이 발견된다.

또한, 화산폭발이 중생대 말 대멸종의 주원인이 아니더라도 데칸고원을 만들 정도의 거대한 폭발이었던 것은 사실이므로, 우리는 화산폭발 역시 주요 원인 중 하나로 보아야 한다. 화산폭발은 지구를 덮을 만큼의 거대한 불길은 없었을지 모르나, 나머지 결과가 외계물체의 충돌과 같다는 점에서 화산폭발의 가능성 역시 소홀하게 생각해서는 안 된다.

충돌론에서 유추한 내용

충돌론의 강력한 지지자 가운데는 충돌론의 일부 내용에 의구심을 표하는 사람도 있다. 예를 들어, 라우프 교수는 하늘이 먼지로 뒤덮여 태양 빛이 적어져도 온실효과 때문에 지면의 온도가 급격하게 떨어지지는 않을 거라고 말한다.

충돌 직후 산성비가 내렸다는 주장도 살아남은 생물로 보아 증거가 불충분하다. 충돌에서 생기는 막대한 에너지로 공기 중의 질소가 질산이 되고, 석고가 많은 지역에 충돌하면 석고에서 아황산가스가 나와 황산이 된다는 것이 산성비를 주장하는 학자들의 이야기이다. 몬태나주에서 화석으로 발견되는 고대바다에 살았던 척추동물 중 어류가 멸종된 것으로 보아, 어류가 산성비에 가장 약하다고 생각된다. 그러나 나머지 생물

경보화석박물관

정순근

중생대 말 멸종된 바다의 암몬조개 ①

공룡이 멸종했을 때도 살아남았던 거북의 모습 ②

중에서는 유대류와 도마뱀 정도가 사라졌을 뿐이다. 그런 점으로 볼 때, 산성비도 그렇게 큰 위협은 아닌 것으로 보인다. 생물들이 산성비를 중화할 수 있는 석회암 동굴로 피해 살아남을 수 있었다는 주장도 있었지만, 중생대 말에는 석회암 지층이 없는 곳에서도 생물들이 살아남은 흔적이 있어, 설득력을 잃었다. 물론 바다의 암몬조개는 멸종되었다.

충돌 직후 지상의 1/4 이상을 덮을 만큼 큰불이 났었다는 주장은 화산폭발론에서 거론되지 않는다. 그러나 외계물체의 충돌로 인한 대화재 때문에 외계물체 충돌론을 지지하는 학자들은 많다. 화석의 산출로 보면 거대한 불에 어류 일부, 유대류, 도마뱀, 공룡류가 피해를 당한 것으로 보인다. 또한, 지구는 수개월 동안 화재로 뒤덮였고 그때 제대로 타지 않고 남은 탄소성분이 퇴적되었다고 하나, 여기에 함유된 지층은 생물교란 흔적으로 보아 훨씬 오랜 시간 동안 퇴적된 지층으로 인정된다. 그러나 그런 해석은 몬태나주에서 나오는 탄소성분의 경우이고, 뉴질랜드와 덴마크의 중생대/신생대 경계지층에서 나오는 탄소성분도 확인할 필요가 있다.

최근의 주장대로 외계물체가 충돌 직후 2,000℃의 고열이 40시간 정도 지구표면을 달구었다는 주장이 옳다면, 육상의 생명체가 살아남기 어려운 것은 분명하다. 그렇다면 포유동물과 도마뱀처럼 육지에서 사는 상당수의 생물이 살아남았다는 점은 어떻게 설명할 수 있을까? 체구가 거대한 공룡류는 숨을 곳이 없어 멸종했고, 체구가 작은 악어와 거북 같은 파충류와 포유류는 흙 속이나 물밑 진흙 바닥 아래에서 생존이 가능했을 것이다.

한편 번식을 위해 많은 개체가 필요한 것은 아니라는 점을 상기하면, 생물이 살아남았다고 해서 반드시 그 부류의 많은 개체가 생존했다고 가정할 필요는 없다. 몇십 마리 또는 그 이하에서도 번식은 가능하다. 어떤 종이라도 전체 개체의 0.01%라도 살아남으면 그 종족은 보존된다고 보아야 한다.

공룡 멸종에 대한 학자들의 생각

중생대 말의 외계물체 충돌에 따른 공룡멸종론과 관련하여, 과학계의 사건이 있었다. 과학문제에 투표한다는 것이 우습지만 실제 그런 일이 있었던 것이다. 외계물체의 충돌과 공룡멸종의 논쟁이 격렬했던 1984년 여름, 약 500명의 유럽과 북아메리카 지질학자, 고생물학자, 지구물리학자에게 의견을 물었다. 결과는 흥미를 자아낸다. 21%는 중생대 말 대멸종이 외계물체에 따른 것이라고 믿었고, 40%는 외계물체의 충돌은 인정했으나 그 충돌로 공룡이 멸종했다고는 생각하지 않았다. 27%는 외계물체의 충돌 자체를 부인했으며, 12%는 백악기 말의 멸종 자체를 인정하지 않았다.

1985년 10월 사우스다코타주 래피드시에서 개최된 척추고생물학회에 참가한 학자들 300명 가운데 설문에 응답한 118명의 응답도 재미있다. 응답자 가운데 90%는 외계물체의 충돌을 인정했으나, 10%는 이를 인정하지 않았다. 대멸종에 관한 의견에서는 4%만이 충돌에 따른 공룡의 멸종을 인정했다. 43%는 충돌을 인정했으나 공룡의 멸종은 인정하지 않았으며, 2%는 멸종 자체를 인정하지 않았다. 상당히 오래된 설문조사이지만 이를 통해 전문가 사이에서도 공룡의 멸종을 외계물체의 충돌로 보지 않는 경향이 상당히 높다는 것을 알 수 있다.

중생대 말에 공룡과 암몬조개가 멸종한 것은 지질학 원인과 외계물체의 충돌이라는 복합 원인이 있다고 믿어진다. 그런 생각이 옳다는 전제로 중생대 말 생물이 멸종하는 장면을 상상해보자. 우선 지각 운동으로 육지가 넓어지면서 연안에서 살았던 해양생물들이 죽기 시작했다. 공룡들도 환경이 변하면서 다른 곳으로 이동하다 질병에 걸려 서서히 줄어들기 시작했다. 그러다 멕시코 유카탄반도와 몇몇 지역에 혜성이 떨어졌고 같은 시기에 폭발했던 거대한 화산의 영향으로 부근에 살던 생물들은 일거에 멸종했다. 반면 남극지역에 살았던 생물들은 혜성의 직접 영향권 내에 있었던 생물들처럼 일시에 멸종하지는 않았다.

혜성의 충돌이 공룡 멸종의 직접 이유인지는 아직도 논란의 여지가 많다. 실제 공룡은 앞서 이야기했듯이, 적어도 북아메리카 대륙에서는 중생대가 끝나기 오래전부터 줄어들기 시작했기 때문이다. 마지막으로 나타난 공룡 화석들의 층준(層準)은 중생대/신생대 경계와 정확하게 일치하지 않는다는 주장이 있다. 다시 말하면, 외계물체의 충돌로 당시 지구상에 살고 있던 생물은 많이 죽었지만 진짜 마지막으로 남은 공룡이 죽었는지는 의문이다. 공룡은 그보다 먼저 죽었을 수도 있다. 우리는 어느 한 주장이 반드시 옳다고 생각할 필요는 없다. 몇 가지 원인이 복합되었을 수도 있다. 어쩌면 이런 원인들이 복합되어 공룡이 멸종되었다는 주장이야말로 그 어떤 이론보다 가능성이 높을 것이다. 나아가 어쩌면 지금 생각하지 못한 원인이 있을 수도 있다. 그런 점에서 이 문제는 아직도 진행 중이다.

살아 있는 지구, 대륙이동과 판구조론

아주 먼 옛날, 지구는 판게아(Pangaea)라는 하나의 커다란 대륙으로 이루어져 있었다. 이것이 어떤 이유로 현재 일곱 개의 대륙으로 나누어지게 됐는지, 대륙이동과 판구조론을 설명한다.

석봉출 한국해양과학기술원

1910년 알프레드 베게너(Alfred Lothar Wegener, 1880~1930)는 세계지도에서 대서양 양쪽 해안의 굴곡이 서로 일치하는 것을 보고 원래 두 대륙은 하나일지 모른다는 생각을 한다. 그리고 1년 후, 독일 마르부르그 대학 도서관에서 이를 뒷받침할 증거를 발견한다. 대서양 양쪽 대륙에서 동일하게 발견된 동식물 화석에 대한 분석 기록으로, 과거 브라질과 아프리카 사이에 육교가 있었다는 육교설에 대한 논문이었다. 그는 이를 토대로 지질학과 고생물 분야의 논문을 종합적으로 분석하게 되는데, 이것은 20세기 지구과학의 일대 혁명을 불러오는 사건으로 이어지게 된다. 바로 대륙이동설(또는 대륙표리설, Continental drift)의 발견이다. 베게너는 1921년 프랑크푸르트에서 개최된 독일 지질학회에서 기존의 육교설을 부인하고 대륙은 스스로 이동하여 분리되었다는 내용의 대륙이동설을 발표한다. 그의 대륙이동설은 20세기 최고의 논쟁이자 오늘날 지구과학의 가장 큰 업적 중 하나인 판구조론(Plate Tectonics)을 정립하는데 중요한 토대가 되었다.

● 판구조론

이론의 탄생

그러나 1930년대 당시 이 가설은 대륙을 움직일 만한 힘의 원인을 설명할 수 없어 학계에서는 이단시되어 배척받았다. 영국의 홈즈(A. Holmes) 교수는 1928년 베게너가 설명에 실패한 대륙을 움직일 힘의 원동력을 맨틀 대류로 설명하면서 대륙이동설을 지지했으나 당시 대부분의 지질학자들은 맨틀대류설 또한 받아들이지 않았다. 이후

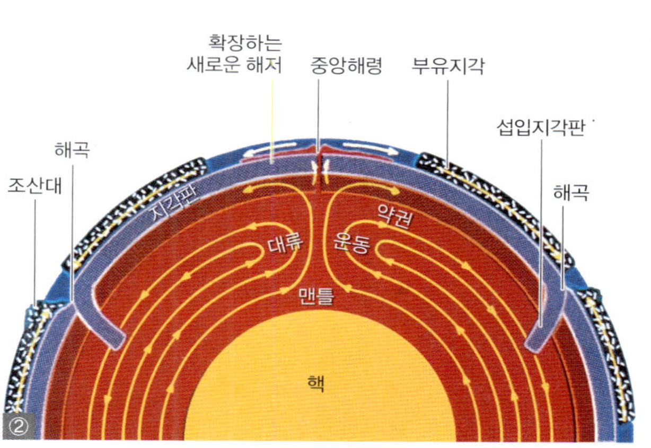

판구조론의 모델 ①

상부맨틀에서 해양저 산맥과 섭입대 사이 대륙이동의 원동력이 되는 대류열 운동모양 ②

1950년대 후반 영국의 블라켓드(P. M. S. Blackett)와 런컨(S. K. Runcorn) 등에 의한 고지자기학의 연구 성과를 통해 대륙이동의 가능성은 차츰 설득력을 얻기 시작했다.

그렇지만 아직도 각 대륙을 수천 킬로미터 움직이게 하는 힘의 원인에 대해서는 계속 수수께끼로 남아 있었다. 이와 같은 대난제의 돌파구는 1961년과 1962년, 해저 지질 연구를 통해 해양저 산맥의 성질이 알려지면서 디이츠(R. Dietz)와 헤스(H. Hess)에 의해 제창된 해저확장설(sea-floor spreading theory)로 설명되었다. 해저확장설이란 맨틀대류가 올라오는 해저 중앙해령에서부터 새로운 해저가 생겨나고, 새롭게 생겨난 해저는 해령의 양방향으로 넓게 움직여 나가다 해구에서 다시 맨틀 속 깊이 들어가 소멸된다는 학설이다. 1967년경에는 영국의 맥켄지(D. McKenzie), 미국의 모건(W. Morgan), 프랑스의 르 피숑(X. Le Pichon) 등에 의해 해저나 대륙이 수천 킬로미터를 이동해도 거의 변형되지 않고 단단한 판과 같이 움직인다는 것이 발견되었다. 즉, 지구표면이 십여 개의 판으로 덮여 있으며 각 판은 수평운동을 한다는 판구조론의 개념이 탄생한 것이다.

실제 판구조론 개념의 탄생에 선구적인 미래상을 그려낸 인물은 토론토 대학의 윌슨(J. T. Wilson)이었다. 1965년 윌슨은 해저 변환단층에 관한 논문에서 수수께끼에 가득찬 지형이 '여러 개의 단단한 판'의 존재와 함께 움직이는 것을 설명하고, 전 세계에 걸쳐 있는 중앙해령(midoceanic ridge), 변환단층(transform fault), 활화산대, 그리고 도호열(島弧列)이 만드는 무늬를 움직이는 판의 경계로 해석할 수 있음을 보여줬다. 이후 영국의 지구물리학자인 맥켄지는 1967년 동료인 파커와 공동으로 발표한 논문에서, '지구상에서 지진대는 몇 장의 단단한 판(板)의 경계를 나타내는 것'이라는 견해를 발표했다. 그들은 태평양 주변의 지진을 분석한 결과 지각운동의 방향이 일정하다는 것을 알았다. 즉 해양저의 거대한 판은 단단한 동시에 언제나 움직인다는 것이 판명된

해양저 산맥의 생성과 해양저 확대이론에 따른 새로운 해양의 생성모델

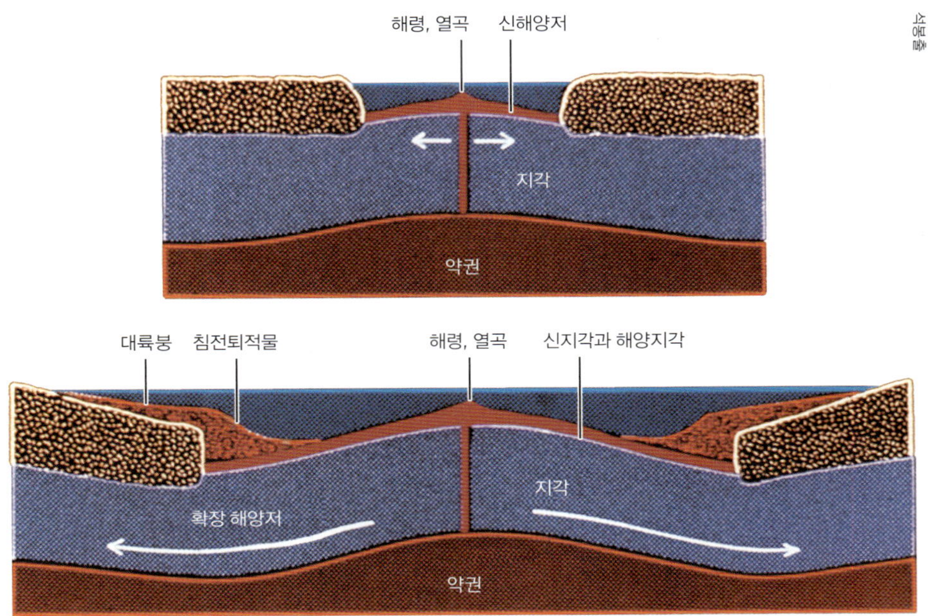

석봉출

셈이었다. 맥켄지와 파커는 이 판들이 서로 빈틈없이 맞물려가며 전 지구적인 규모로 모자이크 무늬를 형성하고 있다고 설명했다.

그러나 이 개념은 몇 가지 까다로운 문제에 봉착했다. 실제로 판이 존재하고 또 그것이 움직이고 있다면 그 판들은 무엇에 의해 어떻게 움직이는지, 판의 움직임은 어떤 방법으로 예측 가능한지, 그리고 판의 이동과 지질학상의 갖가지 현상 사이에는 어떤 연관이 있는지에 대한 의문 때문이었다. 거대하고 불규칙적인 모양을 한 판이 지구 표면에서 움직이는 체계를 해명한다는 것은 확실히 어려운 문제였다.

그러나 미국 프린스턴 대학의 모건(W. J, Morgon) 교수가 마침내 그 해답을 얻었다. 그는 동료인 헤스(H. Hess)와의 교류로 해양저 확대 이론에 흥미를 갖게 된 이래 독자적으로 판에 관한 연구를 계속하던 중 수학적인 방법으로 이 수수께끼를 풀었던 것이다. 18세기 스위스의 수학자 오일러(Euler, 1707~1783)는 구면(球面)의 한 부분을 구면상에서 이동시키면 그것은 원활하게 움직이면서 반드시 회전한다는 것을 증명했다. 그 회전운동의 축은 구(球)의 중심을 통과한다. 그래서 오일러는 구면상에 있는 단편의 회전축 위치를 산출하는 방정식을 이끌어냈다. 지구상에서 추측되는 판의 운동에 오일러의 방정식을 응용한 모건은, 판의 경계에 따라 생기는 윌슨(J. T. Wilson)의 변환단층 운동방향에서 그 회전축의 위치를 찾아내는 방법을 제안했다. 일단 그 축의 위치를 알게 되면 축으로부터의 거리를 측정함으로써 판의 어떤 단편에 관해서도 그 운동방향과 상대적 속도를 계산하는 것이 가능했다.

모건은 연구결과를 실증하기 위해 지구 전체를 휘감은 거대한 해저산맥, 이른바 중앙해령계(中央海嶺系)에 관해 그 양측에 뻗은 해양저 지자기이상(geomagnetic anomaly)의 줄무늬를 세밀히 조사했다. 어떤 판이 회전하고 있다면 그 판의 회전축에 가까운 부분은 먼 부분에 비해 서서히 움직일 것이다. 따라서 줄무늬의 폭은 회전축으로부터 멀어질수록 조금씩 넓어질 것으로 예상할 수 있다. 조사 결과 모건은 중앙해령에 따라 일어나는 해양저 확대 속도가 그가 예상하고 있던 회전축 위치와의 거리에 대응해서 변하고 있다는 것을 발견했다. 실제로 그것은 기하학적인 정확성을 가지고 변하고 있었다. 이에 용기를 얻은 모건은 지도를 그려서 지구 표면이 6개의 판과 12개의 다소 작은 아판(Sub-plate)으로 분할되어 있음을 나타냈다.

그 후 프랑스의 르 피숑(X. Le Pichon)은 모건의 기하학적 방법을 적용해 6개의 판이 이동해서 태평양, 북극해, 대서양, 인도양을 가르고 헤쳐 나간 모양을 설명했다. 또 그는 지구의 표면이 서로 상대운동을 하고 있는 소수의 단단한 블록으로 되어있다는 모건의 가설을 확인하고 여기에 중요한 것을 추가했다. 그것은 '모든 운동이 상관관계에 있기 때문에 어느 해령이 확대하는 경우에도 다른 것과 분리해서 이해할 수는 없다. 거대한 패턴에 무엇인가 큰 변화가 있다고 한다면 그것은 전 지구적 규모의 변화임에 틀림없다.'는 것이다. 지난날의 지각변동에 관한 르 피숑의 설명 이상으로 사람들의 마음을 사로잡은 것은 한정된 데이터에 의거해 멀리 있는 판의 움직임을 예측하려고 한 그의 의욕이었다. 이후의 연구로 그의 추측이 옳았다는 것이 증명되었을 때, '움직이는 판' 개념은 중대한 관문을 통과한 셈이었다.

이후로도 판구조론을 뒷받침할 만한 많은 증거들이 발견된다. 1969년에는 남극대륙을 탐험 중이던 고생물학자 일행이 사상 최대의 화석 발견 가운데 하나로 일컬어지는 큰 성과를 올렸다. 이는 남극대륙 탐험에서 발견된 리스트로사우루스라는 양만한 크기의 파충류 화석을 발견한 것이다. 남극대륙에서 발견된 최초의 척추동물인 리스트로사우루스는 지금으로부터 약 1억 8천만 년에서 약 2억 2천5백만 년 전 사이에 아프리카, 인도 및 중국대륙에 서식한 동물로 알려져 있었다. 완전히 성장한 리스트로사우루스가 남극대륙에 있었다고 하는 것은 남극대륙과 남아프리카가 긴 경계선을 따라서 이어져 있었음을 말해주며, 이것은 이 땅들이 원래 하나의 대륙을 이루고 있던 것을 의미한다. 지질학과 화석 분야에서 이와 같은 발견은 현재 여러 대륙이 과거 한 덩어리로 이어져 있다가 후에 이동하여 갈라졌다는 것을 증명한다.

그 얼마 후 판구조론은 극적인 상황에서 뜻밖의 지지자를 얻었다. 1972년 12월, 우주선 아폴로 17호로 지구의 위성궤도 위를 날고 있던 미국인 우주비행사 해리슨 슈미트(Harrison H. Schmitt)는 아프리카대륙을 내려다보고 우주비행 관제실로, '나는 대륙이동이나 해양저 확대이론을 들으면서 자란 것은 아니다. 그러나 이처럼 대륙이

직소퍼즐처럼 꼭 맞아떨어지는 것을 보면 누구라도 그 이론을 믿지 않을 수 없을 것이다.' 라는 메시지를 보내왔기 때문이다.

판과 해령의 운동

해저는 지자기 줄무늬 모양에서 해양판의 생성연대를 알 수 있다. 해저확장과 지자기 역전 등이 동시에 진행된다면 해저지각은 확장축을 경계로 대칭적인 자기장의 역전이 서로 어긋나게 나타나므로 해저의 지구자장에는 줄무늬 모양이 나타난다는 1963년 바인(F. Vine) 등의 가설에는 당초 거부반응도 많았다. 하지만 몇 년 후에는 거의 정설이 되었는데, 줄무늬 모양의 한 줄 한 줄은 당시 해저의 생성 시기를 알려주기 때문에 자기 등시선이라 불린다. 이 등시선에 연대 스케일을 적용시킨 것은 심해굴착계획(DSDP)의 성과로, 수천 미터 해저에서 굴착을 수행하고 해저시료를 채취, 그 연대를 결정하는 중요한 작업을 수행하였다.

대서양이 확대되기 시작한 것이 약 1억 8천만 년 전이었다는 것은 해령의 양쪽 측면을 따라 대칭적으로 증가하는 해저 연령 등, 여러 가지 증거를 통해 알 수 있다. 그러나 태평양의 경우는 그렇지 않다. 현재 태평양의 대부분을 구성하는 해저는 동태평양해령으로부터 생성된 해저의 서쪽 부분 절반이다. 하나의 판이 다른 판과 충돌하여 그 밑으로 들어가는 것을 '섭입'이라고 하는데, 동쪽에서 생성된 해저는 미국 대륙의 지하로 섭입하고 있다. 해저뿐만 아니라, 해령 자체가 캘리포니아 만에서 대륙지각 밑으로 들어가고 있다. 이러한 상황은 알류산 해구에서 더욱 눈에 띈다. 동서방향의 해령이 섭입된 후부터 현재는 태평양판도 섭입되고 있으므로 그 연령은 해구에 가까울수록 젊다. 맨틀대류의 상승역이라 짐작되는 해령이 움직이고 그 판이 섭입되고 있는 상대 판인 섭입역인 해구와 충돌하고 있으므로, 한때 판구조이론 반대론자들에게 태평양 해저가 비판 자료로 이용된 것은 무리가 아니다.

무겁기 때문에 섭입되는 판

1970년경부터 판의 운동은 맨틀대류를 직접 반영한 것이 아니라는 의견이 나오기 시작했다. 즉, 해령은 맨틀이 상승해서 해령이 만들어지고 그 흐름에 따라 판이 움직인다는 고전적 맨틀대류론으로 설명할 수 없고, 판이 떨어지면서 그 틈 아래에서 맨틀물질이 수동적으로 상승한 것이라는 것이다. 그렇다면 판은 어째서 서로 떨어져 나가는 것일까? 이 문제는 판구조론의 근본적인 문제다. '판'이란 무엇인가? 판은 맨틀이 만드는 대류계에 있어서 열적 경계층이라는 것이 현재의 가장 합리적인 답이다. 그러므로 표면으로부터 냉각되며 굳어진 경계층(plate)의 밀도는 부분적으로 녹아 섞인(partial melting) 하층(암류권)보다 크다.

판이 해저확장에 따라 점차 냉각되고 엉겨 굳어져 점점 두꺼워진다는 판 성장 모델에 의한다면, 해양판의 두께와 해양의 수심은 해저연령의 평균과 비교해 볼 수 있는 중대한 자료가 된다. 이러한 예상은 관측에 의해 사실로 밝혀졌지만, 연령이 8천만 년보다 오래된 해양판인 경우에는 이 법칙이 적용되지 않는다. 그래서 맥켄지 등은 1967년경 일정한 두께의 판 모델을 제시했다. 최근에는 판의 두께가 성장모델처럼 확대되지 않는 것은 판이 수평이동 도중에 열점(hot spot)에 의해 재 가열되기 때문으로 예상한다. 여하튼, 판은 무겁기 때문에 해구와 충돌하여 그 밑에 깔리는 것이다.

● 판의 이동 · 충돌 · 소멸

현재 판구조론에서 지구를 덮은 암석권(lithosphere)이라 불리는 외각은 9개의 큰 판과 그보다 약간 작은 몇 개의 판으로 분할된다는 결론에 도달했다. 태평양, 나즈카, 코코스 등 해양의 이름이 붙은 판을 제외하면 주요한 판들은 모두 주위 대륙의 이름인 북아메리카, 남아메리카, 유라시아, 아프리카, 인도-오스트레일리아, 남극판으로 불린다. 대부분의 판은 대륙 지각과 해양저 지각의 양쪽에 구성되어 있는데, 가장 큰 판의

지구표면을 구분하는 주요한 지각판의 모양과 크기
흰색으로 표시한 주된 지진대는 판의 경계면에서 일어나고 있음을 알 수 있다.

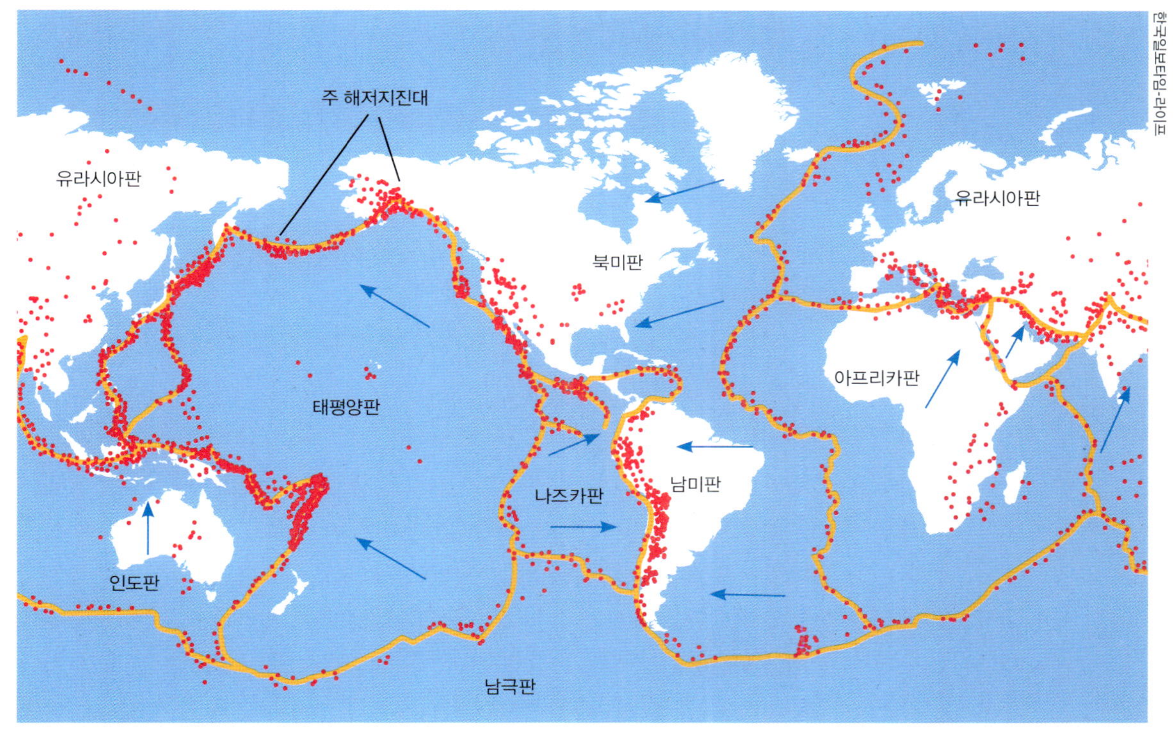

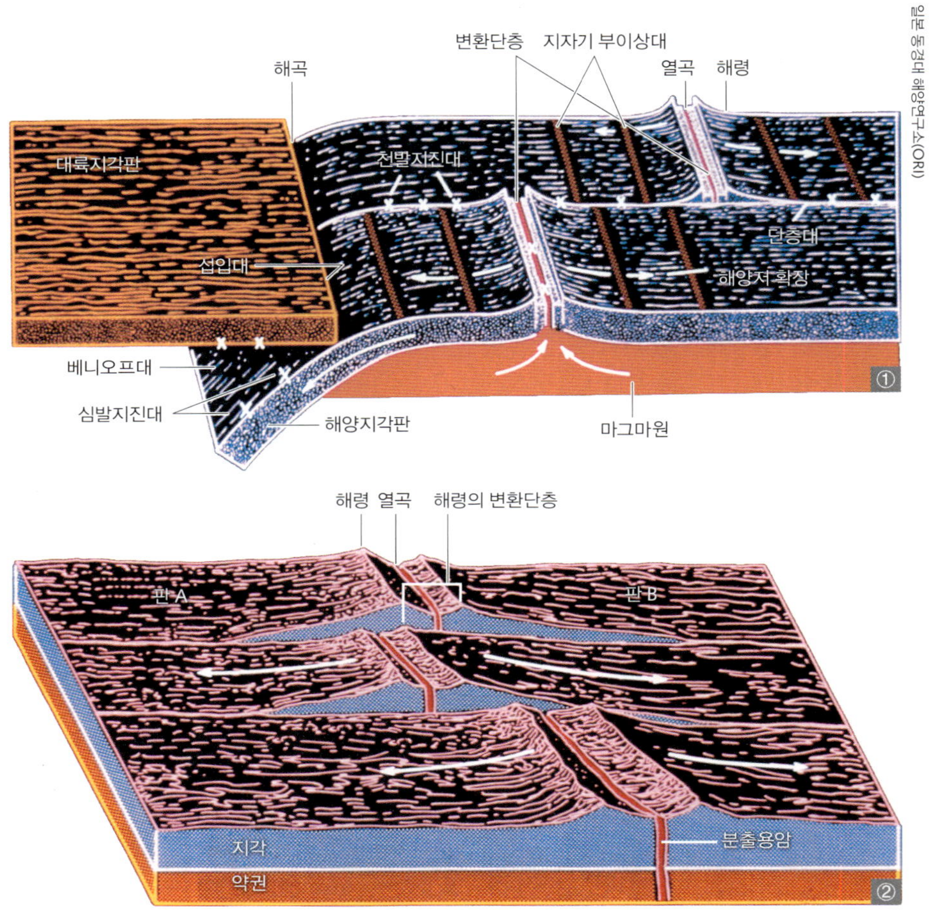

대륙이동과 해저확장에 수반되는 물리적 현상 (해저열곡, 해령, 섭입대, 해저지진대)의 모식도 ①

중앙해령을 따라 만들어 지는 변환단층의 모식도 ②

하나인 태평양판은 대부분이 해양저 지각으로 되어 있으며 가장 작은 터키판은 대륙 지각으로 되어 있다.

대륙 그 자체는 판의 크기나 모양과는 아무런 상관관계가 없다. 대륙은 유빙(流氷) 위에 고정된 통나무처럼 판 위에 얹혀 있을 따름이다. 해양저는 언제나 충돌하고 해저 지하에 깔리면서 그 면적이 줄어들고 다시 중앙해령에서 재생산되는 등 변화가 많지만, 대륙 쪽은 항구적인 지형으로 존속한다. 대륙지각은 해양저 지각의 현무암보다 가볍고 층도 두껍기 때문에 결코 가라앉지는 않는다. 판이 서로 밀치고 그 위에 얹혀서 운반되는 대륙끼리 서로 충돌하는 것은 피할 수 없는 일인데, 그럴 경우 대륙의 가장자리에는 주름이 잡히고 판은 움직일 수 없게 되어 일시적으로 정체한다.

두께가 약 100km에 달하는 견고한 판은 약권이라 불리는 연하고 뜨거운 점성(粘性)의 층 위에 떠 있다. 약권이 있다는 것은 지진파 분석을 통해 알려졌는데, 약권

아래에는 지구의 가장 깊은 곳으로 통하는 맨틀, 즉 중간권이 가로 놓여 있다. 약권은 그 최상부에 작용하는 고온과 고압 때문에 변형되거나 유동한다. 이렇게 해서 판은 아직 완전히 해명되지 않은 어떤 힘에 의해 지구표면에서 천천히 끝없는 여행을 계속할 수 있다.

판구조론의 토대는 각 판이 1년에 수 밀리미터에서 최대 13cm까지의 상대속도를 갖고 움직이고 있다는 것이다. 지질학적인 측면에서 판이 움직이는 속도는 제법 빠른 편이다. 예컨대 전형적인 속도로 1년에 5cm 움직인다면 100만 년에는 50km를 움직이는 꼴이다. 다시 말해서 고대의 대륙 한가운데에 생긴 작은 균열이 대서양이 되는데 걸리는 시간은 불과 1억 5천만 년인 셈이다.

판구조 운동은 열에 의해 추진된다. 그중 방사성 물질의 자연적 붕괴로 땅밑 깊은 곳에 생겨난 열은 주로 중앙해령을 따라 지구표면에 나타난다. 해령에 잇닿아 판이 서로 갈라질 때 생기는 수평의 장력(張力)이 그 밑에 있는 뜨거운 마그마의 수직 압력을 완화하고, 이에 의해 마그마가 맨틀 위로 솟아오르는 것이다. 마그마는 용암으로 솟구쳐 판의 분열로 생긴 틈새를 메우는데, 냉각되면 밀도 높은 현무암이 되어 해령 양측에 퍼진 판의 맨 뒤꽁무니에 붙는다. 이렇게 해서 새 해양저가 형성된다. 동태평양 해령처럼 판끼리 급히 분열하는 장소에서는 해령 정상에 골짜기가 생기지 않는다. 새로운 해양저는 해령 양측의 비탈면을 따라서 이동할 따름이다. 대서양이나 인도양의 해령처럼 해양저 확대의 속도가 느린 장소에서는 해령의 중심에 뻗은 깊은 골짜기 비탈면이 형성된다. 새로 형성된 판끼리 서로 엇갈려 지나가는 변환단층은 보통 판이 움직이는 동일한 방향으로 나아가고 있다. 단층운동이 비스듬히 진행되면 두 개의 판이 서로 비스듬히 떨어져 사해(死海)의 해분처럼 깊은 틈이 생기거나, 혹은 충돌·압축되어 산맥을 휘게 하거나 새 단층을 만든다.

세계에서 가장 유명하고 뚜렷한 변환단층은 산안드레아스 단층이다. 이것은 캘리포니아주 북부의 멘도시노곶(串)에서 시작하여 캘리포니아주 서부를 지나고 다시 캘리포니아 만의 수면 밑으로 가라앉아 동태평양 해령에 도달하는 1,600km에 이르는 단층이다. 산안드레아스 단층 서쪽에 있는 태평양판은 동쪽의 북아메리카판에 대해 북서 방향으로 1년에 약 5cm의 속도로 움직이고 있다. 이 두 개의 판은 서로 역방향으로 스쳐 지나가고 있으므로 큰 마찰이 생긴다. 판이 서로 맞물고 있을 때는 응력이 축적되기 때문에 큰 지진이 발생할 때까지 마찰력은 발산되지 않는다. 1906년 4월 18일 오전 5시 12분에 바로 이 현상이 발생했다. 불과 1분도 지나기 전에 단층에서 430km의 범위에 걸쳐 한쪽 판이 북쪽으로 6m나 미끄러져 나갔다. 이때문에 100년 이상 축적된 에너지가 발산되어 샌프란시스코 지진이라는 큰 재난을 몰고 왔다.

새 해양저 지각은 쉴새없이 생겨나지만, 낡은 해양저 지각은 같은 속도로 파괴되거나 사라진다. 즉, 해령을 따라 생겨나 약권 위를 미끄러지듯 이동해 변환단층을 따라 역방향으로 마찰하며 스쳐가는 판은 거의 모두가 다른 판과 충돌할 운명에 있다. 판이 서로 접근하며 그 위에 얹혀진 대륙이 충돌하는 것은 실로 장관이다. 거대한 압력 때문에 두 대륙에는 주름이 잡히고 그 습곡에 의해 큰 산맥이 형성된다. 대륙이 서로 충돌한 가장 장대한 예는, 정상이 눈에 덮인 세계에서 가장 높은 산맥 히말라야다. 인도-오스트레일리아판에 끼어 있는 인도가 유라시아판 남단의 티벳 쪽으로 파고 들어감으로써 히말라야의 하늘을 찌르는 듯한 봉우리들은 지금도 여전히 높아지고 있다. 유럽의 알프스도 같은 과정을 거쳐서 만들어졌다. 그것은 약 8천만 년 전 아프리카판의 외측부에 있던 대륙괴가 유라시아판에 부딪쳤을 때 시작됐다. 이 두 개의 판 사이에 작용하는 강력한 압력은 오늘날까지도 계속되고 있으며, 지중해의 폭을 조금씩 좁히고 있다.

판이 서로 부딪칠 경우 대륙에서처럼 두드러진 변화가 일어나지는 않는다. 그러나 눈에 보이지는 않지만 그것 역시 대륙의 경우와 비슷한 극적 결과를 보여준다. 판은 냉각이 진행됨에 따라 밀도가 높아지므로, 두 판 가운데 나이가 젊은 쪽이 가볍다. 즉 가벼운 판은 약권을 지나서 급강하한다. 나이가 많고 밀도가 높은 판이 지구 속으로 잠기면 규모가 큰 것으로는 폭 100km, 길이 1,600km 이상, 깊이가 10km나 되는 해구가 형성된다. 거대한 태평양판이 하강하는 장소에 있는 마리아나 해구는 세계에서 가장 깊은 해저다. 괌섬 부근에서 북방으로 방향을 바꾸는 이 해구의 밑바닥은 수면 아래로 10km 이상에 달한다.

● 호상열도의 탄생

판이 해구 속으로 가라앉기까지 긴 시간과 복잡한 과정을 거치지만 그 결과는 지구 표면에 뚜렷하게 나타난다. 냉각되어 굳어진 판이 하강하기 시작하면 거의 연속적으로 지진이 일어난다. 그 과정에서 판은 몇 가지 자연의 기구(機構)에 의해 가열된다. 예컨대 마찰, 맨틀 속 고온 물질과의 접촉, 압축, 방사성 물질의 자연붕괴, 기타 암석권 물질이 밀도가 높고 조밀한 결정구조가 될 때 방출되는 에너지도 포함된다. 깊이 약 65~130km 근처에서는 가벼운 마그마가 선별되어 표면으로 부상하는, 이른바 '분화'가 진행되는데 이러한 마그마는 상승해서 차차 위쪽 판의 선단부에 들어가 지각의 질량을 불리고 그 위에 화산을 형성시킨다. 만약 위쪽 판이 해양성이면 화산은 그 위에 쌓이게 되어 마지막에는 호(弧)를 이루는 화산열도가 바다 밖으로 얼굴을 내민다. 이 호의 모양은 분명히 지구표면의 곡률과 관계가 있다.

호상열도는 태평양의 북쪽과 서쪽 가장자리를 목걸이처럼 장식하고 있다. 알류산,

쿠릴, 일본, 류큐, 필리핀과 같은 열도가 그것이다. 남쪽에는 인도네시아, 솔로몬군도, 뉴헤브리디즈군도 그리고 통가군도가 가로놓여 있다. 이러한 열도의 기원에 대해 과학자들은 여러 세기에 걸쳐 의혹을 품어 왔다. 지도 제작자들은 깊은 해구의 위치를 기입했고, 지진학자는 해구 아래 진원(震源)의 분포를 조사했으며, 화산학자는 열도상의 화산을 연구해왔다. 그러나 이러한 연구들은 각자 따로 이루어져 그들이 조사하고 있는 현상이 동일한 과정의 한 국면이라는 것을 깨닫지 못했다.

그러나 이제는 해양저의 확대와 섭입이라는 개념에 의해 왜 세계 화산의 대부분이 '불의 고리'라 불리는 태평양의 호상열도를 따라 존재하는지를 완전히 설명할 수 있게 되었다. 판은 섭입하기 시작한지 약 1천만 년 후, 깊이 700km 지점에서 최종적인 국면을 맞아 마침내 맨틀물질과 융합 소멸된다.

해령에서 발견된 열수활동

해저에서 나오는 지열의 흐름, 즉 해저 지각열류량은 판의 냉각, 성장모델에 따라 쉽게 계산할 수 있다. 지각열류량은 해저연령의 평방근에 반비례하여, 해저연령이 오래될수록 감소하게 된다. 실제 관측에서 해령 근처의 지각열류량은 확실히 높아야 한다. 그러나 실제로는 고저의 변화가 급하고, 또한 그 평균값은 이론값보다 매우 낮다. 이 때문에 한때 판구조론에서는 해저열류량의 분포를 설명할 수 없다는 비판이 많았다.

1970년대 판구조론 지지자들은 열은 이론과 같이 나오지만, 어떤 이유로 열이 제대로 측정되지 않는다고 반박했다. 이론에 앞서 관측사실을 의심한 것이다. 그러나 이것은 곧 심해저의 해령에 대한 직접관측의 계기가 됐다. 새로운 해저지각은 벌어진 틈에 많을 뿐 아니라 퇴적물(불투수성)이 거의 없어 해수가 침투, 깊은 곳에서 고온으로 나오는 열수순환을 왕성하게 일으키고 있다. 이 때문에 열의 대부분은 열수의 분출에 의해 해수 중으로 전달되지 않아 통상 측정법으로는 측정할 수 없었던 것이다.

Plos One

영국의 국립해양연구소에서 수행한 탐사를 통해 동 스코트 해령 (East Scotia Ridge)에서 발견된 열수분출공

최근의 심해 근접해저면 탐사기술이 발전함에 따라 이러한 사진영상을 통해 열수분출공에 서식하는 생물군집연구가 가능해졌다

그러던 중 1978년 미국과 프랑스가 심해잠수정으로 동태평양 해령을 조사하면서 극적 반전이 일어났다. 이곳에서 350℃에 달하는 고온열수가 왕성하게 분출하고 그 주변에 신기한 생물군집과 거대한 금속산화물 광상이 있는 지역이 발견됐다. 열수순환이 있다면, 직접 그것을 눈으로 보자는 실증과학적 방법이 실현됐다는 점에서 판구조론 지지자의 건재함을 과시한 사건이었다.

이러한 열수순환이 있다면, 확대되는 해저지각 상부에는 어느 곳이나 금속광상이 존재할 가능성이 있다. 또한 해저지각의 열변성작용이 자성광물에 미치면, 지자기의 이상이 해령에서 멀어질수록 급격히 약화된다는 오랜 의문점을 풀 계기가 될 수도 있다. 한걸음 더 나아간다면, 육지 쪽 섭입대에서 자주 볼 수 있는 배호해분의 형성에서도 완전히 같은 이론이 전개될 가능성이 높다. 동북일본에서 볼 수 있는 유명한 구로코광상의 생성원인도 이러한 이론으로 설명할 수 있고, 오키나와 해구와 마리아나 해구에서는 이 이론이 지금 전개되고 있는 중인지도 모른다.

해령이 판의 탄생지라면, 해구는 소멸장소다. 일본 열도 등에서 자주 발생하며 크나큰 피해를 미치는 지진이나 화산폭발의 원흉이 해양판의 섭입 때문이라는 사실을 이해한 것은 판구조론의 공적이라 할 수 있다. 지진학의 긴 역사를 통해서 처음으로 지진 발생의 원인에 대답할 수 있게 된 것이다.

두 가지 종류의 섭입대

그러나 섭입대의 화산활동이나 열류량 분포, 배호해분의 확대 등은 단순한 섭입 모델에서는 좀처럼 설명할 수 없다. 이러한 점에 대해 섭입대의 여러 가지 현상을 단일모델로 설명하는 것은 불가능하다. 일반적으로 섭입대는 전형적인 두 가지 종류가 있다. 배호해분이 확대하고, 높은 열류량을 보이지만, 거대 지진을 일으키거나 대산맥을 만들지 않는 마리아나형과 그 반대인 칠리형이 그것이다. 양자의 차이점은 섭입하는 해양판과 육지 쪽 판의 역학적 결합정도다. 결합이 강하면 칠리형, 약하면 마리아나형이다.

그 결합 정도가 다른 주요한 원인은 첫째, 해양판의 연령이 오래되면 저온, 고밀도가 되어 섭입하기 쉬워짐으로써 결합이 약해진다. 둘째, 육지 쪽 판이 해구로부터 멀어지는 방향으로 움직일 경우에도 결합이 약해진다. 그리고 마지막으로 두 가지 모두 반대의 경우에는 결합이 강해진다는 것이다. 이 접근법에서는 많은 부분이 설명되지만, 칠리형이나 마리아나형 양쪽 모두에 존재하는 화산활동의 원인을 설명하기는 매우 어렵다. 이 점에 대해서 다음과 같이 생각하면 어떨까? 섭입하는 판 위의 쐐기모양 맨틀에는 판의 운동에 의해 2차적인 대류가 일어나고 있음이 틀림없다. 이 흐름은 맨틀 심부에서부터 고온상태를 유지하며 올라온다. 상승류 내에서는 압력저하와 함께 융점도

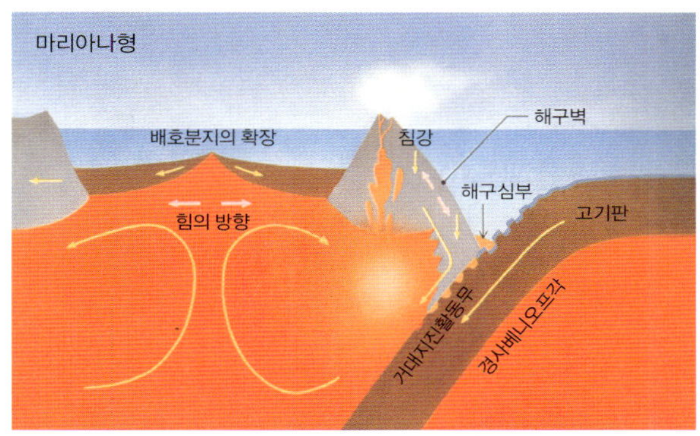

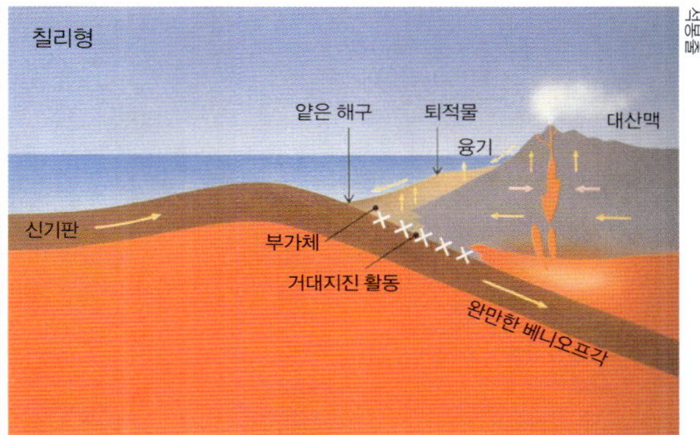

해양지각이 대륙연변에서 섭입·소멸하는 주요 형태인 마리아나형과 칠리형

저하하고, 자동적으로 부분용융이 일어나 마그마가 발생한다. 마그마가 흐름의 최고점에서 모이면 그 상부의 암권(lithosphere)에서는 국부적으로 얇아지고 마그마가 더욱더 집중되어 화산프런트가 형성된다. 사실 베니오프대로 대표되는 해양판이 얕은 각도로 섭입한 지역에서는 육지 쪽의 판도 두껍고, 쐐기형 맨틀이 대부분 존재하지 않으므로 섭입대에서는 활화산이 존재하지 않는다. 남미 서안이 그 대표적 예다.

섭입 과정과 관계된 최근의 화제는 충돌현상에 집중되고 있다. 해양판의 섭입이 계속되면 결국 대륙간 충돌이 일어난다는 것은 쉽게 인식할 수 있다. 예를 들어 히말라야 산맥은 아시아와 인도의 충돌에 의해 형성되었다. 이러한 최종적인 충돌이 일어나기 전에 해저상에 산재되어 있는 해대, 해산, 섬, 미소대륙 등이 섭입대에 도달할 것은 분명하다. 그러한 볼록한 지형은 지각이 두껍고, 섭입하기 어려운 경우가 많을 것이다. 그런데 충돌해서 섭입하지 않는 것은 어떻게 될 것인가. 어떤 지형이 섭입하지 않고 있다면, 우선 육지 쪽으로 이동되지만, 언젠가 이미 섭입한 판은 단절되어 버릴 것이다. 따라서 이 부분에서는 섭입한 판에 의해 당기는 힘이 떨어지게 되므로, 만약 그 볼록 지형이 크다면 해양판의 운동자체가 변화할 것이고, 이렇게 해서 충돌은 끝난다. 이 사이에는 지진활동과 화산활동이 저하한다.

대륙이동설에서 출발하여 해저확장설을 거쳐 발전된 판구조론은 분산된 지질학적 현상을 종합시키고, 지금까지 얻어진 것보다 지구진화의 문제점을 해결하는데 지대한 공헌을 했다. 19세기 초 허튼 경(Sir J. Hutton)의 동일과정설이라는 지질학적 규범을 받아들이고 스미스(A. Smith)에 의한 화석대비가 지질학을 참된 과학으로 성립하게 한 이래, 판구조론은 지구과학에 있어서 가장 진보된 이론으로 위치를 굳혔다. 이를 출발시킨 베게너는 금세기 가장 중요한 과학의 선구자 중의 한사람으로 인정받는다. 1960년대에 들어와 확립된 판구조론은 21세기를 맞아 지구의 신비를 밝혀주는 기본 틀이 될 것이다.

해저지질과 고해양학

Submarine Geology and Paleo Oceanograhy

지구온난화의 원인을 파악하고 기후변화를 예측하기 위해
과거 지질시대의 기후변동을 연구해야 한다.

지질시대의 기후변동 38
과거 지질시대의 기후변동은 현재 지구온난화의 원인과 미래 기후변화 예측을 가능하게 해주는 중요 연구과제다. 현재의 급격한 기후변동이 자연적인 변화 양상인지, 환경파괴의 결과인지에 대한 연구는 계속되어야 한다.

화산활동과 고해양환경 46
화산활동은 과거 지질시대나 먼 나라에서 일어나는 특별한 사건이 아니라, 매일 떠오르는 태양처럼 항상 주변에서 일어나는 자연현상이다. 화산활동에 대한 지식과 경계만이 우리의 문화와 생명을 보존할 수 있는 방편이다.

해양 미생물과 고환경 · 고기후 변화 56
지질시대 46억 년 동안 지구에서는 환경 변화로 약 40억 종의 생물들이 탄생과 죽음을 반복했다. 환경과 기후는 지구의 수많은 생명체뿐 아니라 인간 활동에도 큰 영향을 준다. 우리가 과거의 환경과 기후변화를 연구하는 까닭이 바로 여기에 있다.

배타적 경제수역 및 동해 지질환경 64
우리나라는 삼면이 바다로 둘러싸인 해양 국가로 막대한 개발 잠재력과 풍부한 자원을 보유한 천혜의 해양환경을 자랑한다. 국민총생산에 대한 기여도가 9% 이상인 해양산업은 앞으로 더욱 발전할 것으로 전망되고 있다.

극지 빙하기록에 나타난 고기후 변화 72
극지방의 빙하를 시추하여 과거의 기후변화를 세밀히 복원할 수 있다. 빙하에는 짧게는 계절변화에서부터 길게는 수십만 년까지의 장주기 변화를 간직하고 있다.

지질시대의 기후변동

과거 지질시대의 기후변동은 현재 지구온난화의 원인과 미래 기후변화 예측을 가능하게 해주는 중요 연구과제다. 현재의 급격한 기후변동이 자연적인 변화 양상인지, 환경파괴의 결과인지에 대한 연구는 계속되어야 한다.

현상민 한국해양과학기술원

최근 지구의 기후변화에 대해서 세계 각국은 정치·사회적으로 높은 관심을 보이고 있다. 기후변화는 여러 가지 환경요인과 밀접한 관계를 맺고 있으며, 현상을 파악하는 과정이 매우 복잡하다. 그 어려운 기후변동 연구과정의 중심에 변화·발전하는 첨단 과학이 있다. 현재 기후변동 연구는 그 자체에 내재한 복잡성과 최근의 자연적 변동, 그리고 기후변동 체계에 대한 변화 요인을 밝히는 데 있다. 따라서 과학자들은 더 정밀한 기후변동의 이해를 위해 현재까지 밝혀진 최선의 정보를 얻고 제공하는 데 노력해 왔으며, 그 결과 기후변동에 대한 기본적 과정에 대한 이해는 상당한 진보를 이루었다.

대기 중 이산화탄소로 대표되는 온실가스의 농도는 산업혁명 이후 화석연료의 소비를 포함한 인간 활동에 의해 꾸준히 증가하고 있다. 현재 온실가스 증가가 기후변동에 영향을 미치고 있다는 추측은 있지만, 아직 그 직접적 관련 정도는 잘 파악되지 않은 상태이다. 기후변동을 일으키는 원인은 온실가스 외에도 무수히 많다. 예를 들어 지역적인 영향, 극적인 기후변화, 강수의 강도와 그 분포역의 변화, 해양순환의 변화, 대기성 에어로졸(aerosol)의 영향 등 기후변동을 일으키는 과학적 원인은 무수히 존재하고 있다.

그러나 인간 활동으로 발생하는 온실가스가 기후체계 변화에 영향을 주며, 그것이 점차 가속화될 것이라는 가설에는 많은 학자들이 동의하고 있다. 현재 기후변동은 예측할 수 없는 기상이변 등 인류에게 위협이 되고 있다. 기후변동이 자연적인 것인지, 아니면 인간 활동에 의한 것인지 그 연관성은 반드시 밝혀져야 한다. 기후 변동이 자연적이라면 미래를 예측해 대비해야 하고, 인위적인 현상이라면 원인을 분석해 급격한 기후변동을 막아야 할 것이다.

인위적 기후변화와 현 상태에서의 범지구적 기후변동을 이해하고 예측하기 위해서는 지질시대를 통한 과거 자연환경 변동과 연계된 기후변동 기록을 연구하는 것에서

The Earth Through Time

선캄브리아시대의 지구 모습
이 시대에는 석회질 조류로 구성된 스트로마톨라이트(stromatolite)가 대규모로 번성해 지구 대기조성 변화에 영향을 주었다.

출발하여야 한다. 과거의 기후변동을 통해 현재와 미래를 유추해 보는 것이다. 따라서 여기서는 지질시대의 기후변동 가운데 제 4기 기후변동의 특징과 복원에 초점을 맞추어 살펴보기로 한다.

● 원시대기와 현재의 대기

지구는 46억 년의 지질시대 동안 따뜻하고 습윤한 시기와 차갑고 건조한 기후형태가 그 강도와 변동크기를 달리하며 반복되어왔다. 이는 과거 지구대기의 조성이 현재와는 완전히 다른 상태였다는 것을 알려준다. 원시지구의 대기는 현재와 달리 산소가 극히 부족한 대신 상당량의 수소와 헬륨이 존재했고, 이것은 이후 점차 우주 속으로 사라진 것으로 추정된다.

The Earth Through Time

오스트리아 필바라 지역의 스트로마톨라이트 속에 기록된 3천5백만 년 전 미화석(microfossil) 기록

원시대기에서 산소가 풍부한 대기로 전환된 원인은 두 가지로 추정해볼 수 있다. 첫째는 광화학적 해리(photochemical dissociation) 과정으로, 물 분자로부터 수소와 산소가 분리되는 것이다. 둘째는 지구 상에 생명체, 특히 식물의 출현에 의한 것이라 할 수 있다. 즉 생명체의 출현으로 대기 중 이산화탄소를 탄소와 산소르 고정하는 광합성 작용이 일어나게 된 것이다. 따라서 지구상의 생명체 출현은 현재의 대기조성을 이루기 위한 가장 중요한 원인으로 작용했으며, 풍부한 산소를 가진 지구는 현재와 같이 물의 행성 또는 생명체를 가진 살아있는 지구로 재탄생하게 된 것이다.

그러나 이와 같은 대기 조성은 생물 활동으로 일관되게 변화한 것은 아니다. 생물이 탄생하고 얼마 되지 않은 4억 년 전부터 현재까지 대기 중 이산화탄소 농도는 최대 10배 이상 차이를 보이고 있다. 이는 대륙에서 빙상이 발달한 정도와 관계가 있는 것으로 보인다. 과거 6천만 년 전부터 현재까지는 생물 기록과 다른 과학적 근거를 통해 더욱 정확한 자료를 얻을 수 있는 기간이다. 이때의 자료를 살펴보면 대기 중 이산화탄소 농도와 유공충으로 계산된 해수온도는 극적인 변화를 보이고 있다. 즉, 지구 탄생에서 생물 탄생 시점을 지나면서 지구의 대기 조성은 급격한 변화를 보였고, 대기 조성이 현재처럼 변화하기까지 생물 활동이 수반되었다는 것이다. 여기에 지구의 지구조(tectonic) 운동 등도 대기 조성을 변화시키는 요인으로 작용했다.

● 제 4기의 기후변동

지구의 기나긴 진화과정 가운데 특히 제 4기 기후변동에 대해서는 비교적 많은 연구가 이루어지고 있다. 제 4기 기후변동은 그 변화가 뚜렷할 뿐 아니라 전 지구적 규모의 환경변동이 자연 속에 풍부하게 기록되어 있다. 자연의 기록으로부터 그 변동체계를 해명하는 것은 고기후학, 고지리학, 고해양학 등 여러 분야의 주요한 연구 과제다. 지구의 기후 변동은 현재까지 여러 방면에 걸쳐 연구되었으나, 가장 널리 사용되는 것은 해양퇴적물을 이용한 기후변동 복원에 관한 연구이다.

해양퇴적물은 생물 활동 등 교란이 없는 경우 과거의 어떤 시점에서부터 현재까지의 연속적이고 상세한 기록을 잘 보존하고 있다. 이 퇴적물 속에는 육안으로 볼 수 없는 작은 화석(microfossil, 미화석) 뿐만 아니라, 암석이나 퇴적물 속에 포함된 강한 자성 광물의 잔류자기(paleomagnetism, 고지자기) 기록, 산소동위원소의 기록 등 기후변동을 포함한 지구환경 변동에 관한 유익한 정보를 보유하고 있다. 연속적인

The Earth through time

백악기 및 신생대에 번영했던 유공충과 비슷한 현생의 살아 있는 유공충
탄산칼슘으로 된 석회질 각(殼)은 산소 및 탄소동위원소 측정에 유용하며, 그 값으로부터 생존 당시의 동위원소 값을 알 수 있으며, 기후변동 해석에도 유용한 생물이다.

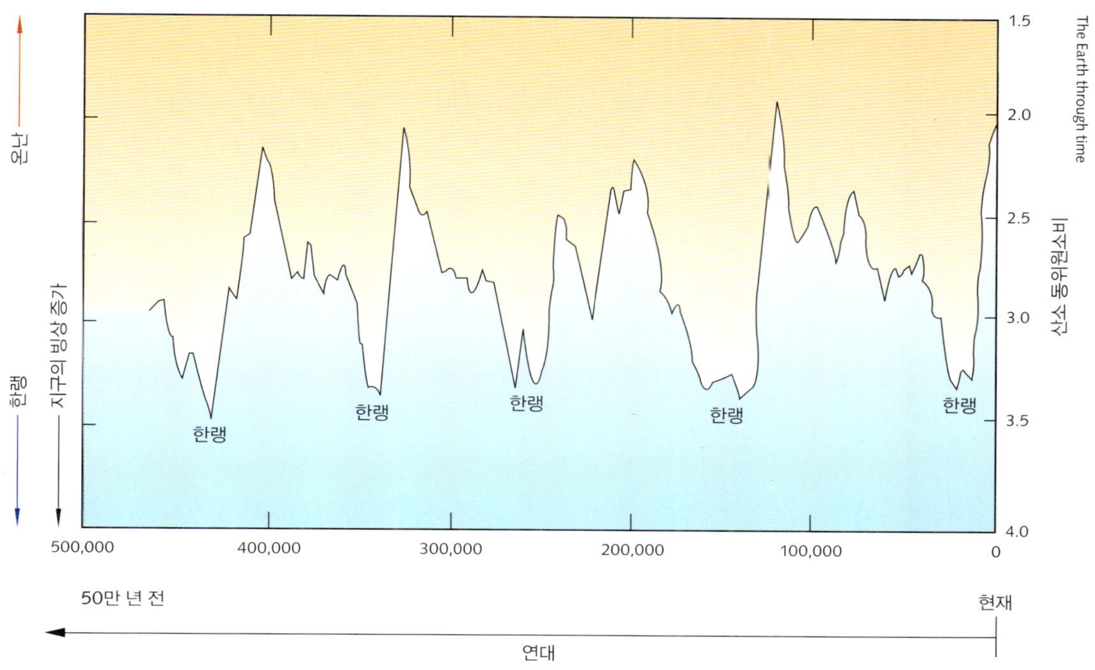

해양퇴적물의 채취는 피스톤 코어(piston core)라는 기기의 발명으로 발전을 거듭해 왔으며 피스톤 코어에서 얻은 퇴적물은 여러 분야에 걸쳐 분석할 수 있다.

그중 하나가 퇴적물 속의 석회질 유공충(foraminifera)을 이용하여 산소동위원소의 비를 구하는 것이다. 산소동위원소의 비를 통해 해양환경의 변화 및 빙상 기록을 알 수 있다. 이 때문에 퇴적물 깊이에 따른 동위원소비의 변화는 대륙에 발달한 빙상의 양, 즉 시간에 대한 온도 변화를 보여준다. 1955년 에밀리아니(Emiliani)는 심해퇴적물의 유공충을 이용하여 산소동위원소를 처음으로 복원했다. 이후 많은 데이터가 축적되면서 이 방법은 현재 기후변동에 관한 일반적인 정보로 인정되고 있다. 과거 약 50만 년간 산소 동위원소비의 변화를 위의 그림으로 확인할 수 있다. 한눈에도 과거 약 50만 년에 걸친 온도변화는 뚜렷한 주기성이 있으며 동시에 따뜻한 시기(간빙기)와 한랭한 시기(빙기)가 반복되는 특징이 있음을 알 수 있다.

과거 50만 년간 전 지구적 빙하의 양

인도양 퇴적물에서 얻어진 동위원소 분석 결과로, 간접적으로 고기후 변화를 지시한다. 10만 년 주기로 변동하며 온난, 한랭한 시기가 교대된다.

연구결과 이와 같은 빙기 및 간빙기의 주기적인 변화는 남·북반구를 비롯한 세계 전 지역에서 동시에 진행되었음이 밝혀졌다. 또한, 최근 빙상퇴적물을 이용한 연구 결과를 통해 더 세밀한 변동 주기가 밝혀지기도 했다. 바로 단스가드-오슈가 주기(Dansgaard Oeschger cycle)라 불리는 수십 년 단위의 작은 규모 변동으로 불안정한 변화를 하고 있음이 드러난 것이다. 이와 같은 방법으로 복원한 최근의 지구 기후변화 및 환경변화는 다음에서 설명한다.

● 빙기와 현재의 기후변동

최근 수십만 년은 현재와 비슷한 기후인 간빙기(interglacial stage)와 현재보다 다소 한랭한 빙기(glacial stage)가 교대되어 나타났다. 이러한 기후변동 자료는 현재의 지구환경에서 보이는 여러 가지 특성을 이해하고 미래 기후변동을 예측하기 위해 매우 중요하다.

최종빙기(지금부터 약 1만 8천 년 전)의 지구는 현재와 전혀 다른 모습을 하고 있었다. 지구의 표면 기온은 현재보다 약 5℃ 이상 낮았고, 유럽이나 북미 북부에는 대규모의 빙상이 발달했다. 대륙에 대규모 빙상이 발달했을 때의 지표 상태는 빙상이 만들어낸 산물로, 독특한 지형이나 심해퇴적물 속에 그 기록이 보존되어 있다. 이러한 기록과 동위원소 기록을 이용하여 복원한 과거 약 1만 8천 년 전의 최종 빙기가 가장 왕성했던 때의 지표면 상황 즉, 빙상 및 식생의 분포, 표층 해수의 온도 등이 현재의 지구표층 환경과 완전히 달랐다는 다양한 증거가 있다.

빙기에 육상의 식생분포가 현재와 달랐던 이유는 기온의 저하 때문이다. 빙기의 식생분포는 호수나 퇴적물의 화분(花粉 꽃가루) 조성 연구 등으로 알 수 있다. 이렇게 복원된 빙기의 식생분포에 의하면, 빙상 주변에 광대한 사막과 툰드라 지대가 존재했음을 알 수 있다. 중위도 및 저위도에서는 사막 등 건조지대가 확장되어 빙기에는 전체적으로 건조한 대륙이 넓게 분포했다. 반면, 열대 지역은 삼림이 소실되어 열대 우림 및 열대 계절림 분포가 축소되었던 것으로 추측하며, 남반구도 빙기에는 한랭 건조했었다. 또한, 남극 주변의 해빙은 현재보다 더 저위도 지역까지 분포하고 있었고 북반구 및 남반구의 고위도 지방은 대규모 빙상 발달로 고위도와 저위도 간의 급격한 열경사(thermal gradient)가 형성되어 단기적 기후변화가 훨씬 활발하게 이루어졌을 것이라 추측된다. 해수면 역시 현재보다 훨씬 낮아 현재의 대륙붕 해역이 노출되어 육지 면적도 더 넓었을 것이다.

한편, 이러한 빙기의 지구기후 변화 및 해양환경 변화는 클라이맵(Climate, Long-range Investigation, Mapping and Prediction, CLIMAP)이라는 빙기의 지표 상태 복원 프로젝트에 의해 밝혀졌다. 이에 의하면, 빙상 가까이 있는 북대서양은 기온이 현재보다 약 10℃ 이상이 낮았음을 알 수 있었다. 단, 열대 해양의 해수온도는 현재보다 1~2℃ 정도 낮았고 빙기에도 비교적 안정적인 온도를 유지했다. 이러한 빙기-간빙기의 지구환경 변화를 포함한 지구의 기후변동은 현재 세계 각국의 과학자들에게 중요한 관심사이며 중요한 연구대상이다. 이러한 연구를 위한 국제적 프로젝트 중의 하나가 국제지권생물권연구(International Geosphere-Biosphere Program, IGBP)라는 연구 프로그램이다.

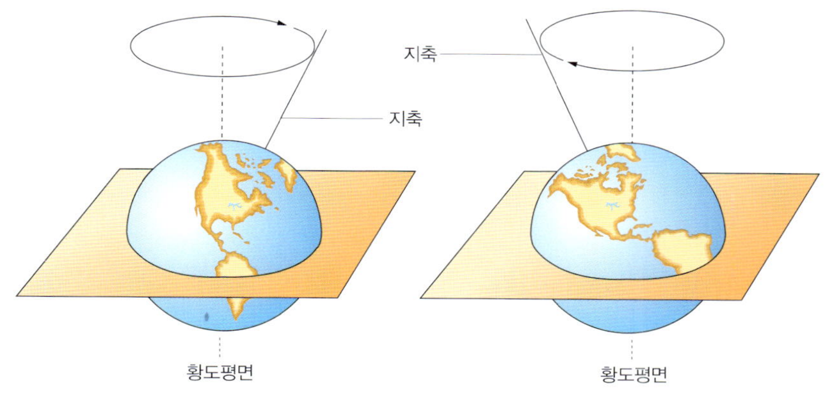

The Earth through time

지축의 세차운동에 따른 두 위치
1만 3천 년과 완전한 세차기간인 2만 6천 년의 위치를 각각 보여준다.

빙기-간빙기의 변동 즉, 장주기에 걸친 빙기-간빙기의 순환원인은 지구 외부에서 찾고 있다. 지구의 운동 궤도요소 변동에 따라 지구가 받는 일사량은 지리적 계절적으로 변화한다는 사실은 잘 알려져 있다. 여기서 말하는 운동 궤도요소는 각각 다른 주기를 가지는 지축의 경사, 회전체의 회전축 방향이 변하는 세차운동, 공전궤도의 이심률 등이 중첩되어 있다. 이들 변동의 결과 지구 전체가 1년간 받는 일사량의 총량은 그리 큰 변화를 보이지 않으나 지리적 계절적 분포는 약 ±10%의 범위에서 변화한다.

이미 알려진 바와 같이 빙기와 현재의 가장 현저한 차이는 북반구 고위도 지방 빙상의 확대와 축소다. 과거 16만 년간 이 지역의 여름 일사량 변동을 살펴보면, 약 10만 년 주기와 약 2만 년 주기의 빙기-간빙기 주기의 특징이 나타난다. 궤도요소의 변동이 일사량 변동을 통해 기온이나 빙상의 변동을 일으키고 있음은 두말할 나위가 없다.

그러나 빙기-간빙기의 변동이 궤도요소라는 외적 요인으로만 설명되는 것은 아니다. 예를 들어 빙기-간빙기 주기에서 가장 특징적인 10만 년 주기의 일사량 변동은 그렇게 뚜렷하게 나타나지 않는다. 세차운동에 의한 일사량 변동은 남·북반구에서 반대의 위상이 되지만 빙기-간빙기의 변동은 남북반구에서 동시에 일어나고 있다.

따라서 지구 궤도요소의 변동은 빙기-간빙기 변동을 일으키는 요인이기는 하지만 실제 변동은 해양이나 대기, 빙상으로부터 야기되는 지구 시스템의 피드백 체계에 의해 일어나고 있다. 이러한 변화 체계를 해명하는 것은 앞으로의 연구과제이기도 하다.

기후변동의 복원과 예측

46억 년이라는 지구의 역사에서 기후변동은 항상 존재하는 현상이었다. 과학자들은 과거를 바탕으로 미래의 기후변화를 예측하기 위해 노력하고 있다. 비록 현 단계에서는

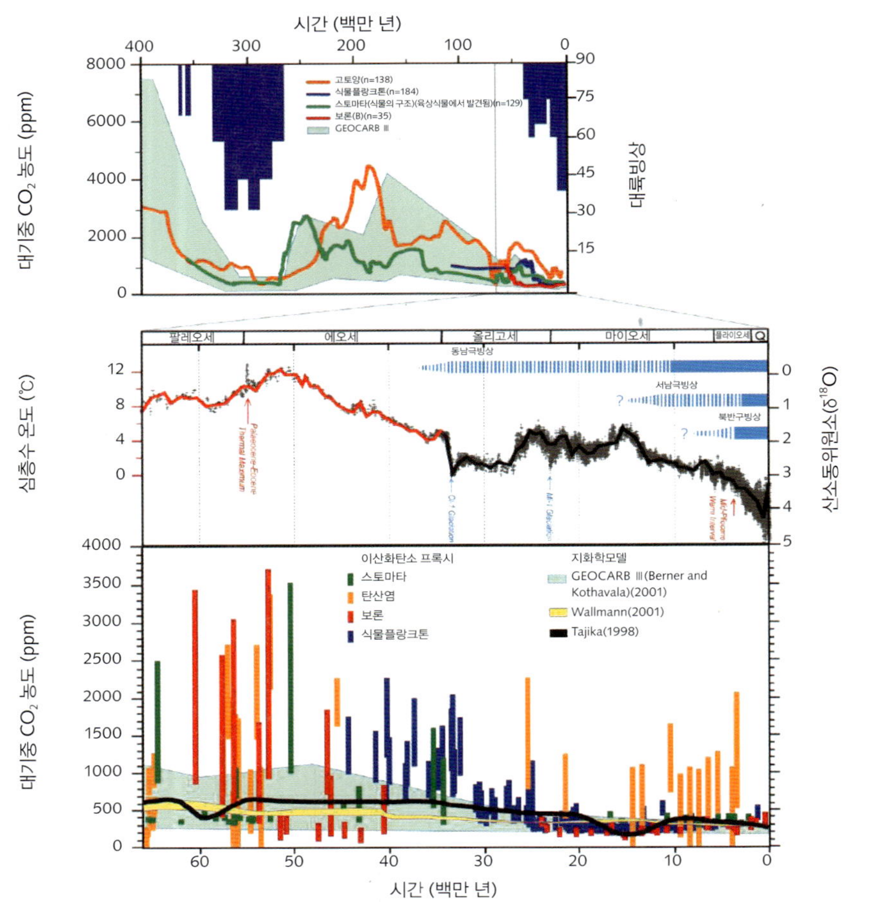

과거 4억 년간의 대기 중 이산화탄소 농도와 대륙빙화(위)와 과거 6천만 년에 걸친 대기 중 이산화탄소 농도 및 동위원소에 근거한 해양심층수의 온도 변화(아래)

과학자들이 과거 기후변동에 대한 완전한 답을 얻지 못했지만, 조만간 이에 대한 답을 얻을 것이며 미래 예측도 가능해질 것이다. 과거의 기후변동을 이해하고, 미래를 예측하기 위해서는 각기 다른 관점에서 연구가 진행되어야 한다.

우선, 장주기에 걸친 기후변동 복원은 제 4기의 기후변화가 보여준 것과 같이 지구 외적인 요인(자연적)에 대한 연구가 선행되어야 한다. 지구 외적인 요인과 관계된다고 추측할 수 있는 10만 년, 4만 년, 2만 년의 밀란코비치 주기(Milankovitch cycle), 지구 반사율(albedo), 해양순환, 극지 이동 등에 관한 연구가 자연적 기후변동에 대한 궁극적인 답을 줄 것이다.

미래기후의 예측은 지구 외적 요인에 의한 기후변동을 정확히 이해한 후, 인위적 기후변동의 영향과 크기를 이해해야 가능하다. 이를 위해서는 밀란코비치 주기와 같은 장주기를 기준으로 한 연구와 함께 수십에서 수백 년 단위의 고해상 연구가 이루어져야 한다. 최근 진행되는 고해상 연구는 기후변화의 원인이 지구 외적 요인에만 있는

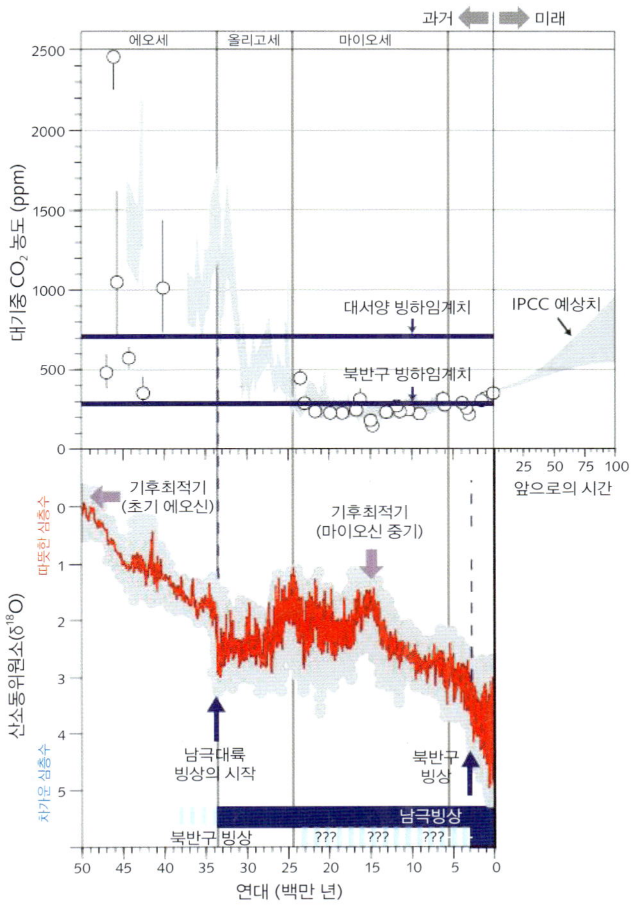

IPCC

과거 5천만 년 간의 대기 중 이산화탄소 농도변화와 산소동위원소 기록변화

것은 아니라는 것을 알려주고 있다. 빙상 코어나 해저퇴적물에 대한 고해상 연구를 통해 기후변동 현상은 빙기-간빙기의 밀란코비치 주기만 존재하는 것이 아니라는 사실이 밝혀졌다. 빙기 내에서도 온난하거나 한랭한 기후가 도래했었으며, 급격한 기후변화로 일컬어지는 영거드라이아스(Younger Dryas)와 같이 지극히 짧은 시간 내의 기후변화도 있었다는 것이 드러났다.

이러한 단주기, 즉 짧은 주기에 관한 연구는 인간의 화석연료 소비로 발생된 인위적인 지구의 온실효과가 기후변화에 영향을 미칠 수 있음을 알려준다. 이에 대한 환경 문제는 세계 각국의 대처방안과 결부되어 심각하게 논의되고 있다. 그리고 이에 덧붙여 기후변동이 그 외의 다른 요소와 어떻게 결부되어 있으며, 지구생태계를 포함한 인간 활동에 어떠한 영향을 미칠 것인가에 관한 문제는 반드시 해결해야 할 기후변동에 관한 연구과제 중 하나다.

화산활동과 고해양환경

화산활동은 과거 지질시대나 먼 나라에서 일어나는 특별한 사건이 아니라, 매일 떠오르는 태양처럼 항상 주변에서 일어나는 자연현상이다. 화산활동에 대한 지식과 경계만이 우리의 문화와 생명을 보존할 수 있는 방편이다.

천종화 한국지질자원연구원

화산활동이란 지구 내부에서 형성된 마그마가 지각을 뚫고 올라와 육지 또는 수중에서 분출하는 것이다. 이러한 화산활동은 물리적인 힘의 균형이 불안정한 판 경계면에서 주로 일어난다. 판의 확산 경계면에서는 지속적인 해저화산 활동으로 새로운 해양지각이 계속 형성되고 있다. 폭발적인 화산활동은 판의 섭입이 일어나는 수렴경계면에서 주로 일어나며 전 지구에서 발생하는 육상화산의 80%가 이곳에 집중되어 있다.

화산활동의 연구분야

테프라(tephra)의 연구

폭발적인 화산활동은 지질학적으로 짧은 시간에 광범위한 지역(수천 킬로미터 이상)에 막대한 양의 화산재를 이동 및 퇴적시킨다. 광범위한 지역에 분포하는 화산재 층은 특정한 시기의 특성을 알려주며, 쇄설성 퇴적층 내에 화산쇄설물이 포함되어 있어 퇴적학적으로는 표식지층(key bed)으로 이용된다. 화산재는 테프라(tephra)라고 불리는데, 이는 화산이 폭발할 때 지표에 쌓인 화산쇄설성 입자를 말한다.

테프라와 테프라를 활용한 넓은 의미의 연구 분야를 테프라연대학(tephrochronology)이라고 한다. 테프라연대학은 연대를 알고 있는 테프라를 사용하여 지층이 생성된 시대를 구분하기 위한 시간층서대비 표식지층

태평양 주변해역의 해저지형
판의 경계면에서는 화산활동이, 수렴경계면에서는 육상화산의 폭발적인 분출이, 확산 경계면에서는 해저화산의 비폭발적인 분출이 주를 이룬다.

으로 활용하고 테프라와 상하부 퇴적층의 퇴적연대를 알아내는 등 다양한 분야를 다루고 있다. 폭발적인 화산활동으로 대기 중으로 날아가는 테프라는 수천 킬로미터 떨어진 지역까지 이동되어 쌓이는데, 거의 같은 시기에 육상의 호수, 극지방의 빙하, 해양의 퇴적분지에 쌓이기도 한다. 테프라연대학은 서로 다른 퇴적환경과 지리적 환경에서도 동시기적 사건에 의한 다양한 해석이 가능하기 때문에 중요하다.

테프라층서학(tephrostratigraphy)은 테프라층 상하부 퇴적층의 층서 즉, 지층이 쌓인 순서에 대해서 집중적으로 연구하는 분야다. 일부 테프라는 기원화산과 분출시기를 밝히기 어려운 경우에도 뚜렷한 테프라의 특성에 의해 지역적, 또는 광역적으로 층서 대비가 가능하다. 그리고 폭발적인 화산활동은 성층권에 화산재와 화산가스가 장기간 잔류하여 태양빛을 차단하고 단기간의 겨울 날씨(화산겨울)를 유발하는데, 테프라 상하부 퇴적층에서는 화산활동과 관련된 고기후 변동의 역사가 보존되기도 한다. 동일한 기원화산의 화산활동으로 운반된 테프라의 분포범위는 각 분출시기에 따라서 차이를 보이는데, 이 자료에 의해서 각 분출시기마다 계절적인 제트기류의 변화에 영향을 받았다는 판단을 할 수 있다. 이에 반해 단순히 테프라의 연대를 측정하는 것은 테프라연대측정(tephrochronometry)이라고 정의한다.

화산활동의 유형

화산 주변에서는 폭발적인 화산활동으로 화쇄류(pyroclastic flow)와 라하르(lahars)가 빈번히 발생한다. 화쇄류는 고온 상태의 화산재와 가스가 결합되어 빠른 속도로 경사면을 따라 흘러내리는 현상이다. 라하르는 화산활동의 직간접적인 원인으로 발생하는 암설류로 큰비 뒤에 암석 토양 등의 쇄설물이 물과 함께 홍수처럼 흘러내리는 것을 말한다. 화쇄류에 비해 상대적으로 이동 속도가 느리다. 헬렌 화산에서는 화쇄류가 라하르로 전환되는 양상이 보고되었다.

연합통신

필리핀 마욘 화산의 폭발적인 플리니식 화산분출

폭발적인 화산활동은 기존의 화산체의 파괴와 주변 환경 및 인명에 피해를 준다. (2013년 5월 7일 사진촬영)

지구 내부에 형성된 마그마는 녹은 암석의 구성 성분과 휘발성 성분의 함량 차이에 의해 화산의 폭발력과 화산재의 구성광물이 뚜렷한 차이를 보인다. 화산활동 유형은 화산폭발력의 차이와 확산범위에 따라 플리니안, 스트롬볼리안, 하와이안 유형으로 세분되며, 해저화산의 활동은 불캐니언 유형으로 구분된다. 마그마 온도가 750~1,000℃에 달하고 조면암질 또는 유문암질 마그마 성분에 많은 양의 가스를 함유하는 화산은 가장 폭발적인 플리니안 유형의 분출이 일어난다. 서기 79년, 이탈리아 베수비어스 화산의 경우는 3일 동안이나 폭발적인 분출이 일어났으며, 화산재가 수십 킬로미터 상공까지 운반됐다.

미국 하와이 칼라파나의 화이쿠푸나하 해안에서의 하와이식 용암 분출

화산폭발시 용암류는 이동속도가 느리기 때문에 대피가 가능하다. 또한, 해양에서의 용암 분출은 새로운 섬의 탄생을 가져오기도 한다. (2009년 6월 22일 사진촬영)

그리고 1980년 분출한 미국 워싱턴주 헬렌 화산의 경우도 분출 기둥이 수십 분 만에 수직으로 25km까지 도달했으며, 다시 수 시간 만에 동쪽으로 약 100km 떨어진 지역까지 이동했다.

이에 반해 현무암질 마그마성분으로 적은 양의 가스를 함유한 화산은 비폭발적인 스트롬볼리안 또는 하와이안 유형의 분출이 일어난다. 이때 높은 점성의 용암들이 화구로부터 저지대를 향하여 느린 속도로 이동하는데, 그 결과 넓은 지역에 현무암 대지가 만들어진다. 지금도 하와이의 킬라우에아 화산은 현무암질 마그마가 분출하여 새로운 섬이 계속 형성되고 있다.

● 화산활동의 두 얼굴

인류를 위협하는 화산활동

화산활동이 인류생활에 미치는 영향은 상상을 초월할 정도로 막대하다. 화산활동은 혜성이나 지진처럼 갑자기 찾아오며, 막대한 재산 피해는 물론 때로는 목숨을 앗아가기도 한다. 화산활동의 웅장함은 두려움과 함께 경외감마저 들게 한다.

우리가 일반적으로 화산활동을 연상할 때는 대부분 용암의 분출만을 상상하게 된다. 그러나 용암 분출은 대부분 시속 수 킬로미터 미만의 느린 속도로 이동하므로 화쇄류에 비해서 그 피해를 최소로 줄일 수 있는 시간적 여유가 있다. 화산활동 때 일어

미시간 공대

연합통신

빠른 속도로 바다에 유입되는 고온의 화쇄류 ①

초속 10~300m의 빠른 속도로 이동하는 화쇄류는 인류에게 위협적이다.

인도네시아 메라피 화산의 폭발적인 분화로 화산재로 덮힌 파괴된 마을 ②

예견되지 않은 폭발적인 화산 분화는 도시 전체를 파괴할 수 있으며, 심지어 문명 전체가 사라질 수 있다. (2010년 11월 14일 사진촬영)

나는 가장 파괴적인 현상은 화쇄류이다. 화쇄류는 1,000℃ 이상 고온의 화산재와 가스가 결합하여, 초속 10m에서 300m에 이르는 빠른 속도로 이동한다. 앞서 기술한 1980년 세인트 헬렌(St. Helen) 화산도 막대한 양의 화쇄류를 발생시켰는데, 헬렌 화산으로부터 수십 킬로미터 떨어진 지역에서도 수백 미터 두께의 화쇄류들이 쌓였다. 특히 베수비어스(Vesuvius) 화산은 폭발적인 대기분출과 함께 발생한 어마어마한 화쇄류에 의해서 폼페이시와 헤르큐라니움시의 수많은 사람들이 완전히 매몰되는 비극이 일어났다. 1902년의 피에르 화산 화쇄류는 29,000명의 인명 피해를 가져왔고, 1982년 멕시코 치찰 화산 폭발은 수천 명의 사람과 수만 마리 가축의 목숨을 한꺼번에 앗아 갔다.

라하르는 점토와 바위가 혼합된 암설류로 초속 1.3~40m의 속도로 이동하는데 1985년 콜롬비아 네바도 델 루이스 화산 활동 때 아르메로 지역 약 21,000명의 인명 피해를 발생시킨 것이 바로 라하르다. 화산 주변은 계곡을 따라서 인구 밀집 지대가 발달하는데, 라하르는 주로 계곡을 메우면서 이동하며 최대 높이 100m 이상의 퇴적물이 쌓이기 때문에 위험하다. 라하르는 주로 지형적인 영향을 받아 분포하는데, 일반적으로는 수십 킬로미터, 최대 300km를 이동한 기록도 있다.

이 외에도 화산활동 시에는 유독가스 유출, 해양환경에서의 쓰나미 피해가 보고되기도 한다. 화산활동 시에 분출되는 가스는 대부분이 수증기로 구성되어 있고, 이산화탄소, 일산화탄소, 유황 가스, 염소, 불소 등이 포함된다. 화산가스들은 유독한 산(酸)을 형성하여 인간과 가축들에게 치명적인 피해를 주고 식생과 토양을 산성화시킨다. 1986년 카메룬에서는 화산에서 이산화탄소 가스가 분출하여 3개 마을 1,700명의 주민과 가축들이 산소 결핍으로 모두 사망한 사건이 있었다. 지금도 미국 캘리포니아주 매머드 화산은 이산화탄소를 분출하고 있으며, 화산학자들이 매일 주기적으로 화산가스의 종류와 양에 대해 지속적인 실측을 하고 있다.

화산활동으로 형성된 쓰나미는 거대한 파도를 형성하여 해안가를 덮쳐 많은 인명 피해를 가져온다. 자바섬과 수마트라섬 사이에 위치한 크라카타우섬에서는 1883년 8월

26일 발생한 화산활동으로 4시간 만에 쓰나미가 발생하여 주변 자바섬과 수마트라섬을 강타했다. 다음날 오전 10시경에 다시 파고 240m의 쓰나미가 발생하여 36,000명의 사상자를 내기도 했다.

우리가 미처 예측하지도 못한 곳에서도 화산활동으로 인한 피해가 일어날 수도 있다. 그중의 하나가 성층권에서의 비행기 엔진 사고다. 지난 20년간 보고된 20,000피트 상공의 비행기 엔진 사고는 80여 건인데, 사고 직후 엔진고장의 원인을 분석한 결과 최근 분출한 화산재들이 성층권으로 이동하면서 엔진 내부로 유입되어 화재가 발생한 경우였다. 폭발적인 플리니안 유형의 화산분출은 다량의 화산재와 가스를 대류권 상위에 형성된 성층권으로 밀어 올려서 장시간 머물게 하는데, 이때 화산재들이 비행기 엔진으로 빨려들어가 화재를 일으키는 것이다.

일본지질조사소

연합통신

지각 내부에 잔류하는 지열을 활용한 지열발전소 ①
일본, 미국, 뉴질랜드 등 화산지대에서 운영하고 있다.

인도네시아 카와이젠 화산의 유황광상 ②
화산활동은 다양한 광상을 형성해 인류 산업발전에 기여하기도 한다.

화산활동의 긍정적인 면모

이렇게 인류를 위협하는 화산활동이지만, 다른 한편으로는 천사의 얼굴도 가지고 있다. 화산대에서는 지각 내부에 잔류 된 지열을 이용한 발전소들이 건설되고 있다. 지열은 방사성물질의 붕괴로 지각 내에 보존된 열로서 온도는 90℃에서 150℃ 정도이다. 현재 미국 지열발전소는 총 2,200MW의 전기를 생산하는데, 이것은 대규모 핵발전소 4기에서 생산되는 발전량에 견줄 수 있다. 또한 지열대에 발달한 온천(38℃~149℃)은 빌딩, 온실, 양식장의 난방 및 리조트 등에서 다양하게 이용된다. 이것은 총 470MW의 전기를 생산하는 효과에 해당한다.

다이아몬드와 오팔 등과 같은 보석류와 금, 은, 몰리브덴, 동, 아연, 구리, 수은, 유황 등의 광상들도 화산활동으로 형성되기도 한다. 심해저의 열수구 주변에서는 열수광화작용에 의한 유화광물 광상들이 확인됐다. 또한, 인류 역사상 가장 참혹했던 베수비어스 화산 분출로 폼페이시가 매몰되어 수많은 사람의 생명을 일시에 앗아갔지만, 이 때문에 완벽한 문화 보존이 가능했다는 아이러니한 결과를 가져오기도 했다.

1992년 스퍼(spurr) 화산의 폭발적인 분출로 형성된 화산재 층의 이동

인공위성에 장착된 AVHRR센서를 사용하여 실시간으로 관측했다.

오늘날 화산지질학자들은 지구 내부물질, 유용광물의 형성, 화산저를 이용한 시간층서대비 등의 다양한 연구뿐만 아니라, 미래에 일어날 수 있는 화산활동의 예측 및 현재 활동하는 화산의 분출양상, 그리고 화산재 이동 등의 정보(Meteor-3 TOMS와 EarthProbe TOMS 인공위성)에 대한 예측 연구도 병행하고 있다. 특히 인구가 밀집한 도시 주변의 활화산은 매일 정기적으로 화산활동을 감시하는 시스템을 개발하여 운영 중이다. 이 자료들에 의해 실시간으로 화산의 움직임 자료를 제공하여 인명과 재산의 피해를 최소한으로 줄이고자 노력하고 있다. 화산활동은 과거 지질시대나 먼 나라에서 일어날 수 있는 특별한 사건이기보다는, 주변에서 항상 일어나는 자연현상으로 이해해야 할 것이다.

● 한국 주변에서의 화산활동

전 세계적으로 화산활동은 신생대 제 3기에서 제 4기로 접어들면서 급격히 증가하고 있다. 동해에서는 1990년대에 심해굴착프로그램(Ocean Drilling Program)에서 동해의 해저면으로부터 517m~1,084m까지 심부 퇴적층들을 시추했다. 이 퇴적층의 최하부는 중기 마이오세(Miocene Epoch)로 분석되었는데, 전체 퇴적층 내에는 총 256회의 화산재 층이 끼어있었다. 이처럼 빈번하게 화산이 활동했던 이유는 한국을

1991년 일본 운젠 화산의 화산분출

화산활동이 활발한 일본은 화쇄류와 유독가스로 인명과 재산 피해가 계속되고 있다.

포함한 일본 화산대와 중국, 러시아 일대가 해양판의 섭입과 대륙지각내의 화산활동이 활발한 곳이기 때문이다. 이처럼 제주도, 울릉도, 독도, 백두산, 동해의 해저화산, 그리고 일본 화산대에서는 제 4기 이후에 유문암 및 조면암질 마그마가 폭발하는 화산활동이 진행되고 있다.

일본에서는 최근까지 육상화산(1991년 운젠 화산 활동)과 이즈-오가사와 호상열도에 존재하는 해저화산(1953년 마이오진쇼 활동)에서 역동적인 활동이 보고되었다. 그리고 화산활동과 관련된 쓰나미의 형성 및 진화과정에 관한 연구도 활발히 진행되고 있다. 한국으로부터 불과 수백 킬로미터 떨어진 일본은 전 국토가 거의 활화산의 영향을 받는 곳이기 때문에 화산활동이 하나의 문화 및 생활양식으로 자리 잡고 있다.

이에 반해 교과서나 영화에서만 폭발적인 화산활동을 볼 수 있는 한국은 화산활동을 공룡이 살던 지질시대 때나 일어났던 사건으로 인식하고 있다. 우리나라 동해 해저 퇴적물의 최근 연구에 의하면 제 4기 이후부터 최근까지 백두산과 울릉도 화산들이 여러 차례 활동한 것으로 밝혀졌다. 울릉도는 약 1만 6천 5백 년 전, 약 9천 3백 년 전, 약 5천 6백 년 전에 폭발적인 화산분화가 일어났으며, 화산재들은 편서풍을 타고 동쪽으로 500km까지 이동해 일본열도 호수와 태평양 해저에서 확인됐다. 울릉도의 야외

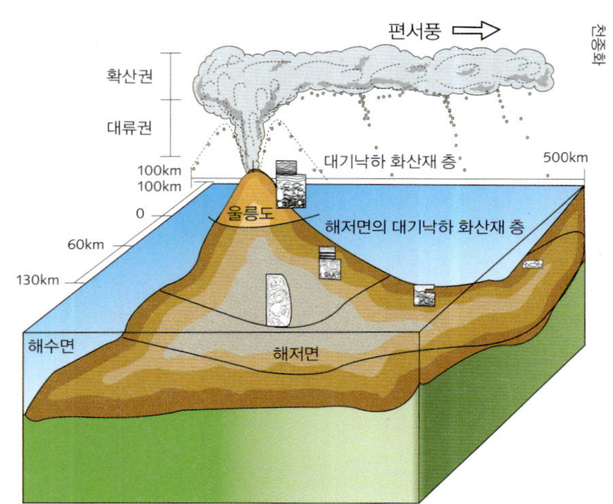

9천3백년 전 울릉도 화산폭발 분출 모식도

화산폭발은 나리칼데라에서 일어났으며, 유백색의 부석과 광물을 분출하였다. U-II 테프라는 홀로세/후기 플라이스토세 경계를 지시하는 주요 표식 테프라다.

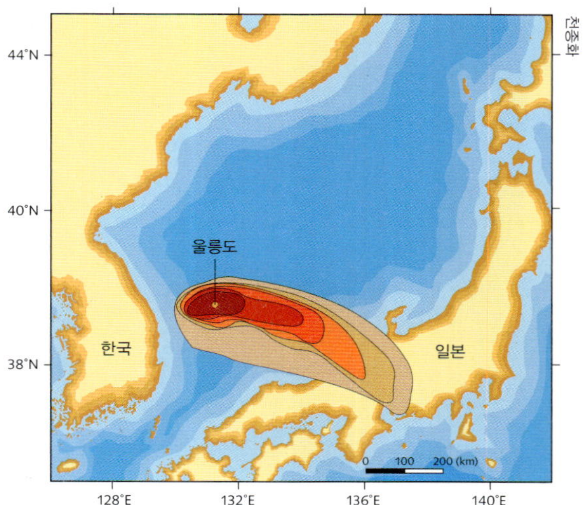

500km 떨어진 일본까지 날아간 울릉도 화산재

편서풍의 영향으로 주로 동쪽으로 이동했으며, 위로는 성층권까지 도달했다.

천종화

울릉도 나리분지 부근에서 발견된 부석질 화산재 층

울릉도 화산분출 때 생긴 유백색 부석들은 울릉도 전역에서 관찰할 수 있다. 이 부석층들은 고지형을 따라 토양층 사이에서 발견된다.

지질조사에서도 유백색의 조면암질 부석층들이 나리분지 부근에 집중적으로 분포되어 있는 것을 발견하였다. 이 화산재 층은 울릉도 해안가에서 볼 수 있는 암색 현무암질 용암류가 분출한 시기인 약 280만 년 전과는 상당한 차이가 나며, 암석의 색상과 굳기 정도에 의해 쉽게 구별된다. 동해의 해저퇴적 층에서는 울릉도의 화산활동의 결과인 화산재들이 수십 센티미터에서 수 센티미터 두께로 잘 보존되어 있다.

또한, 동해 한국 대지에 있는 해저화산에서는 수만 년 전까지도 여러 차례 폭발적인 수중 분출이 있었음이 지질학적, 지구물리학적 연구로 밝혀졌다. 한국 대지에서 해저화산의 자기이상이 뚜렷이 확인되었으며, 천부탄성파 자료에서도 화산지형이 확인됐다. 오른쪽 그림은 한국 대지에 수심 약 1,400m 해저에서 시추한 해저퇴적물의 사진과 그 X-선 촬영 사진이다. 이 사진에서는 해저화산의 수중분출로 생겨난 입자가 비교적 굵은 부석과 자갈로 구성된 화산재들이 확연히 구별된다. 아직 해저화산을 일으키는 기원 화산체는 정확히 밝혀지지 않았으나, 동해 한국 대지와 울릉분지에서 채취된 시추코어에 포함된 화산재의 분포 특성과 지구물리자료를 바탕으로 화산체가 한국 대지에 발달하고 있음은 분명하다. 한국 대지에 해저화산으로 생겨난 화산재들은 SKP(South Korea Plateau) 테프라로 명명되었다. 최근 동해에 기록된 천 년 단위의 고기후 변동 기록에 의해 해저화산으로 생겨난 SKP-I과 SKP-II 테프라의 분출시기가 밝혀졌다.

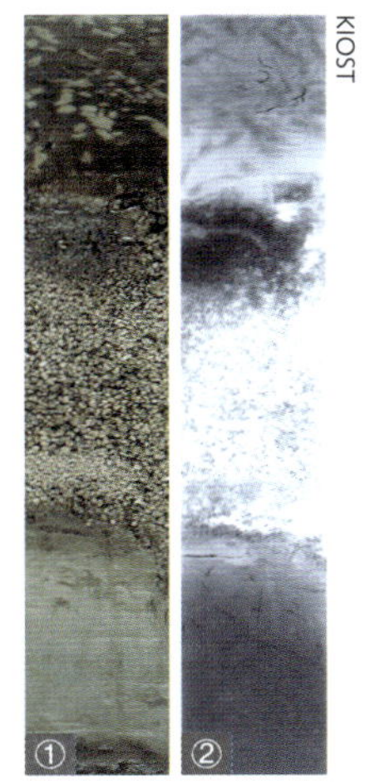

KIOST

동해 해저퇴적물에서 볼 수 있는 화산재 층①과 그 X-선②

수심 약 1,400m에서 채취한 해저퇴적물에는 수중화산 분출로 생겨난 다수의 화산재 층이 발견된다. 유백색 부석들이 크기면에서 1mm이하의 반원양성 퇴적물과 뚜렷이 구분된다.

빙하에 기록된 천 년 단위의 단스고르-외슈거(Dansgaard-Oechger) 기록처럼 동해에도 천 년 단위의 고기후 변동이 SKP-I과 SKP-II 테프라의 퇴적물에 암색과 담색의 교호

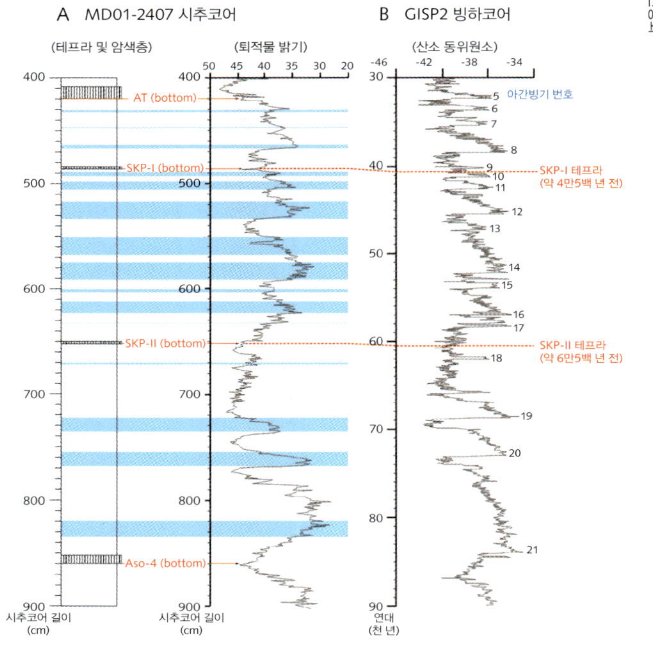

한국 대지 해저화산에서 기원한 SKP-I, SKP-II 테프라의 분출 시기

SKP 테프라 분출 시기는 동해 퇴적물 천 년 단위 고기후 변동 기록으로 밝혀졌다. 한때 U-Ym 테프라로 잘못 보고됐으나, 최근 한국대지 해저화산 테프라로 밝혀졌다. 천종화, 정대교, Ken Ikehara, 한상준, 2007, Age of the SKP-I and SKP-II tephras from the southern East Sea/Japan Sea: Implications for interstadial events recorded in sediment from marine isotope stages 3 and 4. Palaeogeography, Palaeoclimatology, Palaeoecology 247, 100-114. 에서 인용

기록으로 남아있다. SKP-I과 SKP-II 테프라의 층서적 위치를 퇴적물에 기록된 천년단위의 고기후 변동 기록과 대비하여 분출시기를 각각 약 40,500년 전과 약 60,500년 전으로 추정할 수 있었다. 특히 SKP-I과 SKP-II 테프라는 최근까지 구성광물과 주요원소 특성이 울릉도 화산으로 생겨난 테프라와 유사하여, 일본학자들에게 울릉도 화산이 기원인 U-Ym(Ulleung-Yamato) 테프라로 보고된 것들인데, 최근 우리 연구진의 연구로 한국 대지 해저화산으로부터 생겨난 것임이 밝혀졌다.

폭발적인 화산활동으로 광범위한 지역에 분포하는 테프라는 시간층서 대비의 도구로 아주 빈번하게 활용되지만, 잘못된 테프라의 연대측정은 시간층서대비에 큰 혼란을 줄 수도 있다. 한 예로 일본 큐슈지역의 아소 화산이 폭발적으로 분화하여 생긴 Aso-3 테프라도 그중 하나다. Aso-3 테프라는 1970년대에 연대측정을 시작하여 최근까지 다양한 방법(fission track, thermoluminescence, K-Ar, stratigraphy)으로 이루어졌고 이를 통해 분출 시기가 10만 년에서 13만 년의 범위로 관측되었다. 이 시기는 MIS(marine isotope stage) 5d, 5e, 6에 해당하는 시기로, 빙기와 간빙기의 고해양학 분야에서는 중요한 시기인데 많은 학자들이 자신의 견해에 맞게 Aso-3 테프라의 연대를 이용했다. 그런데 최근 울릉분지에서 채취된 시추코어에서도 Aso-3 테프라가 확인되었다. 이곳의 Aso-3 테프라는 빙기의 저탁류 퇴적층과 간빙기에 생물에 의해 교란된 니질(泥質)퇴적층 사이 해빙(termination II) 퇴적물에 끼어들어가 있었다. 이 결과 전 세계적 해수면 변동에 의한 울릉분지의 지층 특성을 해석함으로써 Aso-3 테프라의 분출 시기는 133,000년 전으로 새로이 밝혀졌으며, 이제는 다수의 일본 학자들도 이 분출시기를 사용하기 시작했다.

백두산은 약 1,000년에 대폭발이 있었음이 확인되었으며, 이 화산재들은 편서풍의 영향으로 일본까지 수백 킬로미터를 이동한 것으로 보고됐다. 우리는 폭발적인 백두산의

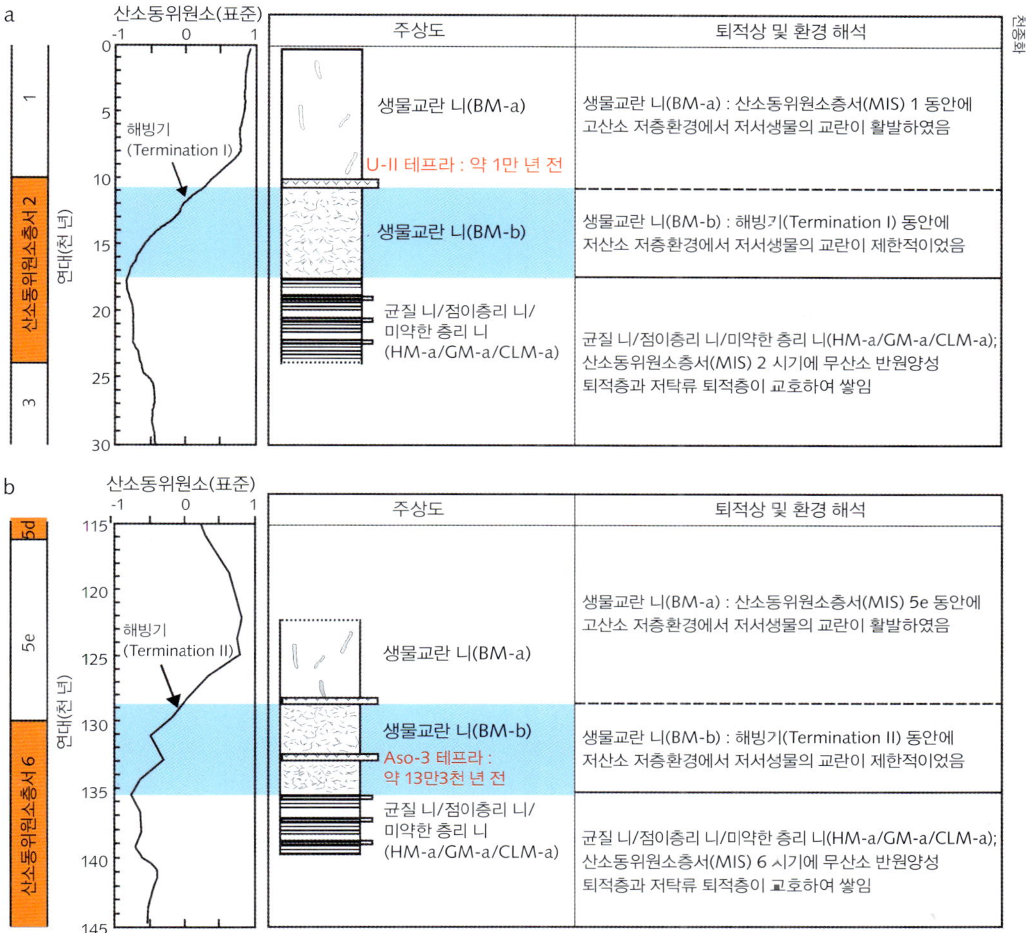

일본 아소 화산에서 기원한 Aso-3 테프라의 분출 시기

동해 울릉분지 퇴적물의 해수면 변동기록 해석으로 해빙기(termination II) 133,000년 전 분출했음이 밝혀졌다.
천종화, Ken Ikehara, 한상준, 2004, Evidence in Ulleung Basin Sediment Cores for a Termination II (Penultimate Deglaciation) Eruption of the Aso-3 Tephra. The Quaternary Research 43(2), 99-112.에서 인용

화산활동이 과거 한 차례가 아니고, 수십 만 년 전부터 십여 차례 지속해서 발생했다는 것을 알아야 한다. 이러한 백두산의 폭발적인 화산분화에 관한 연구는 지금도 진행 중이며, 최근에는 우리나라를 비롯하여 북한, 중국, 일본 등 주변국에서도 백두산의 폭발적인 화산분화의 가능성에 관한 관심이 높아지고 있다.

이처럼 동해 퇴적물에는 화산 폭발로 인한 화산재 층들이 역사책에 기록된 사건처럼 층층이 보존되어 있다. 이 화산재 층의 연구는 테프라연대학, 테프라층서학 뿐만 아니라 해수면 변동과 퇴적환경, 고기후, 고해양 연구에 이용되고 있다. 앞으로 주변 화산들의 폭발적인 화산분화에 관한 연구가 절실히 필요하다.

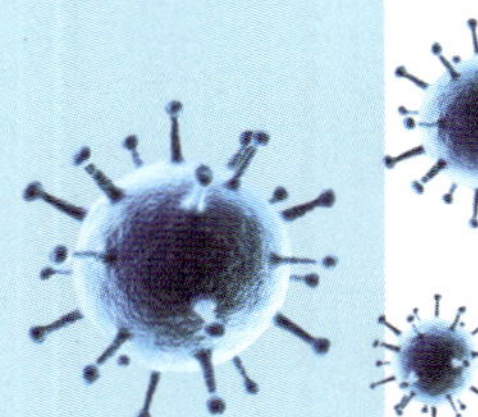

해양 미생물과 고환경 · 고기후 변화

지질시대 46억 년 동안 지구에서는 환경 변화로 약 40억 종의 생물들이 탄생과 죽음을 반복했다. 환경과 기후는 지구의 수많은 생명체뿐 아니라 인간 활동에도 큰 영향을 준다. 우리가 과거의 환경과 기후변화를 연구하는 까닭이 바로 여기에 있다.

신임철 기상청 기후변화센터 · 이희일 한국해양과학기술원

바다표면은 전 지구의 약 70% 이상을 차지하고 그 부피는 더 크다. 따라서 해양생물 특히 해양미생물의 탄생, 진화와 멸종의 역사는 해저바닥에 고스란히 저장되어서 퇴적물과 함께 기록되어 있다. 이 생물체의 잔해 즉 화석들 속에 지구환경과 기후변화의 수수께기를 풀 열쇠들이 숨어있다. 이 매력적인 생물체의 연구를 통하여 다가올 미래의 지구환경 및 기후변화와 재해재난을 예측할 수 있다.

지질시대 동안 기온의 변화

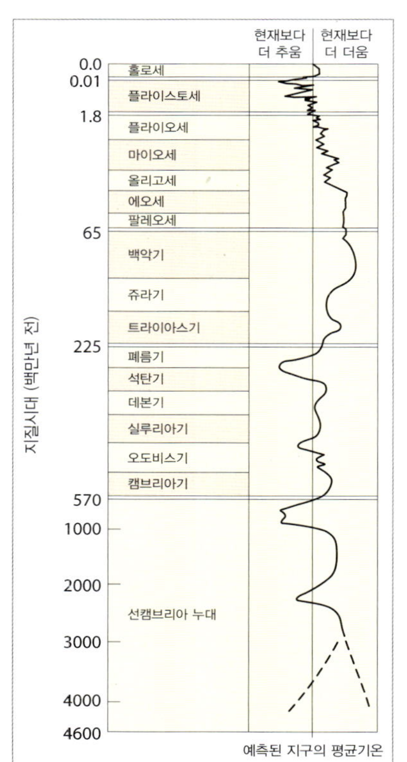

● 지구역사속의 환경변화

우리 지구의 역사는 46억이라는 기간 동안 형성되어 왔고, 이 46억 년 동안 지구에는 약 40억 종의 생물들(미생물, 동물, 식물 포함)이 탄생, 진화와 멸종을 반복해 왔다. 그리고 지구 46억년 중 약 90% 이상은 지금보다 더웠다. 지구 생성 이후 대기의 평균 온도는 20℃ 범위 내에서, 해수면은 400m 범위 내에서 변하여 왔다. 그렇다면 이런 지구환경을 극복하고 현재 지구에서 살아남아 우리와 함께 숨 쉬고 있는 생물은 얼마나 될까? 정확히는 알 수 없지만 보고된 종만 약 2백 만이고, 심해와 토양 속 미생물까지 더하면 약 3천만 종 이상으로 추정된다. 이 생명들은 앞으로 지구의 환경변화와 여러 가지 요인들로 새로운 종으로 태어나거나, 다른 모습으로 진화하고 멸종할 것이다.

환경변화로 생태계의 균형이 깨지고, 생물체가 멸종된 원인은

우면산 산사태
토양은 씻겨 나가고 기반암이 드러나 있음 (2011년 7월 27일 오전)

여러 가지가 있다. 질병, 탄산염 보상심도의 급격한 상승, 광범위한 화산활동, 산성비, 대기 및 해양의 지화학적인 변화, 기후변화를 포함한 고해양학적인 변화, 해수의 순환 변화, 판구조론에 따라서 야기되는 변화, 지자기변화, 미량원소에 의한 독성, 운석이나 혜성의 충돌로 야기되는 현상 등이 그 대표적인 예다. 그러나 이러한 예들은 모두 인간이 지구에 출현하기 전에 벌어진 자연 현상들이다.

지구의 긴 역사에서 환경변화로 인한 생물체 멸종은 빈번한 일이었다. 지금도 하루 평균 최소한 동물 9종과 식물 1종이 지구에서 사라지고 있다. 문제는 인간에 의해 인위적 현상이 추가로 야기되고 있다는 것이다. 생물체 멸종은 거미줄처럼 얽혀있는 생태계의 균형을 깨고, 결국 인간에게 자연재해·재난이라는 형태로 영향을 미치게 된다. 그래서 인간은 환경변화에 의한 재해를 예측하여 조금이라도 피해를 막고자 과거에 일어났던 환경과 기후변화를 연구하는 것이다.

최근에 가장 충격적이며 잊을 수 없는 자연재해재난 사건의 하나는 2011년 여름, 7월 27일에 서울 우면산에서 발생한 우면산 산사태이다. 이 산사태가 인위적인 개발과 더불어 급격한 기후변화와 더불어 인위적인 개발이 겹쳐 발생한 것으로 판단하고 있다. 앞으로도 지구촌 곳곳에는 많은 지역들이 폭우, 홍수와 가뭄의 반복이 일어날 가능성이 높아지며 이에 대한 철저한 대비가 요구되는 바이다.

고환경 연구

고환경 연구를 위한 여러 가지 방법 중 미고생물학적인 연구는 가장 확실한 증거를 제시할 수 있는 방법이다. 고생물학자들이 정의 내리는 미고생물이란 지질시대에 살았던 일반적으로 2mm 이하 모래알갱이 크기의 생물체를 말한다. 미고생물 화석은 지구에 일어났던 여러 사건들, 즉 급격한 기후변화, 화산폭발로 인한 생물체의 대멸종, 운석이나 혜성 충돌로 인한 지구환경 변화 등의 연대측정, 고해양환경 및 고기후를 연구하는데 광범위하게 사용된다.

미고생물 화석으로는 탄산염($CaCO_3$)으로 이루어진 유공충, 코코리스, 개형충, 익족류, 칼피오넬라, 석회조류, 태충류 등과 실리카(이산화규소, SiO_2)로 이루어진 방산충, 규질편모류, 규조류, 에브리디안 등이 있다. 이 외에도 인산염으로 이루어진 코노돈트와 기질의 벽으로 이루어진 와편모조류, 화분, 포자, 키티노조아 등이 있다. 물론 육안으로 볼 수 없는 이들 미화석은 고환경 연구에 장단점을 모두 갖고 있다.

유공충(foraminifera)을 활용한 연구

미화석(microfossils) 중 탄산염으로 이루어진 퇴적물의 90% 이상을 차지하는 유공충은 고환경 연구, 특히 고기후에 많이 이용된다. 유공충은 지질시대 중 약 5억 7천만년 전반에 걸친 고생대 캄브리아기로부터 현재까지 나타나는 동물화석의 약 2.5%를 차지할 정도로 그 양이 많다. 이는 지난 5억 7천년동안 유공충이 바다에 매우 풍부하게 서식했으며 현재도 서식하고 있음을 의미한다.

고기후 프록시 연구를 위한 동해에서 산출된 유공충 화석의 형태

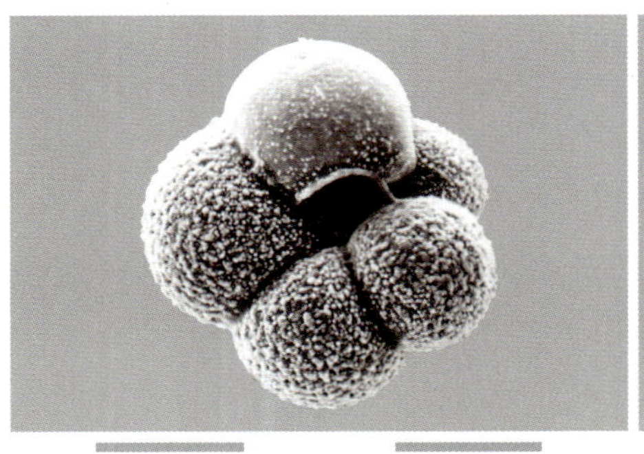

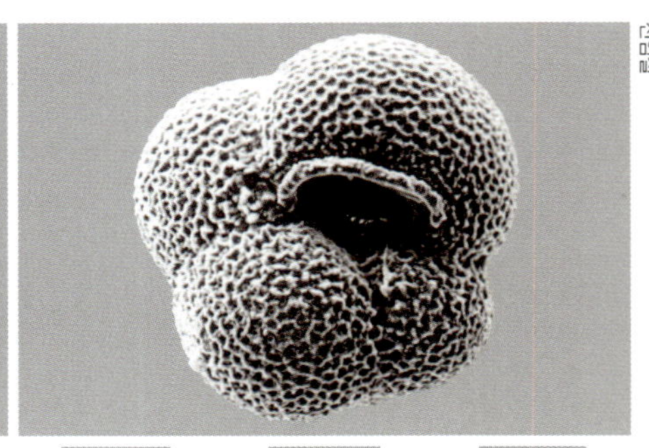

신임철

유공충은 대부분 바다에 사는 원생 동물문 과립근족충강 유공충목의 동물로 크기가 1mm가 대부분이고 큰 것은 5cm까지 있다. 해양 미생물 중 양적으로 가장 많은 것이 부유성 미생물인데, 이들 중에서도 식물로는 규조류가, 동물로는 유공충이 가장 많고, 이 유공충은 석유생성과도 밀접한 관계를 갖고 있다고 생각하는데, 이는 유공충 잔해가 해저에 가라앉아서 퇴적되는 양이 심해저 퇴적물의 약 30%에 해당되기 때문이다.

껍데기가 탄산염으로 이루어진 유공충은 생활 형태에 따라 얕은 바다에서 떠다니는 부유성 유공충과 호수나 바다의 바닥을 기어다니는 저서성 유공충으로 나눌 수 있다.

부유성 유공충은 대부분 수심 100m 이내의 표층수에 살지만 어떤 종은 해수면 아래 약 1,000m에서도 살고 있다. 이들은 퇴적물의 시대를 측정하는데 많이 이용되며 과거 표층수의 역사를 복원(고환경 복원)하는데 광범위하게 사용된다.

저서성 유공충은 탄산칼슘의 용해 속도가 공급되는 속도와 같아지는 지점인 탄산염 보상심도(Carbonate Compensation Depth)의 깊이보다 얕은 해저 밑바닥에 산다. 일반적으로 태평양의 탄산염 보상심도의 깊이는 약 3,500m이며 인도양은 약 4,500m, 대서양은 약 5,500m이다. 그러므로 유공충은 대서양에서 가장 많이 나타난다. 저서성 유공충은 대부분 염분이 35psu인 해양환경에 가장 광범위하게 나타나지만, 염분이 약 0.1~70psu 사이의 매우 다양한 환경에서도 서식하는 적응력 강한 원생동물의 일종으로, 현재 약 3만 8천 종 이상이 보고되어 있다. 일반적으로 유공충은 표층수 및 저층수의 흐름, 생태학 및 동물 지리학, 고해양학, 고기후학, 해양지질학, 석유지질학, 오염물질이 환경에 미치는 영향을 평가하는데 광범위하게 이용된다.

유공충의 분포를 통제하는 많은 물리·화학적인 요인이 있지만, 특히 큰 영향을 미치는 것은 온도, 염분 및 용존산소의 양에 의한 수괴(water mass)의 특성이다. 그중에서 온도는 해양환경에 가장 큰 영향을 미치는 주 요소이므로 유공충 연구는 주로 고기후 변화를 연구하는 데 많이 이용된다. 나아가 기후변화는 해수의 흐름, 생산성, 종 다양성, 생물종의 멸종, 해수의 물리·화학적 성질, 퇴적물의 종류, 퇴적률, 해수면 변화 등에 영향을 미친다.

현재 기후변화로 인한 환경변화는 전 지구적인 당면과제이며, 선진국은 물론 개발도상국에서도 관련 연구에 많은 열정을 기울이고 있다. 기후와 환경변화는 사회·경제적으로 매우 중요하며, 인류의 생존 문제와도 직결되기 때문이다. 현재와 미래의 기후 및 환경변화가 지구에 어떤 영향을 미칠지를 파악하고 이에 대비하기 위해서는 과거에 일어났던 기후 및 환경변화 연구에 귀를 기울여야 한다. 해양퇴적물에 의한 고기후·고환경 연구 결과에 의하면 지구의 기후변화는 주기성을 가지고 있다. 현재까지 알려진 주기는 11년, 22년, 45년, 80년, 60~90년, 100년, 1,000년, 1,500년, 2,000년, 2만 3천 년, 4만 년, 10만 년, 50만 년이다.

● 제 4기의 고기후 연구

넓은 의미의 지질시대는 지구가 탄생한 뒤부터 현재까지인데 그중 최근에 속하는 시기인 제 4기(Quaternary Period)는 플라이스토세(Pleistocene Epoch, 160만 년 전~1만 2천 년 전)와 홀로세(Holocene Epoch, 1만 2천 년 전~현재)로 나눌 수 있다. 제 4기는 지구 역사 46억 년 중 기후변화가 가장 많이 연구된 시기다. 고기후를 연구할 수 있는 화석이 변형되거나 오염되지 않았고, 해양 퇴적물 속에 비교적 잘 보존 되어있어 고해상도 연구가 가능하기 때문이다.

일반적으로 현재보다 추웠던 플라이스토세는 빙하기로, 따뜻했던 홀로세는 간빙기라 부른다. 온도는 지역마다 많은 차이가 있지만 플라이스토세 동안은 대략 현재보다 약 5~10℃ 낮았다. 하지만 플라이스토세 중에도 현재보다 기온이 높았던 적이 여러 번 있었다. 때문에 우리가 지금 살고 있는 홀로세기가 기나긴 빙하기 중 잠시 따뜻한 시기인지, 아니면 1만 2천 년 전에 이미 끝난 빙하기에 이어 간빙기 단계로 넘어갔는지 알 수 없다. 지구 기온이 얼마나 오랫동안 따뜻하게 지속될지 모른다는 이야기다.

플라이스토세(Pleistocene Epoch)의 환경과 기후

빙하기인 플라이스토세 동안에도 기후변화는 여러 번 있었으며 이에 따른 기온의 변동폭 또한 매우 컸다. 일반적으로 150만 년 전부터 현재까지는 전 세계 해양의 수온약층이 매우 얕았다. 바닷물의 온도는 수심이 깊어질수록 감소하는데, 이렇게 온도가 급격히 감소하는 지점을 수온약층이라 한다. 수온약층의 깊이변화는 생태계의 안정성과 밀접한 관련이 있다.

120만 년 전부터 60만 년 전까지, 대서양 연안에는 탄산칼슘으로 구성된 생물체가 번성했다. 바다에서 채취한 퇴적물 코어 속에서 발견된 이 생물체들은 당시의 화학성분을 유지하며 원형에 가깝게 보존되어있다. 100만 년 전은 급격한 기후변화가 일어났던 시기로, 이에 대한 정확한 원인은 아직 밝혀지지 않았다. 그러나 북대서양에서 채취한 퇴적물 코어의 연구에 의하면 90만 년 전에 급격한 기후변화가 일어났음은 분명하다. 또한, 78만 년 전에는 수온약층이 깊어졌으며 해수온도는 감소했다.

플라이스토세 중 온도 상승으로 서남극 빙하의 면적이 급격히 줄어들었거나 아주 없었던 시기는 600만 년 전, 36만 2천~42만 3천 년 전, 11만~12만 8천 년 전이었다. 이는 상당히 놀라운 사실이다. 일반적으로 빙하기라고 하면 지구의 얼음이 녹지 않는 매우 추운 시기라고 생각하는데, 연구 결과는 빙하기 동안에도 온난시기가 여러 번 있음을 의미하기 때문이다.

앞서 언급했던 유공충에 대한 산소동위원소 및 종의 분포 연구에 의하면, 47만 5천~42만 5천 년 전은 대서양 밑바닥의 산소 포화도가 매우 낮은 상태였다. 이는 많은 양의 탄소를 포함한 유기물이 해양에 다량 유입되어 산소와 결합하면서 오히려 산소량이 줄어들었기 때문이다.

기후변화가 여러 번 일어난 플라이스토세 말(60만 년 전~1만 년 전)의 시기는 남극의 빙하코어에서 채취한 시료를 이용하여 비교적 활발한 연구가 이루어지고 있다. 빙하기포 속에는 그것이 형성될 당시의 대기를 포함하고 있기 때문에 빙하코어에서 과거의 이산화탄소, 메탄 농도 등을 추출해 낼 수 있다. 남극에서 채취한 빙하 연구에 의하면 과거 45만 년 간 대기 중 이산화탄소의 농도는 290ppm(parts per million, 백만분의 일)을, 메탄 농도는 700ppb(parts per billion, 십 억분의 일)를 넘은 적이 없었다. 참고로 현재 이산화탄소의 농도는 약 395ppm이며, 메탄의 농도는 1,900ppb를 넘어서고 있다. 왜 현재의 이산화탄소와 메탄 농도가 과거 45만 년보다 짙은지 정확히는 알 수 없다. 다만 1850년 산업혁명 이후 농경지 개간, 산업화 및 도시화로 인해 화석연료를 사용했기 때문이라 추측할 뿐이다.

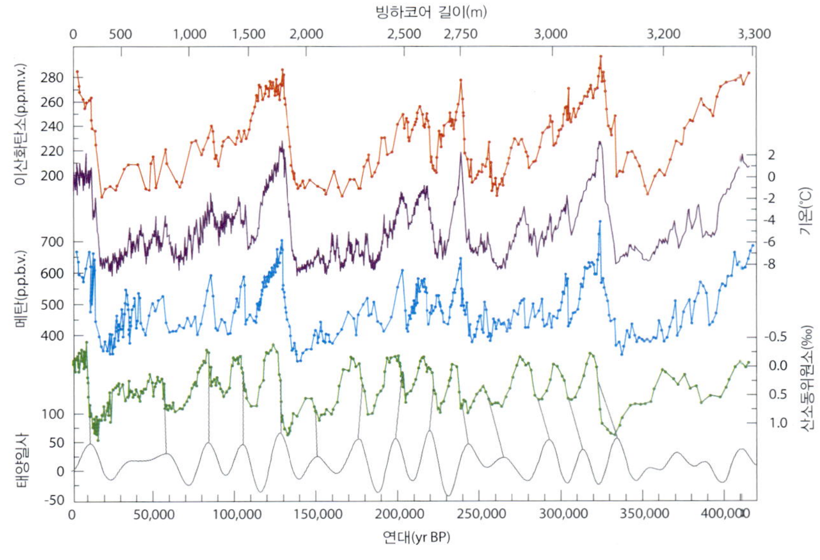

과거 45만 년 동안 빙하코아에 나타난 기온와 이산화탄소, 메탄의 농도 (*Petit et al*., 1999)

지질시대 기온이 과거 45만 년 동안 현재보다 높았거나 비슷했던 시기는 41만 년 전, 32만 년 전, 12만 5천 년 전, 1만 2천 년 전으로, 대기의 평균온도는 약 8~10℃의 범위에서 상승과 하강을 반복했다. 또한, 이산화탄소의 농도와 대기의 온도변화 그래프의 곡선은 평행한 관계를 보인다. 즉 이산화탄소의 양이 증가하면 대기의 온도는 상승하고, 감소하면 대기의 온도는 하강한다.

특히 1만 8천 년 전은 지구에 빙하가 제일 많았던 시기였다. 지표의 약 35%는 빙하로 덮여있는데, 당시 빙하의 부피는 현재의 약 2배였다. 그래서 이때를 '빙하 최대기'라고 한다. 1만 8천 년 전 동태평양 적도 해역의 해수 온도는 현재보다 약 3℃ 낮았는데 서태평양은 약 4℃, 저위도 해역은 약 5~6℃ 낮았다. 1만 2천 년 전 빙하기와 간빙기의 경계(홀로세/플라이스토세) 시기에는 급격한 온도 상승이 있었으며, (*Steig et al*., 1998) 이는 해양생물체의 종 조성(造成)과 숫자에 급격한 변화의 원인이 되었다.

홀로세(Holocene Epoch)의 환경과 기후

1만 2천 년에서 현재에 이르는 홀로세는 안정된 기후였다. 전 지구적으로 온도가 1℃ 범위에서 상승과 하강을 반복했다. 이렇게 안정된 기후 덕분에 홀로세 시기에 이전의 수렵사회에서 농경 사회로 옮겨가는 기반을 다질 수 있었다. 빙하기의 강수량은 현재와 비교하면 50%에서 25% 정도 많거나 적은데 반해 홀로세 기간에는 강수량이 증가하고 기후 변동성이 적어 농사를 짓기 좋은 환경이었기 때문이다.

홀로세 동안에 일어났던 중요한 기후변화를 몇 가지 알아보자. 빙하기와 간빙기의 경계인 1만 2천 년 전부터 지구 온도가 상승해 빙하가 녹기 시작했다. 그리고 약 2,000년 후 빙하가 녹은 물이 해양의 표층에 가득 찼다. 빙하가 녹은 물은 염분을 함유하지 않아 가벼웠다. 이 때문에 표층의 물은 바다 밑으로 가라앉지 못하였고, 표층의 열 역시 바다 위에 남아 지구는 또다시 약 1만 년 전 빙하기에 가까울 정도로 차가운 기후를 맞게 됐다. 이를 '영거 드라이아스(Younger Dryas)' 한랭현상이라 한다.

최근에도 빙하가 녹아 심층해류의 순환에 붕괴가 일어나고 있다. 해양 표층의 물은 열, 산소, 염분, 영양분을 심층에 전달해 생물체가 살 수 있는 환경을 만들어준다. 때문에 이것의 순환이 붕괴되거나 느려지면 바다 밑 생물들의 생존에 치명적일 수밖에 없다. 궁극적으로 심층수의 순환 붕괴는 산소 결핍을 부르고, 이는 바닷물을 부패시켜 박테리아만 우글거리는 해양으로 만든다. 우리가 지구온난화로 빙하가 녹는 것을 염려하는 것은 물 부족 현상 때문이지만, 이처럼 해양의 산소부족으로 생태계가 파괴될 수도 있기 때문이다. 앞서 언급했듯이 이러한 무산소환경은 과거에도 무수히 많았다.

1만 년 전의 혹독했던 빙하기를 거쳐 약 6,000년 전이 되자 지구는 따뜻해졌다. 일사량이 증가했으며 대기의 평균 온도는 약 0.5~1℃ 상승했다. 대기 중의 이산화탄소

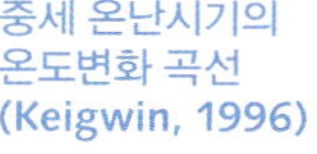
중세 온난시기의 온도변화 곡선 (Keigwin, 1996)

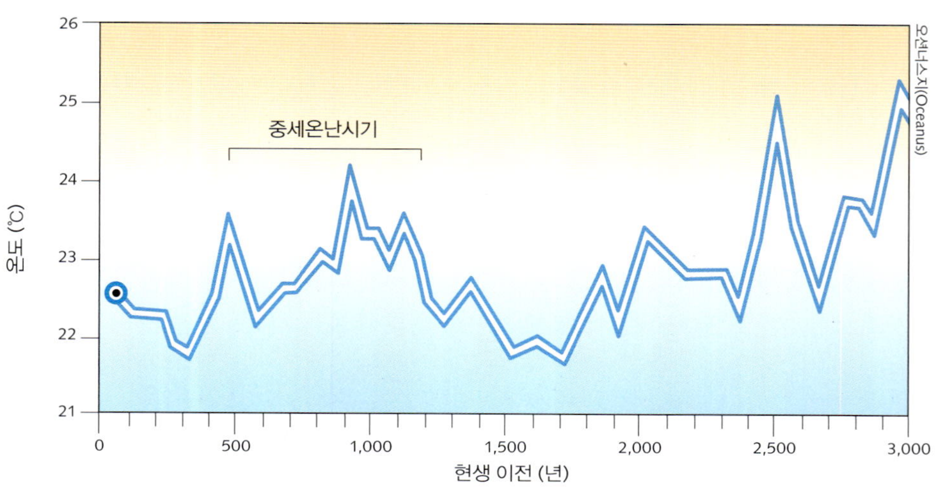

농도는 약 270ppm, 메탄 농도는 600ppb였다. 대기 순환의 변화가 일어났으며 이 때문에 몬순의 강도가 증가해 아프리카는 강수량이 약 25% 증가했다.

지금부터 약 1,000~500년 전은 '중세 온난시기'라고 한다. 지구 해수의 온도는 현재보다 약 1℃ 높았고 이산화탄소의 농도는 275~285ppm, 메탄의 농도는 700ppb였다. 특히 중세 온난시기는 높은 산에 있던 빙하가 녹아 규모가 작아졌다는 증거가 많이 남아있다.

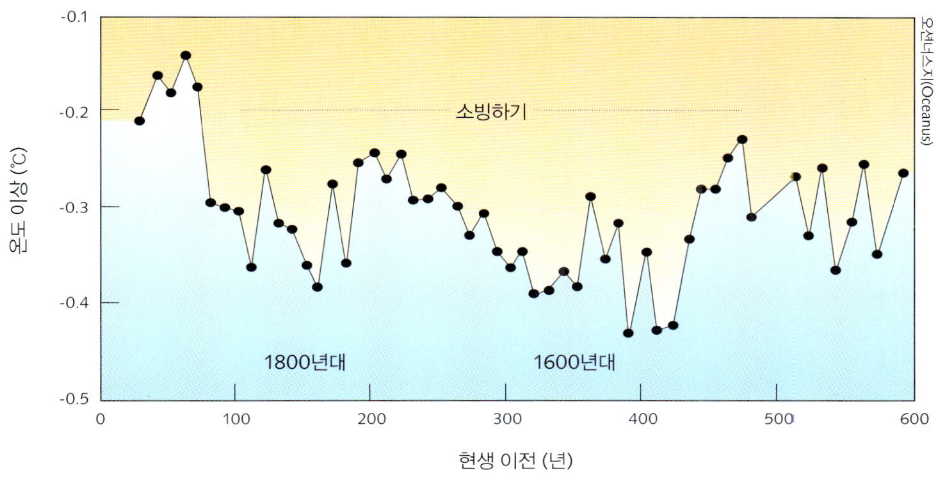

소빙하기의 온도변화 곡선 (Keigwin, 1996)

약 500~100년 전은 전 지구가 현재보다 최대 약 1℃ 낮은 적이 있었으며 이를 '소빙하기'라고 한다. 이때 이산화탄소의 농도는 약 270~300ppm이었으며 대기 중 메탄 농도는 약 700ppb였다. 소빙하기는 전 지구적으로 황사 활동이 매우 활발했던 시기로, 육상과 해양퇴적물 및 산악빙하에서 그 증거가 많이 발견되고 있다. 중세 온난시기와 소빙하기 때는 온도의 변동성 증가로 가뭄과 홍수도 잦았다. 이런 현상들은 사회를 불안하게 만들었다. 「기후의 문화사」의 저자 볼프강 베링어(Wolfgang Behinger)에 의하면 이때의 기후 변동성 증가에 따른 사회 불안정으로 유럽에서 마녀사냥이 유행했다고 한다.

특히 기후 변동 폭 증가로 인한 강수량 변화는 인류 문명의 흥망성쇠와 밀접한 관련이 있다. 가뭄이 1~2년 정도 지속하면 기근을 견딜 수 있으나 수백 년 지속하면 문명은 붕괴한다. 마야문명의 붕괴 원인 역시 가뭄의 영향이 컸다. 마야문명은 약 3,000년 전에 발달해 750~900년경에 붕괴했다. 화분화석, 산소동위원소 및 퇴적물에 함유된 화학성분의 연구결과에 의하면 수백 년 지속된 가뭄이 붕괴의 직접적인 원인이었다.

배타적 경제수역 및 동해 지질환경

우리나라는 삼면이 바다로 둘러싸인 해양 국가로 막대한 개발 잠재력과 풍부한 자원을 보유한 천혜의 해양환경을 자랑한다. 국민총생산에 대한 기여도가 9% 이상인 해양산업은 앞으로 더욱 발전할 것으로 전망되고 있다.

유해수 한국해양과학기술원

우리나라 해양관할권은 육지 국토면적의 4.5배에 달하는 44만 km^2이며, 남북한을 합치면 58만 5천 km^2에 이른다. 우리나라는 1996년 1월 'UN 해양법 협약(UN Convention on the Law of the Sea)'을 비준하여 협약 당사국이 되었고, 같은 해 8월 '배타적 경제수역법' 및 '배타적 경제수역 내에서의 외국인 어업 등에 대한 주관적 권리의 행사에 관한 법률'을 제정·공포하였다. 이로써 주변 해양에 대한 배타적 경제수역 설정과 더불어 신 국제 해양질서에 적극 참여하게 되었다. 배타적 경제수역은 자국 연안으로부터 200해리까지의 모든 자원에 대해 독점적 권리를 행사할 수 있는 유엔 국제해양법상의 수역을 뜻하며, 최근 해양산업과 자원의 활용도가 높아짐에 따라 더욱 주목받고 있다.

한국의 해양관할권 면적 (단위 : km^2)

해양관할권	남한	북한	계
내수	37,720.9	23,006.6	60,727.5
영해	48,117.5	23,126.2	71,243.7
배타적 경제수역	286,542.7	97,718.0	384,260.7
소계	372,381.1	142,850.8	516,231.9
대륙붕	68,470.4	-	-
합계	440,851.5	143,850.8	584,702.3

● 우리나라의 배타적 경제수역

UN 해양법 협약에서는 연안국의 해양관할권을 연안 즉, 영해측정기선으로부터 12해리(1해리=1.852m) 이내의 영해, 24해리 이내의 접속수역, 200해리 이내의 배타적 경제수역, 200 해리 이내 또는 육지 자연연장까지의 대륙붕으로 구분하고 있다.

배타적 경제수역 연안국은 200해리 범위에서 해저 및 수층에 있는 모든 생물 및 무생물자원의 탐사, 개발, 보존, 관리에 대한 권한을 가진다. 이 수역 내에서는 인공섬이나 기타 구조물의 설치와 사용에 대한 관할권, 해양과학 조사 및 해양환경 보호에 대한 관할권도 행사할 수 있다.

그러나 권리 못지않은 의무도 있는데, 우선 주변국과 배타적 경제수역의 경계를 조속히 확정해야 한다. 우리나라 주변 해역인 동해, 서해, 남해, 동중국해는 주변국과 배타적 경제수역이 중첩되기 때문에 경계획정을 위해 관계국과의 협의가 필요하다. 해양경계 획정은 다수 국가가 권리와 관할권을 주장한 해역과 해저구역이 공해 혹은 심해저에 의해 분단되지 않고 중복하는 경우 국제법에 기초하여 상호경계를 정하는 것인데, 해양자원 관할권과 영역확대 및 안보적인 측면에서 국가 간 이해관계가 첨예하게 대립하고 있다. 주변국 간의 경계획정 협상은 필연적으로 경쟁적인 직선기선 제도를 채택하여 해양관할권을 확대하려는 시도를 초래했다.

권문상

우리나라 해양의 범위

특히 한반도 주변 해양은 양쪽 해안 기슭의 거리가 400해리 미만의 반 폐쇄 해로서 UN 해양법 협약의 규정에 따라 일본과 중국 등 연안국과 배타적 경제수역의 경계에 대한 합의를 도출하여야 한다. 그러나 3국간의 관계에서는 암석으로 이루어진 무인 섬들의 처리문제, 직선기선 적합성 문제 등 해결해야 할 민감한 사안이 산적해 있다. 특히 우리가 주목해야 할 사항은 일본과 중국이 해양경계획정 협상의 사전 준비 단계로 과도한 직선기선 제도를 채택함으로써 우리나라와의 협상에서 마찰이 예상된다는 점이다. 따라서 우리는 이에 대한 과학적이고 종합적인 대책이 마련되어야 할 것이다.

두 번째는 해양자원 개발 및 수산자원 보호 문제이다. 배타적 경제수역 체제에서 해양자원의 개념은 기본적으로 개발과 보존 간에 균형을 맞추는 이른바 '균형 발전'이 되어야 한다.

세 번째는 확대된 바다를 깨끗하게 유지할 수 있도록 환경보호에 힘써야 한다는 것이다. UN 해양법 협약은 배타적 경제수역 내에서 환경보호의 권한과 책임을 연안국에 위임하고 있다.

이와 같은 국제적 배경하에서 우리는 배타적 경제수역을 효율적으로 개발·관리하기 위한 해양자원의 종합적인 조사와 이를 바탕으로 한 보존방안 등 통합관리를 위한 제도가 필요하다. 그러므로 배타적 경제수역의 경계를 획정할 때 발생하는 문제를

해양 레저 활동은 안전에 유의해야 하며 국가수입의 중요한 원천이 된다.

세계 각국의 EEZ 면적 (단위 : 만 km^2)

순위	국명	EEZ 면적 (만 km^2)	전 세계 EEZ 면적대비 (%)
	전 세계	11,509	100
1	미국	762	6.6
2	오스트레일리아	701	6.1
3	인도네시아	541	4.7
4	뉴질랜드	483	4.2
5	캐나다	470	4.1
6	일본	363	3.2
7	구소련	449	3.9
8	브라질	317	2.8
9	멕시코	285	2.5
10	칠레	229	2.0
:	:	:	:
24	영국	94	0.8
:	:	:	:
	한국	44	0.4
45	프랑스	34 1,026 (식민지 포함)	0.3 8.9

해결하기 위해서도 과학적 조사결과를 바탕으로 하는 기초 자료를 확보하는 일은 매우 중요하다.

특히 동해와 남해 해역은 에너지 광물자원이 매장되었을 가능성이 매우 높으며 수산물 획득 및 해상수송 등 경제 활동이 세계에서 가장 활발히 이루어지고 있는 곳으로 우리나라에 매우 중요하다. 따라서 동북아 배타적 경제수역에 대한 해역특성, 자원부존 잠재력 및 환경에 대한 과학적 자료를 확보해야 하며 이를 위해서는 주변국 간의 협력이 추진되어야 한다.

배타적 경제수역 선포에 따라 국가정책을 수립하는 경우 보전, 혹은 관할해야 할 해역은 광대해진다. 그러므로 그 해역에서 얻어지는 수산, 광물, 에너지 자원을 활용하여 국민 생활과 복지를 향상시킬 가능성 역시 고려해야 한다. 따라서 이 수역은 국토의 일부로 관리하기 위한 대책을 마련해야 하며, 국가의 주권적 권리와 배타적 관할권이 외국 또는 외국인으로부터 손상받지 않도록 해양력 증강에도 힘써야 한다. 이야말로 배타적 경제수역을 관리하는 제도의 본질이라 할 수 있겠다.

반 폐쇄성 해역인 황해의 배타적 경제수역은 북한, 중국 등 인접국의 연안 활동에 크게 영향을 받고 있다. 따라서 이 해역의 생태계 및 어족자원을 보호하기 위해서는 지역적 차원의 국제협력이 필요하다. 특히 일본 및 중국과의 해양 경계획정 문제 해결은 앞으로 국가 간 과도한 해양관할권 확대주장을 배제하고 주변 해양에서 평화적인 해양이용 활동을 보장하기 위해, 또한, 지역 질서 형성을 위해 선결되어야 할 중대과제인 것이다.

● 세계 각국의 배타적 경제수역

1994년 11월 16일 UN 해양법 발효와 신 국제 해양질서의 형성에 따라 세계 각국은 해양의 가치보존과 자원개발에 대한 지속적인 투자 및 개발을 하고 있다. 특히 전 세계 해양은 '200해리(육상거리 370.4km) 배타적 경제수역 제도'를

BREEZE

사우스 햄턴(South Hampton) 해양센터에 정박 중인 챌린저호와 디스커버리호 ①

해저를 탐색, 조사, 모니터링하기 위한 무인잠수정 ②

법률로 명시함으로써 본격적으로 해양 분할 시대에 돌입하였다.

배타적 경제수역은 영해 못지않게 중요한 의미가 있다. 모든 연안국이 배타적 경제수역에서 해양과학조사, 해양자원개발, 해양환경보호 등 주권적 권리와 관할권을 갖기 때문이다. 그러나 지금까지는 해양에 대한 인식 부족으로 해양자원 개발 및 보호를 위한 실질적인 정책집행이 부족했다.

세계 154개 연안국 중 배타적 경제수역을 선포한 나라는 104개 국가다. 만일 모든 연안국이 배타적 경제수역을 선포하게 될 경우 지구 해양면적의 36% 정도가 이에 편입되며, 세계 주요 어장의 90%, 대륙붕 석유 매장량의 89%가 여기에 속하게 된다.

최근 무역 증가에 따른 해상 운송이 확대됨에 따라 해양은 더욱 중요해지고 있다. 또한, 연안에 많이 분포하고 있는 생산 공장, 석유와 가스 생산 등 해저광물 자원개발, 어업활동 역시 활발하게 진행되는 한편 이에 따른 환경오염도 증가하고 있다. 따라서 세계 각국은 UN 해양법에 근거한 배타적 경제수역과 관련한 국내법을 제정, 해역 감시 활동과 규제 등을 강화함으로써 해양자원 개발, 배타적 경제수역에서의 안전 항해, 새로운 무역항로 개발, 환경 보호 등에 대한 대책을 세우고 있으며 이를 효과적으로 관리하기 위하여 정부부처 간 긴밀한 협조가 이루어지고 있다.

UN 해양법 협약은 해양자원 개발에도 엄격한 규제를 두고 있어 이에 따른 해양환경 파괴를 최소화하고 수산자원의 남획을 방지하며 생산과 보존 간의 균형발전이 이루어지도록 의무화하고 있다. 특히 수산업은 매우 중요한 해양 산업으로, 인접한 국가 간에 분쟁을 초래하고 있어 이를 해결하기 위해 쿼터제 등이 시행되기도 한다.

일반적으로 선진국의 배타적 경제수역 관리 조직은 해군, 공군, 경찰, 세관, 연안구조대, 어업 연합회 등이며 관리 전문가와 필요한 장비들을 보유하고 있다. 보통 이러한 조직들은 상호 협조 체제를 이루고 있으며 해양자원의 경제적인 채취, 활용, 항해, 해양환경 등의 균형을 이루기 위한 국가적인

EEZ 해안검사와 관리를 위한 레이더

BREEZE

EEZ 관리 및 감시를 위한 중앙통제시스템

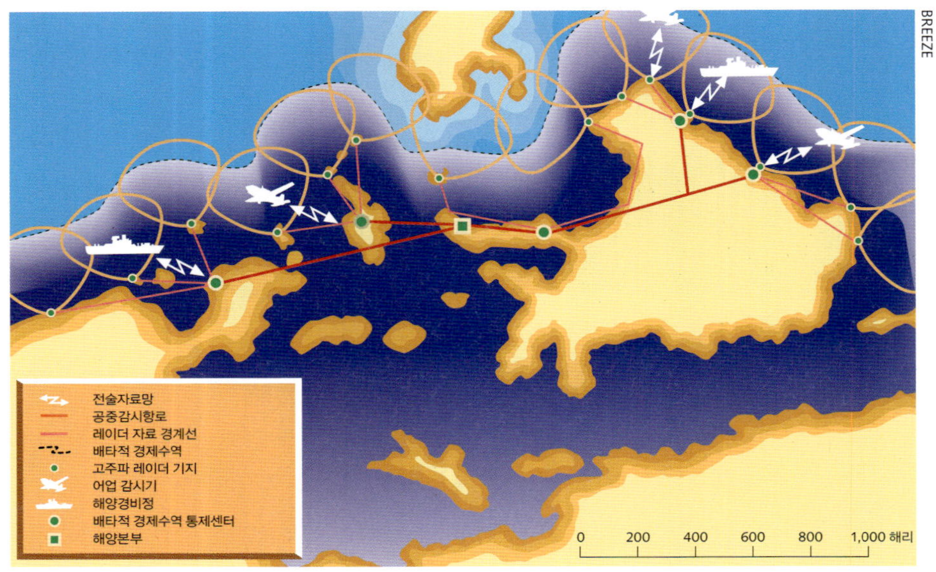

정책에 정부와 민간이 공동으로 참여하고 있다.

한편 배타적 경제수역 관리에서 감독과 감시는 중요한 업무 중 하나다. 감시가 강하면 강할수록 밀수, 환경파괴 등 불법적인 해상 행위가 줄어들기 때문이다. 이러한 감시는 중앙통제기관에서 관리하고 있는데 하늘과 바다에서의 감시뿐만 아니라 첨단 감시 장치들이 동원되기도 한다. 이들은 여러 위험상황이 발생하면 신속하고 효율적으로 중앙통제기관에 전달하여 긴밀한 협조가 이루어지도록 하고 있다. 또한 통신용 인공위성도 이용되고 있으며 모든 정보는 아무런 변조 없이 즉시 사용자에게 전달되도록 체제가 구축되어 있다.

배타적 경제수역 관리에서 중요한 변수는 인구의 증가다. 세계 인구가 늘어남에 따라 현재 연안에 거주하는 사람들도 60%에서 70%로 증가했다. 이에 따라 해양레저, 해상운송이 증가하고 해양오염과 해역의 안전성 문제가 더욱 커져, 배타적 경제수역 연안 관리의 중요성이 증대되고 있다. 선진국 과학자들은 각국이 해양에서 이익만을 추구하게 되면 극심한 오염으로 황폐해질 것을 우려하고 있다. 따라서 UN 해양법 협약은 해양에 대한 즉각적이고 지속적인 보존 관리를 강조하고 있다.

생활하수, 경작용 농약과 비료, 공장의 화학약품, 쓰레기 등은 대부분이 하천에서 바다로 유입된 주 오염원으로 어류, 해조류 등의 수산자원을 황폐화하고 있다. 최근에는 해상 수송이 증가하면서 기름 오염의 비중이 커지고 있는데, 해양에서 대규모 기름 운반선이나 일반 선박 간의 충돌 등으로 기름 오염 사고가 발생한다. 일단 바다에 기름이 유출되면 성분의 특성상 물리적 성질이 변화하여 급속도로 퍼져 나간다. 대개

유출된 기름이 해수와 혼합되기 전 상황 ①

바람과 파도 등에 의해 기름이 해수와 혼합된 상황 ②

유출된 기름을 제거하기 위해 대용량 탱크와 분사기가 장착된 비행기 ③

기름은 1μm두께의 얇은 막을 형성하는데, 이것을 제거하는 효과적인 방법은 아직 개발되지 않았다. 그러므로 현재 해양오염의 제거는 과거에 일어난 여러 오염 사고로부터 얻어진 경험을 기초로 한 방법이 일반적이다. 그중 기름을 분산시키는 것이 지금까지 가장 효과적인 방법으로 알려졌으며 이는 사고 발생 후 48시간 안에 행해져야 한다. 따라서 비행기에 의한 신속한 분산작업이 요구된다. 이 방법은 빠른 시간에 오염원을 제거할 수 있고 오염 지역 관찰이 가능하다는 이점이 있다.

● 동해 배타적 경제수역의 지질환경

동해는 평균 수심이 약 2,000m에 달하는 깊은 바다로 한국, 일본, 러시아로 둘러싸여 있어 지정학적으로 매우 중요한 지역이며, 지질학적으로는 활발한 지각운동이 일어나고 있는 환태평양 화산지진대에 접한 전형적인 배호분지(backarc basin)다. '호(arc)'는 판이 섭입하는 경계부분에 섬이나 대륙이 활처럼 휜 모양으로 나타나는 지형을 의미하며, 호의 뒤쪽에 있는 분지를 배호분지라고 한다.

동해의 해저자원으로는 천연가스, 인산염 광물, 망간, 메탄수화물 등을 들 수 있다. 또한, 해저케이블, 파이프라인 등 해저구조물 설치와 유해폐기물의 투기, 지진, 해일 등 자연재해 예방에서 그 중요성이 점차 증대되고 있다.

우리나라 동해에 대한 해양연구는 최근에야 시작되어 주로 연안역과 울릉분지의 서쪽 경계, 남동 대륙붕, 그리고 울릉분지 중심부에서 활발히 진행되고 있다. 동해분지에서는 대륙사면의 퇴적학적인 연구와 석유자원 개발을 위한 소규모 지구물리탐사를 통해 분지의 대략적인 지질구조와 퇴적상이 밝혀지고 있다. 퇴적상이란 지층이 퇴적할 때의 환경 조건을 반영하고 있는 여러 가지 특징적인 상태를 말한다. 그러나 동해지역에 대한 탐사활동 및 연구는 아직도 미흡한 실정이며 특히 배타적 경제수역 경계 해역에 관한 자료는 빈약하다.

한·일 경계해역에 있는 배타적 경제수역의 지질구조에서는 여러 종류의 화산체와 과거 해저의 하천이었던 고해저수로 등이 특징적으로 관찰된다. 기반암 상승부,

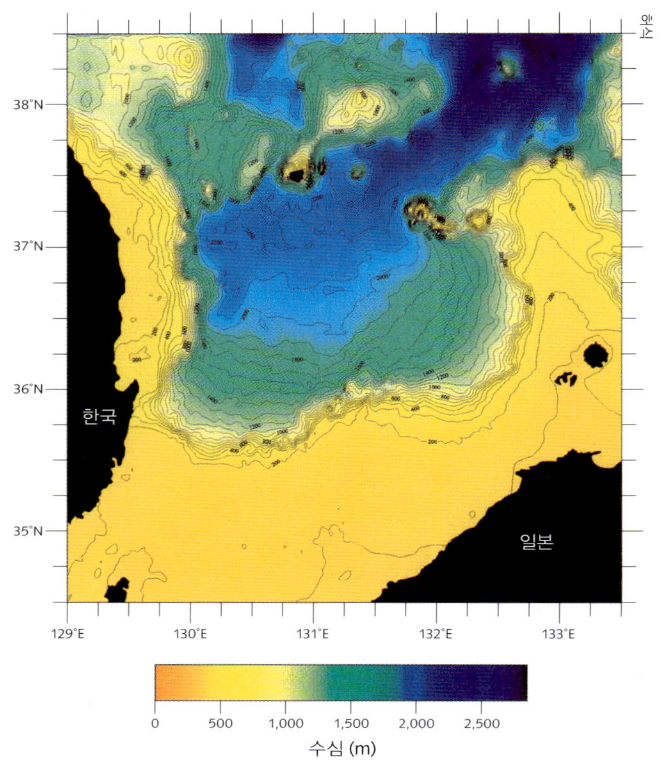

동해 해저 지형도

화산둔덕 및 화산 수평 맥, 같은 계통의 화산들이 잇대어 수평을 이루는 화산의 산맥) 근처에서는 쌓인 퇴적물과 지각운동으로 많은 정단층이 생성되었다. 대부분 단층들은 상부층까지 영향을 미치고 있다. 다수의 정단층은 북동-남서 방향으로 발달하여 동해가 전체적으로는 확장성 분지임을 보여준다. 퇴적층 내의 정단층들은 대부분 낙차가 크지 않고 수평 연장성도 짧은 소규모로, 주로 후기 마이오세에 형성되어 플라이오세 초기나 말기까지 재활성되었다.

소규모의 볼록하게 올라간 습곡 구조는 화산활동으로 생긴 화산 수평맥, 화산둔덕 및 화산돔 위의 퇴적층 내에서 관찰할 수 있는 것으로, 후기 마이오세에서 플라이오세 말기까지 형성된 것들이다. 중심부로부터 뻗어나간 소규모 방사형 정단층들이 화산체 위에 집중되어 있으며, 기반암에 발달한 정단층은 다중반사파에 의해 단면이 왜곡되어 있어 거의 보이지 않는다.

화산활동에 따른 화산체는 기반암 상승부를 형성하는 화산체의 수직 운동과 관련된 화산돔, 기반암 생성 시 형성된 화산 수평맥, 버섯 형태의 화산체 그리고 각 지층에 존재하는 둔덕의 형태로 나타난다. 이러한 화산체 활동은 제 4기까지 지속되었으며, 시대별 분포도에 따르면 북동쪽 독도방향으로 갈수록 화산활동이 활발했다는 것을 알 수 있다. 화산체들은 주변 육지에서 공급된 퇴적물을 여러 형태로 퇴적시키는 데 중요한 역할을 했다.

또한, 동해는 과거의 해저하천인 고해저수로 구조가 많고 질량류(avalanche, 사태)에 의한 퇴적상을 보인다. 퇴적층의 두께가 두껍게 나타나는 것은 대규모 고해저수로와 질량류에 의해 많은 퇴적물이 한국 남동의 대륙붕과 일본으로부터 유입되어 퇴적되었음을 알려준다. 울릉분지 남쪽 대륙붕 해역은 한국과 일본 쓰시마 섬에 걸쳐서 광범위한 지역을 포함하고 있다. 수심 약 150m의 해역에서는 다양한 원인으로 생성된 해저수로가 발달한다. 지하 내부의 단층활동으로 형성된 해저수로는 약 50m 깊이를 보이며, 현재 상부퇴적층들이 침식되는 양상을 보인다. 지층이 쌓인 순서에 의하면

이는 상부퇴적층이 쌓인 이후에 단층운동이 일어난 것으로, 압력을 받는 암석의 변형적 구조상의 활동(tectonic activity, 지구조 운동)이 최근에 일어났음을 보여주는 것이다. 이러한 해저수로의 퇴적환경은 현재 많은 양의 퇴적물을 쌓는 장소로 활용하는 동시에 퇴적물의 침식 및 이동 경로이기도 하다. 그리고 구조적 운동 이외의 방법으로 형성된 해저수로에서는 저지대에서 퇴적물이 가로로 공급되면서 퇴적물이 쌓이고 이동이 활발하다. 동해에서는 퇴적물이 가로로 공급되면서 해저수로가 완전히 채워진 경우도 관찰된다.

동해 중부 배타적 경제수역 내의 대륙붕에서는 지층을 이루는 층을 이룬 암석의 배열상태가 주로 두껍게 발달한 퇴적층이며, 지구조적 운동 또는 지형적인 원인에 의해서 형성된 해저수로들이 다수 발달하였다. 특히 단층에 의해 형성된 해저수로에서는 침식과 퇴적이 함께 일어나며, 이외의 해저수로에서는 퇴적이 우세하게 일어나고 있다.

울릉분지 남서 대륙사면은 대륙붕보다 복잡한 퇴적양상을 보여준다. 울릉분지의 동쪽과 서쪽 사면보다는 완만한 경사를 갖지만, 다량의 퇴적물이 해저사면을 따라 일시에 이동되는 해저사태의 특징을 보이는 퇴적상(sedimentary facies)들이 발달하여, 분지 평원으로 가면서 퇴적물이 대륙사면 아래로 빠르게 이동한 저탁류에 의해 퇴적된 저탁암(turbidite)으로 변하는 특성을 보인다.

대륙사면에는 대규모 사태의 흔적들이 관찰된다. 발달한 사태 퇴적물 층은 사면의 경사가 급한 곳에서 강한 사태에 의해 퇴적층이 파괴되어 음파적(acoustic wave)으로 교란되어 있다. 사면의 경사가 완만한 곳에서는 퇴적층이 그대로 밀려 내려와 배열상태의 방향성이 보이지 않는 괴상(massive)을 이루는 경우가 많다. 이들 대부분은 대륙사면 바닥에서는 거의 균질하게 혼합되어 암설류 퇴적물이 분포하며, 분지 중앙으로 가면서 저탁암으로 변한다. '3.5kHz천부지층(淺部地層)' 탐사 자료에 의하면 비교적 얕은 천부지층의 내부 퇴적구조는 퇴적상과 밀접한 관계가 있는데, 연속적이고 평행한 암석 배열상태인 층리가 나타나는 경우 침적토와 모래의 평균함량은 3%, 거의 불연속적이고 불명확한 층리가 나타나는 경우는 11%, 그리고 완전히 층리가 나타나지 않는 경우는 54%에 달한다. 또한, 층리의 두께도 연속적이고 평행한 층리에 대한 기존의 자료보다 얇게 나타난다.

유해수

동해 한국 대지에서 발견된 인산염 광물 ① 망간 단괴 ②
2010년 EEZ 연구사업의 인산염광물조사 중 채취

결론적으로 동해의 배타적 경제수역 내 대륙사면은 수심이 상당히 깊고 경사가 완만하지만, 사면 사태에 의한 흔적이 많이 관찰된다. 이렇듯 해수면이 밑으로 가라앉은 것은 빙하기 활동 등에 의한 것으로 지진, 메탄수화물의 해리, 높은 퇴적률 등 여러 이유 때문에 사면사태가 발생한 것으로 추정된다.

극지 빙하기록에 나타난 고기후 변화

극지방의 빙하를 시추하여 과거의 기후변화를 세밀히 복원할 수 있다. 빙하에는 짧게는 계절변화에서부터 길게는 수십만 년까지의 장주기 변화를 간직하고 있다.

홍성민 인하대학교

오늘날 지구의 인구는 70억 명으로 산업혁명이 시작된 18세기 중엽 보다 7배나 증가했다. 폭발적인 인구증가로 인해 산업규모는 양적으로 팽창했고, 지구는 과거 수천 년 동안 경험하지 못했던 다양한 환경 변화를 경험하고 있다. 특히 산업의 주 에너지원인 화석연료 사용량 증가가 이산화탄소와 같은 온실기체의 대량 배출로 이어지면서 이제는 우리에게 친숙한 용어가 되어버린 '지구온난화'를 유발하고 있다.

● 지구온난화와 미래의 지구환경 변화

지구온난화로 지구의 평균 기온은 지난 100년간(1906년~2005년) 0.74℃ 상승했다. 기후변화는 지역적으로 가뭄과 폭우 등을 동반한 기상이변을 일으켜 자연재해로 인한 막대한 피해를 입힌다. 남극에서는 빙하가 녹아내려 해수면이 상승하고 있으며, 북극해의 여름철 해빙 분포 면적은 예전의 절반 이하로 감소했다. 그뿐만 아니라, 세계 곳곳에서 자연생태계의 교란과 변화가 일어나는 등 그 폐해가 늘어나고 있다. 만약 기후온난화가 지속된다면 어떠한 현상이 나타날 지, 얼마나 피해가 늘어날지 짐작조차 하기 어려울 실정이다.

따라서 오늘날 많은 과학자가 미래의 기후변화를 예측하고자 하는 것은 현대과학의 새로운 도전이라고 할 수 있다. 과연 인간 활동으로 온실기체가 지속해서 배출된다면 향후 기후변화는 어떤 방향으로, 그리고 어떤 속도로 진행될까? 기후학자들은 지금과 같은 추세라면 지구의 평균기온이 2100년까지 최대 6℃까지 상승할 것으로 내다보고 있다. 그러나 이러한 예측에는 많은 불확실성이 내포되어 있다. 보다 명확한 해답을 얻기 위해서 기후학자들은 과거에 발생했던 자연적인 기후변화의 원인과 규모 그리고 지속된 기간 등에 대한 정보를 얻고자 많은 노력을 기울이고 있다. 즉 과거로부터 현재를 이해하고 이를 근거로 미래를 예측하는 기본적인 과학적 접근방법을 통해서 앞으로의 기후변화 추세와 규모를 예측하려는 것이다.

돌이켜 보면 제 4기 지질시대에도 자연적인 기후변화는 계속 진행되었다. 크게는 빙하기와 간빙기가 반복적으로 나타났고, 빙하기 동안에도 수백 년에서 수천 년의 시간 규모로 평균기온이 수℃까지 변동하는 빙기와 아간빙기가 여러 차례 반복되었다. 또한, 마지막 빙하기가 끝나고 인류역사가 발전해 온 지난 1만여 년 동안 기후는 비교적 안정적이었지만 과거 수천 년 동안 자연적으로 발생한 소규모 기후변화에 대한 많은 역사적 기록들이 있다.

예로써 1천여 년 전, 유럽의 기후는 오늘날보다 따뜻해서 바이킹들이 그린란드로 이주하여 정착하고 농경 생활을 하였으며, 북아메리카 동부 연안까지 이동하여 콜럼버스(Christopher Columbus, 1451~1506)보다 수백 년 앞서서 아메리카 대륙을 발견할 수 있었다. 이때 그린란드 연안에는 초원이 넓게 발달하여 그 이름도 '푸른 땅'이라는 뜻의 '그린란드'라 불리었다. 또한, 14세기에서 19세기까지는 소빙하기(Little Ice Age)라고 하여 평균기온이 오늘날보다 1℃ 정도 낮았다. 이 시기에 알프스 산맥의 계곡 빙하는 수백 미터 전진했다. 이 시기 우리나라에서도 한파가 지속되고 여름에 서리가 내리는 등 뚜렷한 소빙하기의 징후가 있었다. 이렇듯 인간 활동의 영향이 미미했던 시기에도 자연적인 기후변화가 있었기 때문에 이러한 현상을 이해하지 못하고는 미래의 기후변화를 예측하는 것이 불가능하다.

과거의 지구환경을 이해하기 위해서는 매년 지속해서 겹겹이 퇴적된 심해의 퇴적물이나 육상의 자연호수 퇴적물을 시추·연구하여 과거의 환경변화를 복원하는 방법이 있다. 극지방의 빙하도 과거 지구의 대기환경을 복원하기 위해 이용할 수 있는 하나의 자연기록장으로 매우 유용한 연구대상이다. 또한, 심해퇴적물이나 육상퇴적물로는 알 수 없는 대기환경변화에 대한 직접적인 환경정보를 복원할 수 있다는 장점도 가지고 있다. 이제부터 빙하연구를 전반적으로 살펴보기로 한다.

그린란드와 남극대륙의 빙하

덴마크의 영토인 그린란드는 면적이 $1.4\times10^6km^2$이며 빙원 중앙부의 빙하 두께는 3km가 넘고 얼음의 총 부피는 약 $3\times10^6km^3$에 이른다. 연평균 기온은 중앙부가 약 -30℃이며 연평균 강수량은 남부지역이 약 1m에 이르지만, 중앙부는 300mm 미만이다. 이에 반해 제 7의 백색 대륙이라고 일컫는 남극의 면적은 $12.5\times10^6km^2$로 한반도의 60여 배에 이르고 약 98%가 빙하로 덮여 있다. 빙하의 최대 두께는 동남극대륙에서

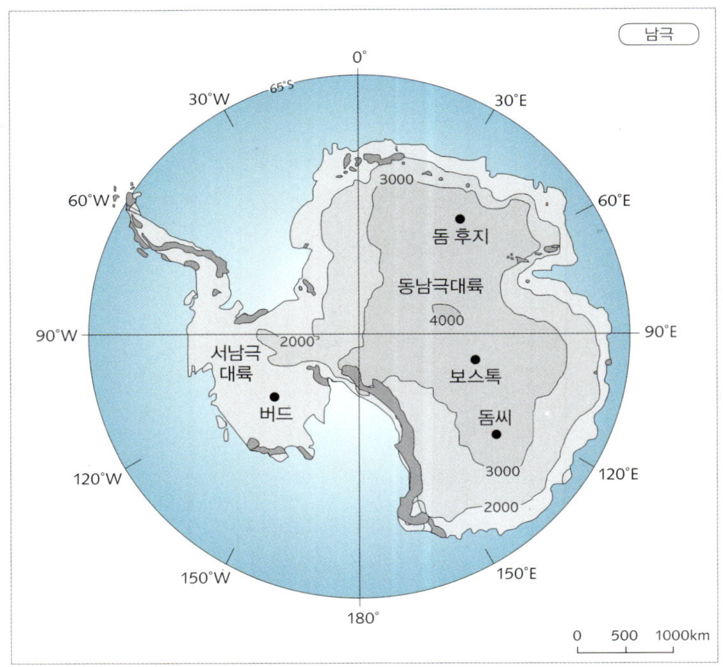

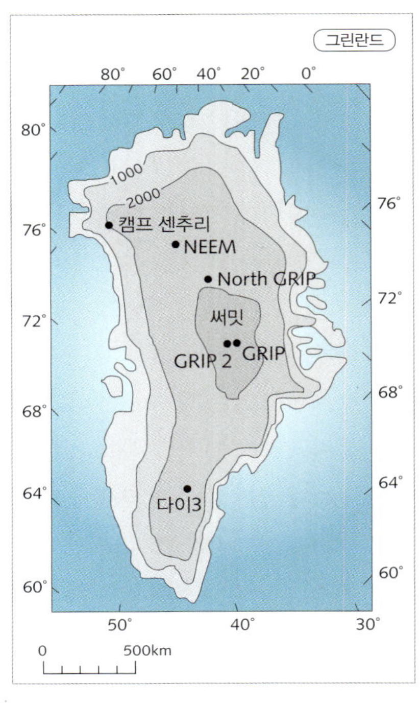

남극대륙과 북극 그린란드의 심부 빙하 시추 지점

대표적으로 남극의 보스톡 빙하와 그린란드 써밋의 GRIP와 GISP2 빙하를 들 수 있다.

약 4,800m에 이르고 평균두께는 2,160m에 달한다. 남극대륙의 빙하는 지구 담수량의 70%를 얼음형태로 보관하고 있다. 연평균 기온은 연안지역이 -10℃, 내륙 중앙부에서는 -55℃에 이르고, 강수량은 동남극 대륙 고원지대의 경우 사하라 사막보다도 적은 연평균 수십 밀리미터밖에 되지 않는 지구에서 가장 건조한 지역 중의 하나다.

그린란드와 남극대륙은 지리적으로도 커다란 차이점이 있다. 그린란드는 인구밀도가 높고 고도로 산업화된 유럽, 북아메리카 그리고 아시아 가까이에 있다. 겨울철에는 대순환과 온도 차의 영향으로 편서풍대와 극지대 사이에 생기는 극전선(polar front)이 주변의 대륙까지 확장되어 인위적 오염물질이 쉽게 유입된다. 반면에 남극대륙은 넓은 남극해로 둘러싸여 있고 주변 대륙으로부터 멀리 떨어져 있어서 지리적으로 지구에서 가장 고립된 대륙이다. 게다가 남극대륙 주변은 강한 바람이 시계방향으로 소용돌이치며 선회하기 때문에 인위적 오염물질의 유입이 극히 제한되어 지구에서 가장 깨끗하고 원시적인 자연환경을 가지고 있다. 이러한 지리적 특징으로 인해 그린란드와 남극대륙에서의 빙하연구는 각기 다른 특성이 있다. 즉 그린란드 빙하는 북대서양의 기후변화 기록을 복원하거나 지구환경 변화에 미친 인간활동의 영향을 평가하는 연구에 주로 활용되며, 남극대륙의 빙하는 자연적인 상태로 남반구에서 진행된 지구환경 변화를 복원하는 연구에 활용되고 있다.

여름철에도 녹지 않는 만년설은 매년 빙하에 겹겹이 쌓이는 눈의 층을 만든다.

만년설의 두께가 점차 두꺼워지면 깊은 곳의 눈층은 윗부분의 눈층의 압력을 받게 되고 이때 눈 입자들이 압축되면서 점차 얼음층으로 변형되어 만년빙이 되는 것이다. 이렇게 만들어진 만년설과 만년빙을 합쳐서 빙하라고 한다. 표층의 눈은 약 0.2g/cm^{3}의 밀도인데, 깊이가 깊어지면서 밀도도 증가한다. 대략 0.5~0.8g/cm^3 정도의 밀도를 가진 중간층을 휜(firn)층이라고 한다. 밀도 0.8g/cm^3 깊이까지의 눈은 공기가 이동할 수 있는 통로가 많아 다공질의 형태로 존재한다. 그러나 밀도가 0.8g/cm^{3}보다 커지면 압력으로 인한 눈 입자들의 재배치와 변형이 일어나고 입자 사이의 공기는 더 이상 이동하지 못하고 기포 안에 고립된다. 이런 과정을 통해 생긴 빙하의 기포에는 형성될 당시의 온실기체(이산화탄소와 메탄)가 갇혀있기 때문에 지구에서는 유일하게 빙하연구를 통해서만 과거의 온실기체 농도 변화를 복원할 수 있다. 그리고 빙하에서 수분의 동위원소를 분석하면 과거의 기온변화를 복원할 수 있기 때문에 빙하를 '지구의 과거 온도계'라고도 부른다.

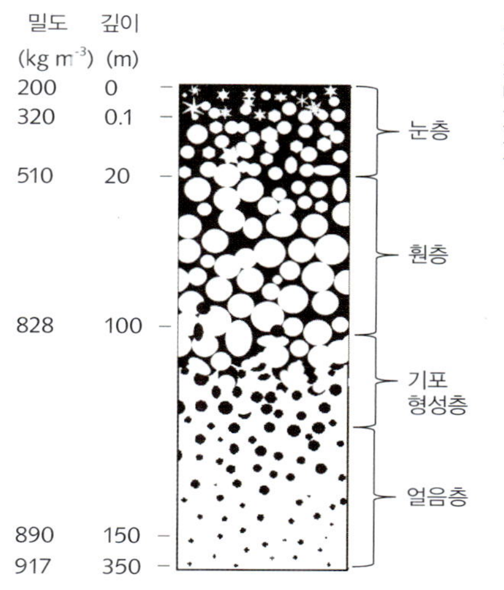

빙하의 형성과정

표면의 눈층이 점차 얼음층으로 변하면서 밀도가 커지고 기포가 만들어진다.

또한, 눈 입자에는 당시 공기 중에 있던 다양한 불순물이 달라붙기 때문에 빙하의 화학적 성분을 분석하면 과거의 대기환경은 물론 주변 대륙과 해양환경의 상태를 추정할 수 있다. 이처럼 빙하를 이용하면 과거의 기후변화를 비롯한 온실기체 농도 변화, 에어로졸(aerosol) 증감, 그리고 대륙 및 해양환경의 변화 등 지구환경 변화에 대한 많은 정보를 한꺼번에 복원할 수 있다. 때문에 빙하를 지구환경정보를 간직한 '냉동타임캡슐'이라고도 일컫는다. 지금까지 진행된 빙하연구를 통해 우리는 많은 과학적 정보들을 알 수 있었다. 대표적인 것들을 살펴보기에 앞서 빙하연구의 이해를 도와줄 빙하의 시추와 연대측정 방법부터 알아보기로 한다.

● 빙하 시추

빙하 시추는 기계적으로 얼음을 깎으면서 원통형의 빙하코어를 뚫을 수 있도록 고안된 시추기를 이용한다. 빙하를 시추하는 깊이에 따라 시추기의 성능과 형태는 차이가 있다. 극지방에서 빙하코어를 시추할 때는 여러 가지 사항을 고려해야 한다. 먼저 평균기온이 영하 수십 도에 이르는 혹한지에서 빙하코어를 시추하기 위해서는 많은 장비, 인원, 물자가 필요하며, 시료의 운반이 쉬워야 하기 때문에 상설 또는 임시 기지가 설치된 곳에서 멀지 않은 장소를 선택해야 한다.

극지연구소

빙하 시추기와 시추한 빙하코어의 모습

빙하는 고체이지만 물처럼 중력이 높은 곳에서 낮은 지형으로 이동한다. 빙하가 특히 빠르게 이동하는 지역은 표층에서 깊이가 깊어질수록 흐름의 속도에 차이가 있기 때문에 내부적으로 층서의 교란이 발생한다. 이 때문에 빙하의 흐름이 가장 적은 돔 형태의 빙원 정상부에서 빙하를 시추해야 한다. 한편 상대적으로 짧은 시기의 지구환경 변화를 세밀하게 복원하고자 할 때는 연간 강설량이 많은 연안지역에서 수백 미터 깊이까지 빙하코어를 시추한다. 기상조건에 따라 달라질 수 있지만 이 정도 길이의 빙하코어를 시추하는 데 대개 한 달 여의 기간이 소요되므로 많은 물자의 동원은 필요 없다.

하지만 중장기의 기후변화를 연구하고자 한다면 강설량이 적은 대신에 수만 년에서 수십만 년까지의 기록을 간직하고 있는 그린란드와 남극대륙 내륙의 대빙원에서 수천 미터 깊이까지 빙하코어를 시추한다. 이때 빙하코어 시추작업은 수년에 걸쳐 진행되므로 막대한 물자와 인원이 동원되므로, 상설기지를 활용하거나 임시기지를 설치해야 한다. 이처럼 수천 미터 깊이까지 심부의 빙하코어를 시추할 때 빙하의 이동과 고압에 의해 시추 구멍이 막히는 것을 방지해야 하므로 얼음과 밀도가 비슷한 액체로 시추 구멍을 채운다. 심부 빙하코어 시추를 하기 위해서는 많은 현장 경험과 노하우, 그리고 고도의 시추기술이 필요하므로 길이 2천 미터 이상의 심부 빙하코어가 시추된 횟수는

극지연구소

Dr. Paolo Gabrielli

NEEM 빙하코어를 시추하기 위해 우리나라를 포함한 14개국이 공동으로 그린란드에 건설한 임시기지 ①
이탈리아와 프랑스의 남극대륙 공동기지인 돔콘코르디아 기지에서 심부 빙하코어를 시추하는 장면 ②

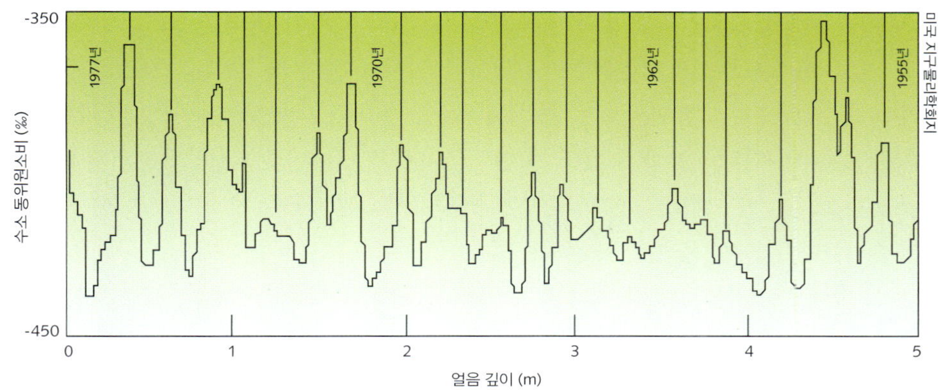

뚜렷한 계절변화를 보이는 수소 동위원소비(δD)

각 주기의 최저값은 겨울철, 최고값은 여름철을 나타낸다. 이 주기를 하나씩 세어 내려가면 일정한 깊이의 빙하 연대를 알 수 있다.

몇 번 되지 않는다. 지금까지 그린란드 4개 지점에서 5개, 남극대륙 6개 지점에서 9개만이 시추되었을 뿐이다. 시추한 빙하코어는 일정한 길이로 절개해 현지에서 측정 가능한 성분들을 분석하기도 하고, 선박이나 항공기를 이용하여 각국의 냉동시료보관소로 운반된 후 연구에 활용된다.

● 빙하코어의 연대 측정방법

빙하코어의 깊이별로 연대를 측정하는 것은 빙하연구에서 획득한 자료에 과학적 가치를 부여하기 위한 가장 기본적이면서도 중요한 단계다. 따라서 많은 과학자는 정확한 연대를 측정하기 위해 많은 노력을 기울였고 그 결과 지금은 다양한 방법을 통해 확보한 연대측정의 정확성 및 정밀도가 상당한 수준에 이른다. 연대측정에 사용되는 방법을 간단히 살펴보면 다음과 같다.

먼저 뚜렷한 계절적 변화를 보이는 원소들을 연속적으로 측정하여 얻어진 1년 주기를 일일이 세어 연대를 측정하는 방법이다. 이러한 방법으로 수십 년에서 수천 년에

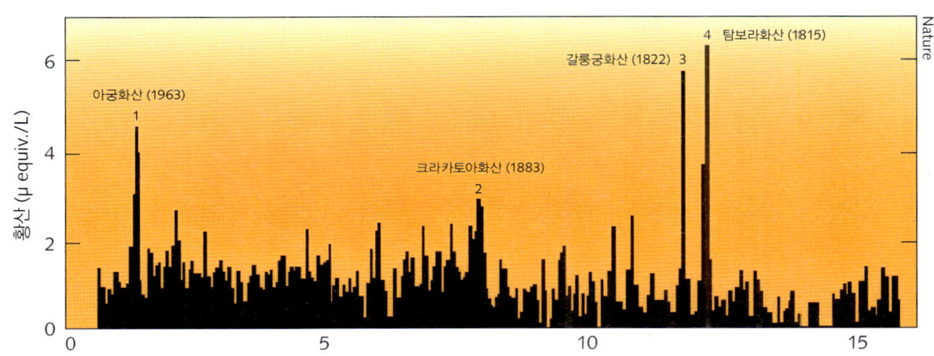

남극 돔씨 지역 빙하에 기록된 화산폭발 기록

19세기 중엽부터 1970년대 말까지 남위 6~7°에 있는 인도네시아 화산폭발 분출물이 성층권까지 올라가 남극까지 운반됐다.

이르는 빙하코어의 연대를 정확히 측정할 수 있다. 계절적 변화를 보이는 대표적인 원소들은 산소와 수소의 안정동위원소를 들 수 있다. 특정 지역의 기온과 밀접한 관련이 있는 물 분자의 산소 동위원소비($^{18}O/^{16}O$)와 수소 동위원소비(D/H)의 구성비는 여름과 겨울 사이에 뚜렷한 값의 차이를 가지며 주기성을 나타낸다. 이러한 동위원소비의 측정은 고기후 연구에도 결정적인 열쇠를 제공하기 때문에 다음에 좀 더 상세한 설명을 덧붙이겠다.

이 밖에도 계절에 따라 농도 변화를 보이는 몇 가지 중요한 화학적 성분들도 연대 측정에 이용된다. 예를 들어 그린란드에서는 해양기원의 나트륨과 염소 성분은 겨울철에 빈번한 폭풍으로 인해 염분의 대기 유입량이 증가하여 겨울에 쌓인 눈 또는 얼음층에서 짙은 농도를 나타낸다. 봄철에는 육상기원의 지각먼지에서 기원하는 칼슘, 알루미늄, 바륨 등의 유입량이 증가하는데, 겨울에 눈으로 덮여있던 유라시아의 사막지역이 봄이 되면서 눈이 녹고 대기가 불안정한 까닭으로 바람이 강해져서 이들 사막에서 대기로 유입되는 지각먼지의 양이 증가하기 때문이다. 남극대륙은 여름철에 남극해의 해양생물에서 기원하는 황화합물이 증가하는 경향을 보이고 있다.

이상에서 언급한 방법은 연대를 정확히 측정할 수 있는 장점이 있지만 많은 시간이 필요하다는 단점이 있다. 또한, 연간 강설량이 적은 지역에서는 계절변화의 연속된 주기를 찾기 힘든 때도 있고, 극지방에서 부는 강한 바람에 의해 쌓인 눈이 날려가서 불연속층이 나타나기도 한다. 기타 여러 원인에 의해 실질적으로 측정된 빙하의 연대는 빙하층의 깊은 곳으로 내려갈수록 연대측정의 오차가 점점 크게 발생할 수 있다.

이러한 연대측정 오차 범위를 줄이는 보정방법으로는 역사적으로 정확한 연대 기록이 있는 대규모 화산폭발로 인해 빙하층에 기록된 화산의 시그널을 이용하는 것이다. 즉 화산으로부터 분출된 화산재나 아황산가스(대기로 이동 중에 황산염의 에어로졸로 변환됨)가 극지방까지 단기간 내에 이동하여 빙하층에 퇴적됨으로써 만들어지는 시그널을 다른 방법으로 추정한 연대와 비교하여 오차를 바로잡는 것이다. 연대가 홀로세(지난 1만여 년 간)를 넘어서는 심부의 빙하층은 실질적으로 상부 빙하층이 누르는 무게에 의해 압축작용이 커져서 계절변화를 보이는 여러 성분의 일년 주기를 측정하기가 점차 어려워진다. 이때는 빙하층에서 깊이별로 작용하는 압력에 따라 얼음의 압축 정도와 빙하의 흐름 등을 고려한 모델링을 통해 연대를 추정한다. 그리고 빙하기와 간빙기 동안의 산소 동위원소비의 변화 패턴을 해저퇴적물에 나타나는 주기와 상호 비교를 통해 바로잡는다.

그린란드에서 시추한 GRIP 빙하코어를 예로 들어, 여러 방법에 의해 얻어진 빙하 연대의 정확성을 살펴보자. 먼저 802.75m 깊이의 빙하층은 지금으로부터 4,010년 전에 쌓인 눈층으로 연대측정의 오차범위는 ±10년, 1,753.40m 깊이의 빙하층은

14,450년 전으로 오차범위는 ±200년, 그리고 2,321.40m의 것은 40,000년 전으로 오차범위는 ±2,000년이다. 이렇듯 화학적 성분들의 일 년 주기 및 화산 층을 이용한 연대측정의 오차범위는 1% 미만이나 모델링에 의한 방법은 깊이가 깊어질수록 오차범위가 커지는 것을 알 수 있다. 하지만 빙하시료의 연대측정은 해저퇴적물의 연대측정보다 훨씬 정확하여 지구의 어떤 시료보다도 지구환경 변화를 세밀하게 모니터링하기에 최적이라고 할 수 있다.

● 빙하에 기록된 고기후의 복원

극지방의 빙하를 시추하여 얻고자 하는 가장 중요한 과학적 연구 결과는 과거의 기후변화를 세밀히 복원하는 것이다. 빙하에 기록된 지구의 기후변화는 짧게는 초단주기인 계절변화에서부터 길게는 수십만 년까지의 장주기 변화를 간직하고 있다. 이러한 기후변화의 복원은 남극대륙이나 그린란드에서 시추한 빙하코어에서 과거 기온을 복원하는 것으로부터 출발한다. 과거 기온은 오늘날 기온변화에 따른 산소와 수소의 안정동위원소비 변화의 실험적 관계로부터 알 수 있다. 즉 구름을 형성하는 수증기는 바다에서 기원하는데, 수증기는 산소원자 하나와 수소 원자 두 개로 구성된 물 분자(H_2O)로 되어 있다. 하지만 산소와 수소 원자는 중성자의 수가 다른 안정동위원소가 존재하며 중성자수에 따라 무거운 것(^2H-중수소 또는 D로 표시, ^{18}O)과 가벼운 것(^1H, ^{16}O)으로 구분할 수 있다. 바닷물은 $H_2{}^{16}O$, $HD^{16}O$ 그리고 $H_2{}^{18}O$가 각각 0.9977 : 0.0003 : 0.0020의 비로 존재한다. 무거운 동위원소로 구성된 물 분자의 거동과 증기압은 가벼운 것보다 약간 낮아서 증발은 적게 되고 응결은 빨리 된다. 따라서 산소와 수소의 동위원소의 비는 바다로부터 증발 과정과 대기에서 응결 과정을 거치는 물 분자의 순환과정을 통해 변화한다.

극지방의 눈 시료에서 산소와 수소의 동위원소 구성비를 이용하여 기온변화를 유출하는 과정을 알아보자. 먼저 무거운 것과 가벼운 동위원소의 농도 비($^{18}O/^{16}O$, D/H)를 R, 바닷물의 평균 동위원소비를 R_0으로 표시하면 눈 시료의 동위원소 구성비가 바닷물의 평균 동위원소비로부터 벗어나는 차이 δ(델타)는 다음과 같은 관계식이 된다.

$$\delta = 1000 \times \frac{(R - R_0)}{R_0}$$

여기에서 δ의 단위는 천분율인 ‰로 표시된다. 무거운 동위원소로 구성된 물 분자는 가벼운 것보다 상대적으로 덜 증발하고 강수과정에서는 먼저 제거되기 때문에 극지방에 내리는 눈의 δ값은 항상 음수를 가진다. 그리고 산소의 δ값인 $\delta^{18}O$와 중수소(D)의 δ값인 δD는 다음과 같은 직선 관계를 보인다.

남극과 그린란드에서 관측한 지표면 기온과 산소($\delta^{18}O$) 및 수소 동위원소비 (δD)의 변화

기온이 낮으면 원소비가 감소하고 높으면 증가하는 직선 상관 관계가 뚜렷하게 보인다. 이러한 관측 자료를 이용하면 시추빙하에서 고기후 변화를 역추적 할 수 있다.

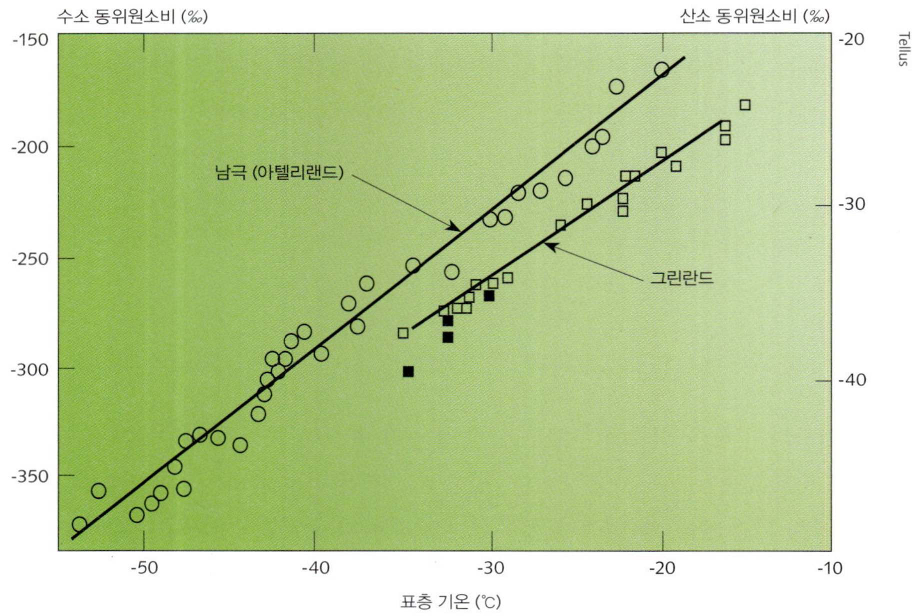

$$\delta D = 8 \times (\delta^{18}O) + 10$$

바다에서 증발한 수증기가 극지방으로 이동하면서 기온이 내려가기 때문에 극지방까지 이동하는 도중에 수증기는 응결되고 비 또는 눈으로 떨어진다. 이 과정에서 무거운 동위원소가 더 많이 감소하여 최종적으로 극지방의 빙원 위에 내리는 눈의 δ값은 저위도부터 중위도에 이르는 지역에서 분포하는 수증기보다 훨씬 작다. δ값은 극지방에서도 지역에 따라 차이가 있지만 대략 지표면의 기온과 밀접한 관계를 보인다. 그린란드는 여러 기지에서 측정한 평균 δ값과 섭씨로 표시되는 기온(T)은

$$\delta^{18}O = 0.67T - 13.7$$

의 직선 관계를 보인다. 바로 이러한 관계를 이용하여 극지방의 여러 지점에서 시추한 빙하코어에서 깊이별로 산소와 수소 동위원소를 분석하면 연대에 따른 δ값을 알 수 있고, δ값의 변화는 과거의 기온변화를 나타내기 때문에 장기간의 기온변화, 즉 기후변화를 복원할 수 있다.

● 그린란드 빙하에 저장된 고기후 변화

그린란드에서 시추한 심부 빙하코어 시료 중에서 가장 주목할 만한 기후변화 패턴은 1990년대 초 해발 3,200m의 써밋(Summit)지역에서 유럽 8개국이 공동으로 시추한

3,028m 길이의 GRIP 빙하코어와 같은 지점에서 28km 떨어진 곳에서 미국이 독자적으로 시추한 3,053m 길이의 GISP2 빙하코어로부터 복원되었다. 즉 이들 심부 빙하코어로부터 지난 25만 년 동안 기존의 상식을 벗어난 매우 급격한 기후변동이 있었다는 놀라운 사실들이 밝혀진 것이다.

오른쪽 그림에서 보면 지난 1만 년 동안 온화한 기후를 보이고 있는 홀로세 시기에는 산소 동위원소비의 값이 약 -35‰로 거의 변화가 없다. 하지만 깊이 1,500m부터 산소 동위원소비의 값이 작아지고 복잡하게 변화하는 것을 알 수 있다. 대략 1만 4천5백 년 전부터 10만 년 전까지가 인류가 겪은 가장 최근의 빙하기이다. 시간적 규모가 큰 빙하기와 간빙기의 기후변화 사이클은 태양 복사에너지의 변화로 발생하고 있다. 이러한 대규모 기후변화와 달리 그린란드 빙하코어에서 나타나는 특이한 기후패턴은 빙하기에도 산소 동위원소비의 값이 심하게 변동하면서 IS 번호로 표시된 아간빙기(interstadial)가 24번이나 존재한 것으로 확인되고 있다. 이러한 아간빙기에는 기후가 가장 추웠던 빙기보다 산소 동위원소비의 값이 갑자기 4~6‰ 정도 상승하는데 이것은 기온이 약 7~8℃ 상승하는 것에 해당한다. 아간빙기의 지속기간은 수백 년에서 수천 년에 이른다. 이처럼 빙하기에도 그린란드의 써밋지역에서 평균기온의 급작스런 변화가 있었다는 것은 북대서양 지역에서 급격한 기후변동이 있었음을 의미한다. 급격한 기후변동을 좀 더 자세히 살펴보면 아간빙기에서 빙기로 갈 때는 서서히 추워지면서 가장 추웠던 빙기가 되고, 빙기에서 아간빙기로 접어들 때는 불과 수십 년 만에 갑작스럽게 기온이 상승한다는 것을 알 수 있다.

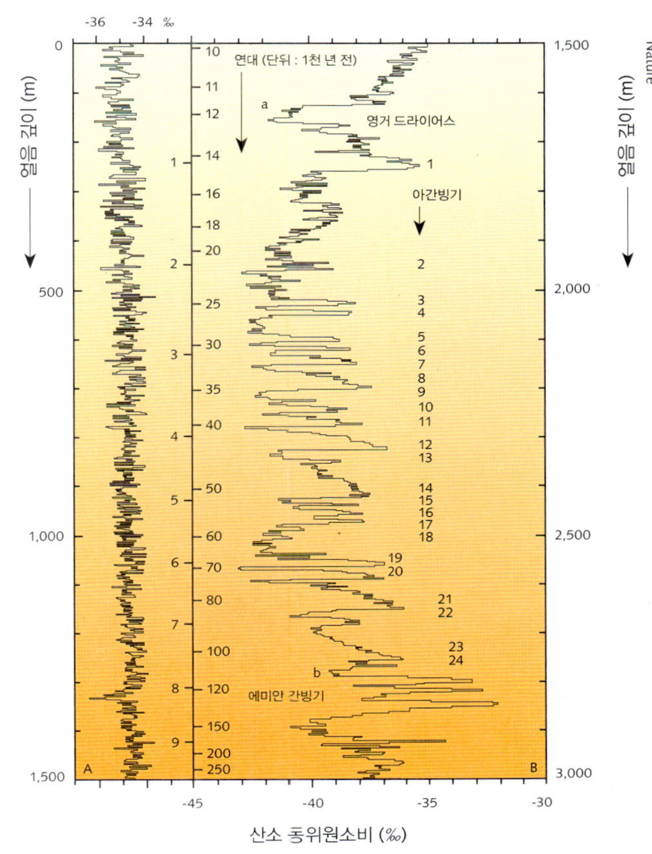

GRIP 빙하에 기록된 25만 년 동안의 산소 동위원소비 변화

빙하의 1,500m 깊이까지는 홀로세 기간으로 산소 동위원소비의 변화가 거의 없다.

이러한 급격한 기후변동은 그린란드 부근에서 만들어지는 북대서양 심층수 형성의 변동과 연관이 있다. 대서양에서는 저위도에서 열을 품고 북상하는 표층 해류가 고위도인 그린란드 부근까지 이동하여 열을 대기로 방출한다. 열을 방출한 후 수온이 내려간 표층 해수의 밀도는 증가해서 깊은 바다로 가라앉는다. 이런 과정을 통해 북대서양

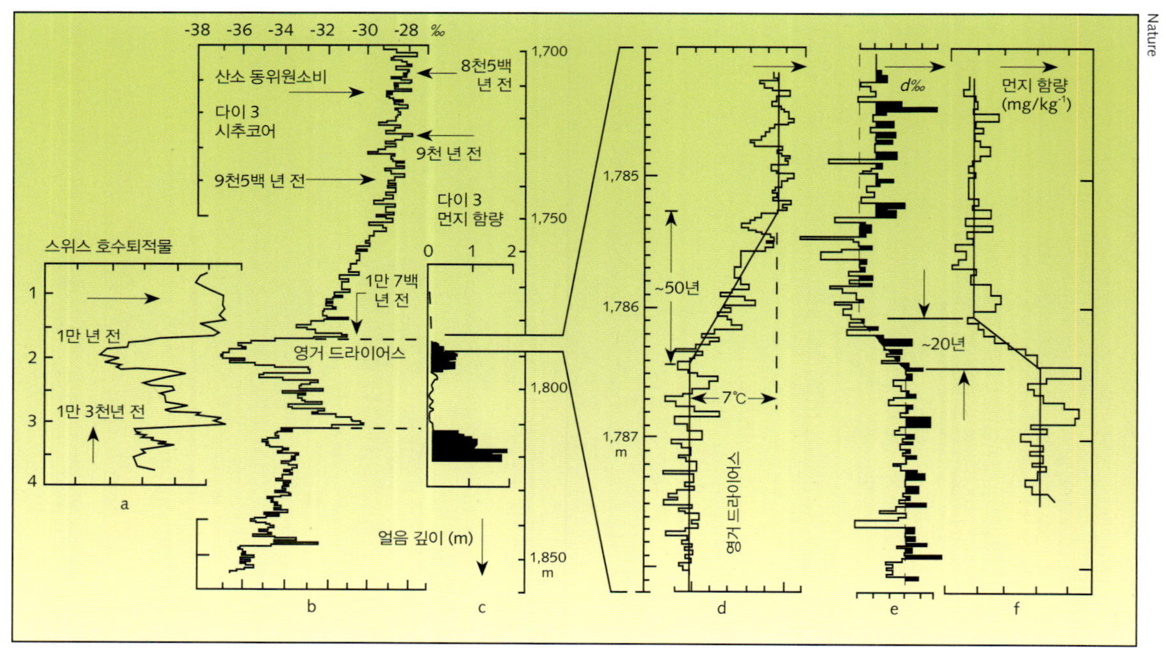

그린란드 빙하코어에서 영거 드라이어스 한랭기에 나타나는 *d*의 값과 먼지 함유량의 급격한 변동 기록

여기서 $d=\delta D-8\delta^{18}O$의 값으로 약 0.4‰이 증가하면 표층해수 온도가 1℃ 증가했다는 것을 의미한다.

심층수가 만들어진다. 북대서양 심층수는 남쪽으로 이동한 후 남극에서 만들어진 심층수와 합쳐져서 인도양과 태평양으로 이동한 후 다시 상승하게 된다. 이것이 해수가 컨베이어벨트처럼 전 해양을 순환하는 시스템이다. 만약 북대서양 심층수 형성이 약해지거나 정지되면 저위도에서 북상하는 표층 해수의 양이 적어지거나 전혀 북상하지 않게 된다. 그 결과 저위도로부터 전달되는 열의 양이 서서히 감소하게 되면 북대서양 고위도 지역은 서서히 추워지다가 열의 전달이 끊어지면 매우 추운 빙기가 형성된다. 반대로 다시 북대서양 심층수 형성이 갑자기 재개되면 저위도에서 고위도로 열이 전달되기 시작하면서 북대서양 고위도 지역은 급격하게 기온이 상승한다.

여기서 북대서양 심층수 형성을 완전히 정지시키는 원인으로 지목받는 것은 빙하기, 북아메리카대륙에 성장했던 거대한 로렌타이드 빙상(Laurentide Ice Sheet)이다. 로렌타이드 빙상은 빙하기가 지속하면서 과도하게 성장하여 비대해진 빙상 때문에 많은 양의 빙하가 갑자기 바다로 쏟아져 들어가게 된다. 바다로 유입된 빙하, 즉 빙산들이 녹게 되면서 북대서양 고위도의 표층 해양은 밀도가 낮아지게 되고 결과적으로 북대서양 심층수 형성은 멈추게 되어 가장 추운 빙기가 만들어진다. 이처럼 그린란드 빙하코어에서 급격한 기후변동이 관찰됨으로써 북대서양 기후가 상당히 복잡하고 급격하게 변동되었으며, 아간빙기와 빙기가 교대로 반복되는 현상은 빙상과 해양의 복합적인 메커니즘에 의해 발생했다는 새로운 과학적 사실들을 알게 되었다.

대략 2만 년 전 마지막 빙하기가 끝나가면서 기후는 따뜻해졌고 1만 4천5백 년 전에는 산소 동위원소비의 값이 홀로세의 값과 비슷하게 나타난다. 그러나 1,700m 전후에서 산소 동위원소비의 값이 갑작스럽게 낮아지는데 이 시기가 약 1천3백 년간 지속된 영거 드라이어스(Younger Dryas)라는 한랭기다. 영거 드라이어스 한랭기는 1만 7백 년 전 무렵에 갑자기 끝났는데, 이때 불과 50년 만에 기온이 무려 7℃나 상승했다. 또한, 수증기의 주 공급원인 바다에서 증발온도의 차를 나타내는 d (여기서 $d = \delta D - 8\delta^{18}O$의 값으로 약 0.4‰이 증가하면 표층해수 온도가 1℃ 증가했다는 것을 의미한다.)의 값과 먼지 함유량이 20년 만에 급격한 변화를 가져왔다. 이러한 변화는 기후가 갑자기 따뜻해지면서 북대서양지역에 분포하던 해빙이 빠르게 녹았고 해수 온도는 상승했으며 폭풍의 강도와 횟수가 줄어들었음을 나타낸다. 지난 100년 동안 지구 평균기온이 0.74℃ 상승한 오늘날의 지구온난화와 비교하면 영거 드라이어스 한랭기 말, 50년 만에 기온이 7℃가 상승한 것은 상상하기 어려운 급격한 기후변화다. 과거에 이러한 자연적 기후변화가 존재했다는 사실은 지구의 기후를 조절하는 시스템이 급격히 균형을 잃을 수 있다는 것을 보여준다. 최근 더욱 정밀하게 복원한 그린란드 빙하코어의 기록에 의하면 영거 드라이어스 시기 북대서양 대기의 순환 시스템이 불과 1~3년 만에 크게 교란되었다고 한다. 사이언스지에 발표된 이 연구 결과는 우리나라에서도 개봉한 영화 '투모로우(기후변화로 인한 재난을 다룬 미국 영화)'의 내용이 전혀 허구가 아니라는 사실을 알려준다.

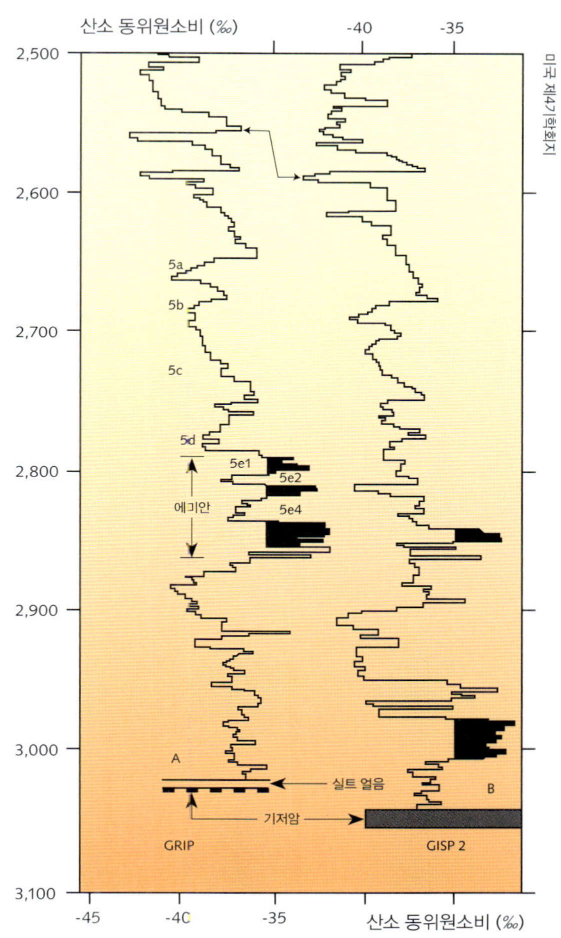

GRIP 빙하 하부에서 나타나는 에미안 간빙기 동안의 산소 동위원소비의 변화

한편, GRIP 빙하코어에서는 제 4기 최후의 간빙기인 '엠 간빙기(Eem interglacial age)'의 특징적인 기후변화를 볼 수 있다. 엠 간빙기의 기후 상태는 현재의 간빙기인 홀로세보다 평균적으로 1℃ 정도 더 따뜻했다. 그리고 상당히 안정된 기후 상태를 보이는 홀로세와는 달리 엠 간빙기에는 급격한 기후변화가 있었다. 즉 수천 년 동안

지속된 따뜻한 시기와 수십 년 만에 10~14℃까지 기온이 내려가 추위가 수백 년간 지속됐던 시기가 간헐적으로 나타나는 것이다. 급격한 기후변동 없이 안정된 기후 상태를 보이고 있는 홀로세 간빙기와 달리 엠 간빙기에 큰 기후변동이 있었다면 지구의 기후시스템은 훨씬 복잡하다는 것을 의미한다. 하지만 GRIP 빙하코어에서 나타난 Eem 기후변화 시그널이 불과 28km 떨어진 곳에서 시추한 GISP2 빙하코어에서는 나타나지 않았다. 또한 해저퇴적물의 유공충을 이용하여 복원된 고기후 변화에서도 10만 5천 년 전까지는 GRIP 빙하코어에 기록된 기후변화와 일치하지만, 엠 간빙기의 기후변동 시그널은 발견되지 않았다. 반면에 유럽의 호수 퇴적물에서는 GRIP 빙하코어의 기록과 유사한 엠 간빙기 기후변동이 보고되기도 했다.

1990년대 중반 이후에도 엠 간빙기 기후변화를 복원하려는 시도가 계속되고 있다. 엠 간빙기 동안의 급격한 기후변동의 실재 여부를 밝히는 것은 기후변화 연구에서 매우 중요한 이슈이다. 미래의 기후변화를 예측하는데 많은 정보와 단서를 제공할 수 있기 때문이다. 이에 1999년부터 2003년까지 North GRIP 빙하코어를 시추하였으나 빙하코어의 연대가 엠 간빙기까지 미치지 못해서 엠 간빙기 기후변화를 복원하는 데는 실패하였다. 이후 우리나라를 포함한 14개국이 2008년부터 2012년까지 2,540m 길이의 NEEM 빙하코어를 시추하였지만 엠 간빙기에 해당하는 시기의 얼음 층이 교란되어 있어 엠 간빙기의 기후변동을 복원하지는 못했다. 다만 얼음의 교란층에서 복원한 기후변화 기록에 따르면 엠 간빙기 초기에 그린란드 기온은 오늘날보다 무려 8℃ 정도 높았으며, NEEM 빙하코어를 시추한 그린란드 북서쪽 빙상의 고도가 당시 그린란드 빙상의 융해로 130m 정도 낮았다는 새로운 사실이 밝혀졌다. 이는 오늘날 지구온난화가 지속될 경우 그린란드의 빙상이 얼마나 심각하게 녹을 수 있는지를 알려주는 단서를 제공하고 있으며 연구결과는 네이처지에 발표되었다. North GRIP과 NEEM 빙하코어에서 엠 간빙기의 기후변동을 복원하지 못했기 때문에 앞으로도 그린란드에서 새로운 빙하코어를 시추해서 엠 간빙기의 기후변동을 확인하기 위한 시도는 계속될 것이다.

● 남극의 고기후 변화

그린란드의 GRIP과 GISP2 빙하코어처럼 남극대륙에서 중요한 기후변화 기록이 복원된 대표적인 빙하코어는 러시아의 보스톡(Vostok)기지에서 시추한 보스톡 빙하코어와 이태리와 프랑스 공동기지에서 시추한 EPICA 돔씨 빙하코어이다. 보스톡 기지는 지금까지 남극대륙에서 가장 활발하게 빙하코어가 시추된 곳이다. 1970년대부터 여러 곳에서 500~900m 깊이의 빙하가 시추됐고 1980년대에 3곳(3G, 4G, 5G)에서 빙하코어

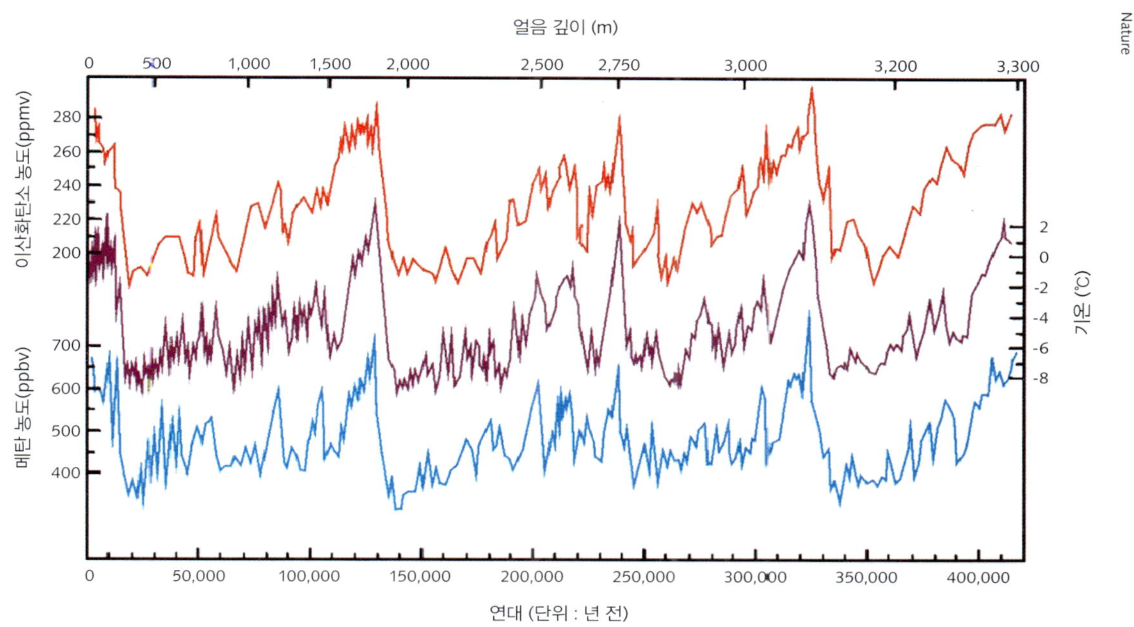

남극 보스톡 빙하코어에서 복원된 기후 변화와 온실기체인 이산화탄소와 메탄의 농도 변화 기록

시추가 계속되고 있다. 3G에서는 1984년 2,200m, 4G에서는 1990년 2,546m, 5G에서는 1998년 1월에 3,623m 깊이까지 시추하여 빙하코어의 시추 깊이로는 세계기록을 세웠다. 이 빙하코어를 통해 42만 년 전의 기후변화 기록이 복원되었다.

보스톡 빙하코어에는 빙하기와 간빙기의 전 지구적 기후변화 기록이 잘 보전되어 있다. 그러나 그린란드의 빙하코어에 뚜렷한 빙기와 아간빙기의 급격한 기후변동에 비해 상대적으로 변화의 폭이 좁으며 대체로 매끄러운 변화 양상을 보여준다. 이것은 그린란드의 빙하코어가 전 지구적 기후변화보다는 북대서양의 심층수 형성과 연관된 지역 규모의 기후변화를 반영하는 반면, 남극대륙의 빙하코어 기록은 남반구의 전반적인 기후변화 상태를 가리키기 때문이다. 보스톡 빙하코어의 기록을 보면 이산화탄소와 메탄가스의 거동이 기후변화와 매우 밀접한 연관성이 있다는 것을 알 수 있다. 무엇보다도 지난 42만 년 동안 자연적으로 조절된 온실기체의 농도와 비교할 때 오늘날 이산화탄소와 메탄가스의 농도는 사상 유래 없이 비정상적으로 높다는 것을 보여주고 있다. 이 사실은 인간 활동이 어느 정도로 지구환경을 교란시키고 있는지를 알려주는 확실한 증거로 널리 활용되고 있다.

그린란드와 남극대륙의 빙하코어를 비교해 보면 그린란드 빙하코어에서 나타나는 빙기와 아간빙기의 급격한 기후변동 패턴이 남극대륙 빙하코어에서는 시기적으로 반대로 나타난다. 이것은 북대서양 심층수가 느려지거나 정지하면 기후는 추워지는

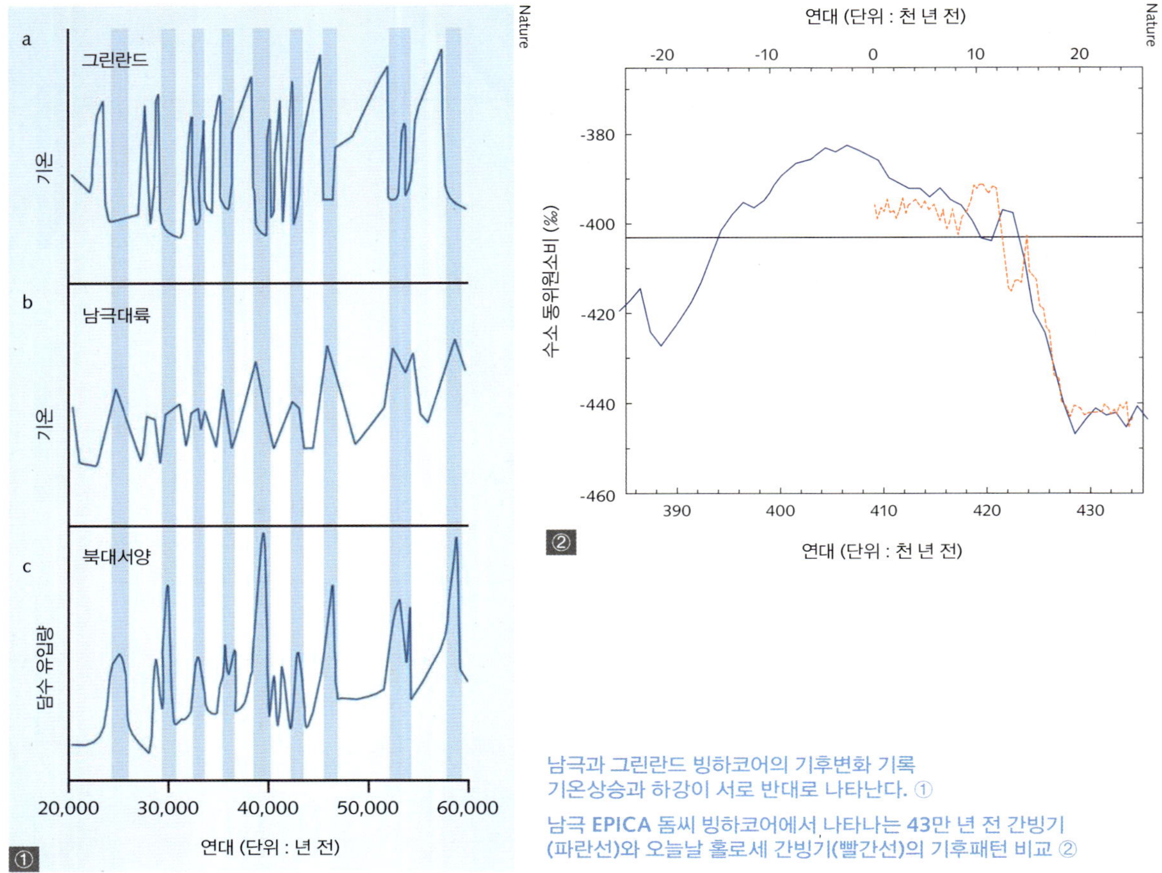

남극과 그린란드 빙하코어의 기후변화 기록
기온상승과 하강이 서로 반대로 나타난다. ①

남극 EPICA 돔씨 빙하코어에서 나타나는 43만 년 전 간빙기
(파란선)와 오늘날 홀로세 간빙기(빨간선)의 기후패턴 비교 ②

반면 전달되지 못한 열이 남반구로 확산하여 남극은 따뜻해지고, 반대로 북대서양 심층수가 강화되면 저위도에 축적되는 열이 북반구 고위도로 전달되면서 남극은 추워지기 때문이다. 이런 현상을 마치 시소처럼 서로 반대로 움직인다고 해서 시소 효과라고 한다.

1997년부터 2005년까지 3,265m 깊이를 시추한 남극 EPICA 돔씨 빙하코어는 보스톡 빙하코어에서 복원한 42만 년 이상의 기후변화 기록을 넘어서는 약 80만 년의 기록이 복원되어 지금까지 최장의 기록으로 남아 있다. EPICA 빙하코어에서 새롭게 밝혀진 많은 연구결과 중에서 흥미로운 사실은 약 43만 년 전에 있었던 간빙기가 2만 8천 년 동안 지속하였다는 것이다. 현재의 홀로세 간빙기 이전에 있었던 두 번의 간빙기가 수천 년 정도 지속한 것에 비해, 홀로세 간빙기는 지난 1만 년 동안 지속하고 있다. 따라서 홀로세 간빙기의 지속 기간이 비정상적이라고 판단할 수 있으며 이전의 기후

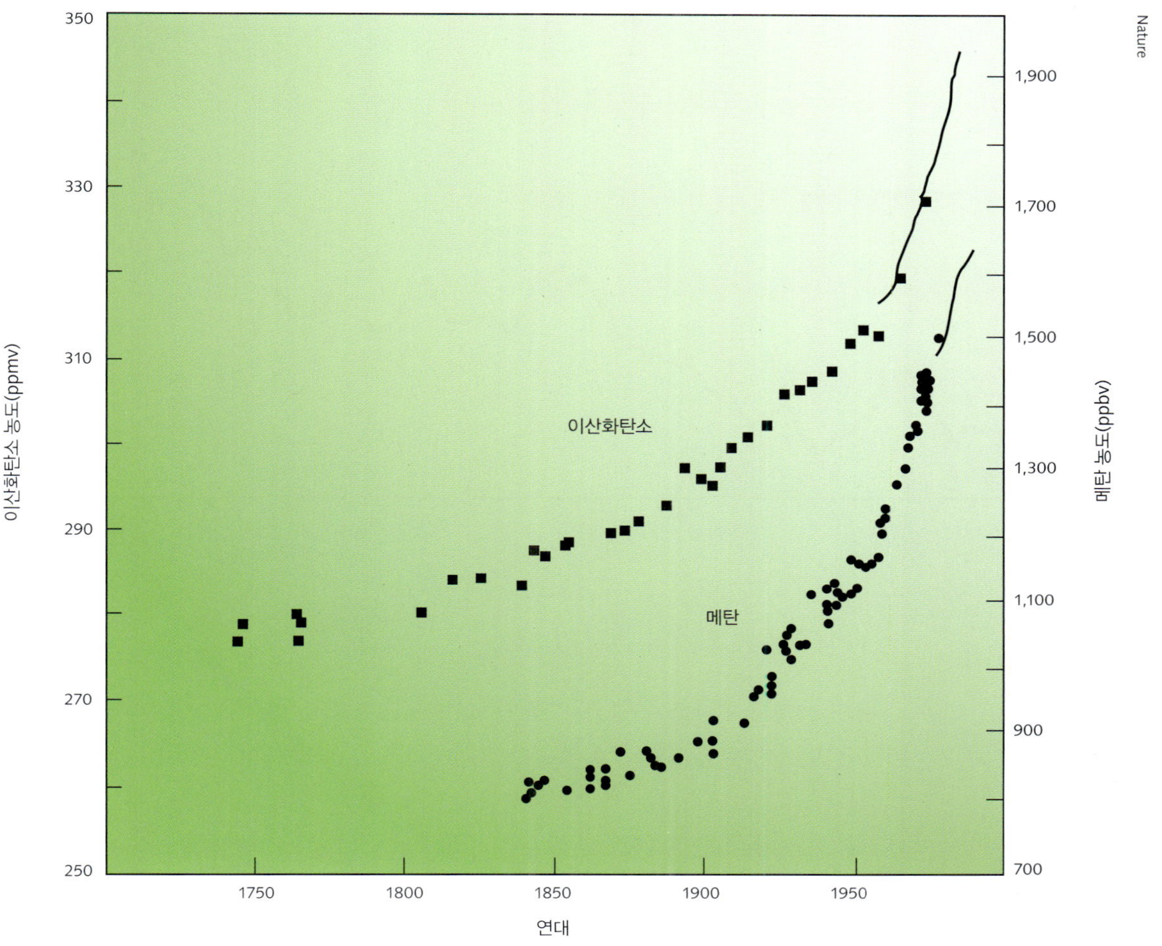

남극 빙하를 이용해 복원한 18세기 중엽 산업혁명 이후 이산화탄소와 메탄가스 대기 농도

실선은 실제 대기에서 관측한 수치다. 250년 전보다 현재의 이산화탄소 농도는 약 20%, 메탄가스는 100%가량 증가한 것을 알 수 있다.

패턴을 봤을 때 머지않아 빙하기로 접어들 수도 있다고 생각할 수 있다. 그러나 43만 년 전의 간빙기는 2만 8천 년 동안 지속하였으니 홀로세 간빙기도 더 오래갈 수 있을 것이라는 예상이 가능해졌다. 하지만 43만 년 전에는 인간 활동에 의한 온실기체 증가 현상이 없었다는 점을 고려해야 한다. 인간 활동의 영향을 많이 받고 있는 오늘날의 홀로세 간빙기가 얼마 동안 지속할지 예측하는 것은 과학자들에게는 아직도 어려운 과제로 남아 있다.

빙하연구자들에게 주어진 또 다른 과제는 EPICA 돔씨 빙하코어의 80만 년 기록을 넘어서 백만 년 이상의 기후변화 기록을 복원할 수 있는 남극 빙하코어를 시추하는 것이다. 우리나라도 남극대륙에 장보고 기지를 건설하면서 남극대륙 진출이 가능해졌고 이런 기회를 통해 국제적 수준의 빙하연구에 동참할 수 있게 되었다. 앞으로 백만 년 이상의 빙하코어 기록을 우리나라가 주도적으로 복원하게 될 날을 기대해본다.

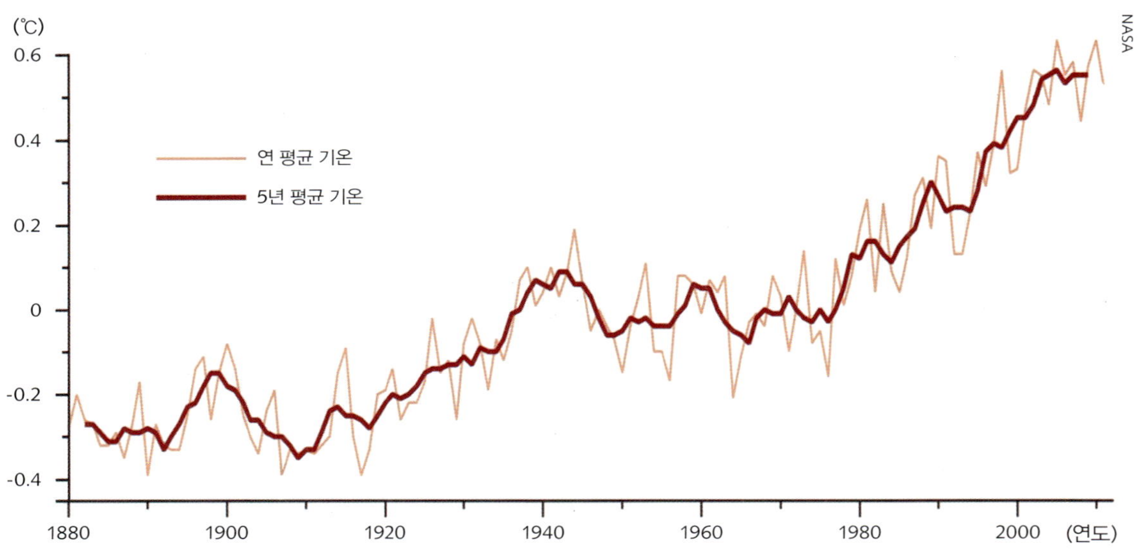

19세기 중엽 이후 지구의 평균기온 변화
1961~1990년의 평균기온과의 편차로 표시됐다.

● 빙하에 갇힌 과거의 대기 가스성분

앞서 간략히 기술한 바와 같이 극지방의 빙하코어에서 복원할 수 있는 귀중한 지구 환경 변화의 정보들은 고기후 변화의 기록 외에, 눈이 퇴적될 당시의 대기성분들과 더불어 얼음 기포에서 과거의 온실기체 농도를 복원하는 것이 있다. 특히 얼음 기포에서 추출한 가스 성분들을 이용하여 과거 수십만 년 동안 온실기체들의 농도 변화를 그대로 복원하는 것은 빙하연구를 통해서만 가능하다.

이산화탄소와 메탄가스는 각각 해양환경과 육상환경의 변화와 연관된 중요한 온실기체들이다. 보스톡 빙하코어 기록에서 보듯이 빙하기와 간빙기에 이르는 기후변화와 이산화탄소 및 메탄가스의 농도변화는 밀접한 관련이 있다. 홀로세 동안 이산화탄소의 자연 농도는 약 280ppmv(part per milIion volume, 백만분율 부피비)로 빙하기의 평균농도 180~200ppmv보다 80~100ppmv 높다. 이처럼 빙하기와 간빙기에 이산화탄소의 농도가 크게 변하는 이유와 탄소 이동 경로를 설명하기 위해 많은 연구가 진행되고 있지만 아직 명확하게 설명하지 못하고 있다. 다만 해양의 탄소 저장량이 대기의 탄소 저장량보다 50배 정도 크다는 점을 고려하면 대기 이산화탄소의 거동에 가장 많은 영향을 주는 것이 해양일 것이라는 추정이 가능하다. 그리고 기후변화와 연관된 해양순환이나 해양생물 생산력의 변화가 대기의 이산화탄소 거동에 영향을 주는 중요한 요인이었다는 사실들이 속속 밝혀지고 있다.

한편 메탄가스는 주로 저위도 지역에 분포하는 육상의 습지에서 동물의 배설물 등으로 인해 대기로 유입된다. 이산화탄소와 마찬가지로 메탄가스의 농도도 기후변화에 따라 변화하고 있다. 즉, 빙하기에는 평균 450ppbv(part per billion volume, 십억 분율 부피 비)로 홀로세의 650ppbv보다 훨씬 적다. 수십만 년 동안의 대기 중 온실 기체의 거동이 기후변화와 어떤 상관관계가 있는지 복원하는 것은 오늘날 인간 활동으로 증가하는 온실기체가 지구온난화에 어떤 영향을 미치는지 평가하는 데 많은 도움을 준다. 또한 미래 기후변화 예측 모델링의 정확도를 향상하기 위해 필요한 과학적 단서들도 제공하고 있다. 87쪽의 그래프에서는 남극 빙하코어의 기포에서 측정한 이산화탄소와 메탄가스의 농도는 18세기 산업혁명 이후 이 두 가스가 인간의 활동으로 꾸준히 증가하고 있다는 것을 잘 보여주고 있다. 이산화탄소 농도의 증가는 폭발적인 인구증가에 따라 산업 활동과 에너지 소비량이 늘어나면서 화석연료의 사용량이 증가했기 때문이다. 또한 메탄가스는 쌀 경작, 목축, 화전경작지, 천연가스 개발 등이 증가하고, 대기로부터 메탄가스의 침강을 억제하는 오염물질이 증가함으로써 더욱 늘어나고 있다. 금세기 들어 인류에게 심각한 문제로 대두된 지구온난화와 온실기체와의 연관성은 아직 논쟁의 대상이다. 짧은 기간에 나타나는 현상만으로 자연적인 것과 인위적인 기후변화를 구분할 수 없기 때문이다. 실질적으로 대기 온실기체의 농도는 지속해서 증가하고 있지만, 지구 평균기온의 변화 패턴은 이와 일치하지 않는다. 1961~1990년 사이의 평균기온과의 편차로 기온변화를 도식화한 86쪽 '19세기 중엽 이후 지구의 평균기온 변화'의 그림을 보면 지구의 평균기온은 1940년더부터 1980년까지, 기온의 증가현상은 약간 감소하거나 제자리에 머물러 있다. 하지만 많은 과학자는 온실기체의 증가를 20세기 지구온난화의 주범으로 보고 있으며, 지금까지 밝혀진 모든 과학적 지식을 총망라한 2007년에 발간된 '기후변화에 관한 정부 간 패널(IPCC)'의 4차 평가보고서에서는 온실기체 증가가 지구온난화의 원인일 가능성이 90% 이상이라고 판단했다. 따라서 확실한 반론을 제기할 수 있는 연구 결과가 나오지 않는 이상은 오늘날 지구온난화 현상이 인간 활동으로 만들어진 인위적인 기후변화라는 것을 받아들여야 한다.

하지만 1천 년 전에는 오늘날보다 따뜻했던 중세 온난기가 있었고, 이어서 14~19세기에는 오늘날보다 추웠던 소빙하기가 있었다. 이렇듯 소규모로 변동하는 자연적 기후변화의 주기성과 그 원인에 대해서 우리가 아직 충분히 이해하지 못하고 있기 때문에 자연적인 기후변화가 현재의 기후 상태에 어느 정도 영향을 주고 있는지를 정확하게 진단하고 평가하는 것은 어렵다. 따라서 미래의 기후변화를 예측하는 것은 많은 불확실성을 가질 수밖에 없다. 앞으로 인류의 생존과 직결된 미래의 기후변화를 정확히 예측하고 국가적 대비책을 수립하기 위해서는 기후변화와 관련된 많은 과학적 지식과 정보를 축적해야 하며, 다른 기후연구 분야와 함께 극지방의 빙하연구를 통해서 그 실마리를 찾는 노력을 계속해야 한다.

해저자원의 개발 및 이용

Development and Utilization of Seabed Mineral Resources

광물자원의 해외 의존도가 심한 우리나라는
심해저에 부존하는 21세기 유망자원에 주목해야 한다.

한반도의 해저와 유용광물자원 92
우리나라는 광물자원 공급이 불안정한 세계적 위기 때마다 경제적으로 타격을 받았다. 근본적인 문제를 해결하기 위해 한반도 주변의 유용광물자원 개발을 적극적으로 투자하고 공해상 광물자원 개발에도 힘써야 한다.

대륙붕 석유와 천연가스 102
19세기 일어난 산업혁명은 석탄을 에너지원으로 사용하면서 시작됐다. 그 후 발명된 가솔린 엔진이 자동차와 항공기에 이용되면서 석유 및 천연가스 등 화석 에너지의 사용량이 급격히 증가했다.

21세기 바다의 검은 노다지, 망간단괴 110
우리나라는 신해양시대의 거친 파도 속에서 심해저자원개발 사업을 통한 세계 일류국가 건설을 위해 노력하고 있다. 바다의 검은 황금, 망간단괴의 상업적 개발은 그 꿈을 위한 원동력이 될 것이다.

심해저 암반 위의 보고, 망간각 118
심해저에 부존하는 망간각은 21세기 개발 유망 자원인 망간단괴, 해저열수광상과 함께 우리나라가 앞으로 개척해 나가야 할 새로운 광물자원 공급원으로 부각되고 있다.

20세기의 위대한 발견, 해저열수광상 126
해저열수광상 육상의 광산에 비해 유용자원이 농집되어 훨씬 적은 양의 광석을 채굴해도 된다는 장점이 있다. 책임감 있는 자원개발을 위해 해저열수광상과 그 주변 환경에 대한 깊이 있는 이해가 필요하다.

21세기 신에너지 자원, 메탄수화물 136
메탄수화물로 대표되는 가스수화물은 매장량이 막대하고 사용에 따른 유해물질이 현저히 적게 방출되는 청정 에너지원이다. 특히, 연소할 때 천연가스와 알코올보다 이산화탄소가 적게 발생하여 공해를 크게 감소시키는 효과가 있다.

심해에 있는 산업 비타민, 희유금속 자원 146
IT분야, 녹색산업, 그리고 첨단산업의 성장은 희토류 및 희유금속 확보에 달려있다고 해도 고언이 아니다. 희유금속에 대한 유기적이고 지속적 연구만이 바다를 우리의 진정한 '블루오션'으로 만들어줄 것이다.

한반도의 해저와 유용광물자원

우리나라는 광물자원 공급이 불안정한 세계적 위기 때마다 경제적으로 타격을 받았다. 근본적인 문제를 해결하기 위해 한반도 주변의 유용광물자원 개발을 적극적으로 투자하고 공해상 광물자원 개발에도 힘써야 한다.

석봉출 한국해양과학기술원

삼면이 바다로 둘러싸인 우리나라는 해양의 중요성을 인식하면서도 해저지형을 포함한 해저자원에 관한 정밀조사는 매우 미흡한 실정이다. 한반도 인근 해역에 관한 조사는 지금으로부터 약 210년 전인 1787년 프랑스의 '라 페루즈(La Perouse, 1741~1788)'에 의해 우리나라 남동해양부터 시작됐다. 라 페루즈 일행은 우리나라 근해의 수심을 측량하고 남동해안을 스케치하였으며 해저상태도 간략히 기술하였는데 이는 우리나라의 해저상태에 관한 최초의 기록으로 여겨진다.

이후 1960년대에 미국 과학자를 중심으로 한반도 주위의 해저자원에 관한 과학적 조사가 있었다. 황해와 동중국해의 해저 석유자원 존재 가능성에 대하여 최초의 탐사가 있었으며, 이와 함께 한반도 해저의 지형과 지각을 이루는 대지질구조가 파악되기 시작했다. 1990년대 들어 우리나라는 종합해양연구선(온누리호, 이어도호, 탐해호, 해양 2000호)을 건조하고, 정밀 지구물리탐사장비를 구비하여 비로소 해저환경 및 자원탐사활동이 본궤도에 진입하게 되었다.

한반도 주변의 해역은 그 지형적인 특징과 유입되는 퇴적물에 의해 확연히 구분되며 이에 따라 존재 가능성이 있는 해저 전략광물자원도 해역에 따라 그 양상을 달리하고 있다. 현재 우리나라 주위에 유망한 해저자원으로는 황해, 남해, 동해 남부해역에 매장 가능성이 있는 석유·천연가스와 황해의 중광물, 21세기 대체에너지 신자원으로 각광받는 동해의 메탄수화물자원을 들 수 있다.

그러나 한반도 주위의 광물자원은 매장량 및 경제성 면의 제약이 있어 석유·천연가스를 제외한 전략광물자원에 대한 본격적인 탐사는 아직 이루어지지 못하고 있다. 여기서는 그동안 축적된 조사결과를 토대로 먼저 한반도를 둘러싸고 있는 황해, 남해, 동해의 해저지형 및 그 환경특성과, 특히 황해에 존재할 가능성이 있는 광물자원에 대해 살펴본다.

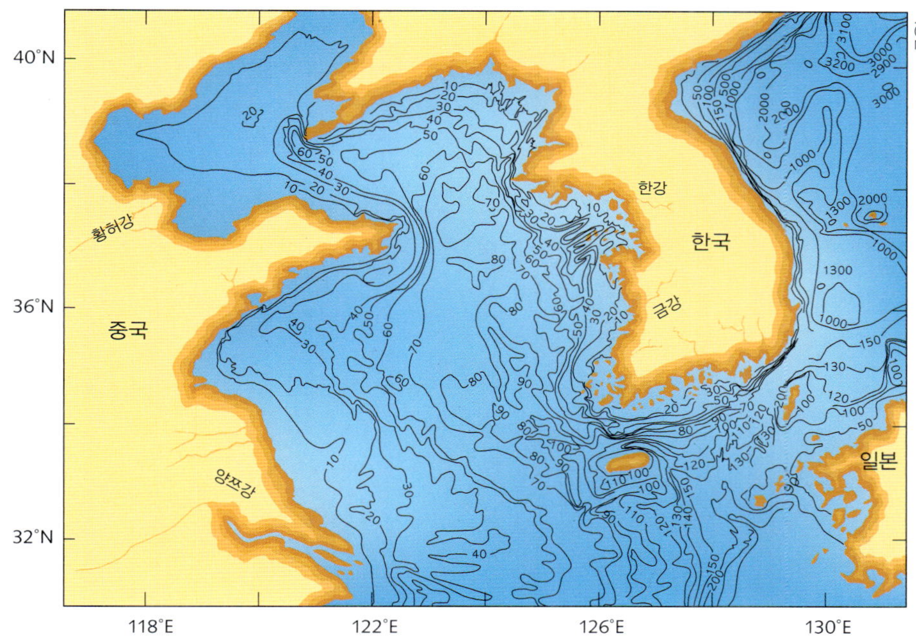

황해 및 주변해의 해저지형
(수심의 단위는 m)

● 한반도 주위해역의 지형과 해저환경

황해의 면적은 약 50만 km^2에 달하는데 중국 양쯔강과 제주도 이북의 바다를 황해, 그 이남을 동중국해로 구분하고 있다. 황해의 평균수심은 50m 이하로 최대 깊이 100m가 채 안 되는 낮고 반폐쇄적인 해역이다. 황해의 서부에는 황허강 및 양쯔강에 의해 형성된 거대한 삼각주가 얕은 바다에 넓게 발달하고 있으며 해저수심은 해안선과 평행하게 나타난다. 황해는 최종 빙하기(현재부터 약 1만 8천 년 전) 이후 해수면 상승으로 해안선이 육지 쪽으로 이동하자(transgression, 해침) 바다로 덮이면서 현재의 모습을 갖췄다. 이후 중국 황허강 및 양쯔강으로부터 연간 16억 톤의 막대한 퇴적물이 계속 유입되어 두꺼운 퇴적층을 이루고 있으며, 퇴적물 내에 전략적으로 유용한 광물자원이 매장되어 있을 가능성이 있다. 최근에는 중국 황허강 유역의 산업 활동이 증가함에 따라 제방이 건설되어 황허강으로부터 유입되는 퇴적물의 양이 과거에 비해 10% 이하에 그치고 있다.

기본적으로 수심이 얕은 남해는 황해와 비슷하지만, 대부분이 암석으로 이루어진 내만을 가지고 있다는 점이 황해와 다르다. 남해는 연안역의 진흙이 쌓인 니질(泥質) 퇴적물 지역을 제외하고는 대부분이 사질퇴적물로 구성된 평탄한 대륙붕 지역으로, 동중국해를 지나 오키나와 해구와 연결되며 수심은 약 120m 이내다. 특히 과거 빙하기 이후 해침의 영향을 직접 받아 연안에는 수많은 섬이 산재하는 다도해의 특징과 함께 수많은 내만이 존재한다. 탄성파 탐사(seismic survey)에 의한 조사결과, 만의 바닥은 30m 이상의 깊이이며 백악기 화산 폭발로 생겨난 두꺼운 쇄설성 암석 퇴적물로 덮여 있다. 참고로 탄성파 탐사란 지표나 해상에서 인공적으로 지진파(seismic wave)를 발생시키고 그것을 수신기로 받은 후, 그 자료에서 지진파들의 전파 시간과 파형을 분석하여 지질구조를 결정하는 방법을 말한다.

동해는 한반도와 일본열도 사이에 있으며 평균 수심 1,684m, 최대 수심 4,049m,

동해 및 주위지역의 해저지형

Rocks and Minerals

면적은 1백만 7천6백 km^2이다. 동해는 서태평양에 있는 전형적인 주변해(marginal sea)로 유라시아, 태평양 그리고 필리핀 판들의 복잡한 경계면 사이에서 판구조적 운동으로 형성된 전형적인 배호분지(backarc basin)이다. 다시 말하면 해양지각판이 섭입하는 경계부분에서는 섬이나 대륙이 활처럼 휜 모양으로 나타나는 호상지형을 이루는데 이러한 지형의 뒷부분에 나타나는 퇴적분지를 배호분지라고 일컫는다. 동해는 호상열도를 이루는 일본열도의 후면 대륙쪽에 위치한 대표적인 배호분지이다.

이곳은 4개의 얕은 해협인 타타르 해협(수심 15m), 소야 해협(55m), 츠가루 해협(130m), 대한해협(130m)을 통해서 오호츠크해, 북태평양 그리고 동중국해로 연결된다. 동해의 해저지형은 중앙의 야마토 해령을 중심으로 북쪽에는 수심 3,500m가 넘는 일본분지가 넓게 형성되어 있으며 남쪽으로는 이 해령의 동서방향으로 최대 수심 2,000m가 넘는 울릉분지와 야마토분지가 각각 존재한다. 동해의 우리나라 연안은 좁은 대륙붕이 특징이며, 바깥쪽으로 갑자기 깊어지는 대륙사면을 지나 울릉분지와 연결된다.

자기이상(magnetic anomaly)은 지구 자기가 평균값에서 벗어나는 현상을 말하는데, 지하에 분포한 암석들의 자성이 차이가 나기 때문에 생기는 현상이다. 동해는 퇴적층이 약 1.5~3km로 매우 두껍게 덮여있어 해저 자기이상의 동정을 파악하기 어렵고 심해굴착에 의한 연대측정도 어려워 생성 원인을 밝히는 데 많은 어려움이 있다. 그러나 지금까지의 연구에 의하면 동해의 지각구조는 대륙과 해양지각의 중간단계부터 순수한 해양지각까지의 특성을 나타낸다. 예를 들면 일본분지의 북쪽은 전형적인 해양성 지각의 특징이 나타나지만, 야마토 분지 남동부는 하부 지각이 10km의 두께로 해양지각도 대륙지각도 아닌 독특한 지각특성을 보이는 것으로 보고되어 있다. 울릉분지를 포함한 동해 남서부의 생성원인으로 제시된 설은, 일본열도 남서부에서 시계방향 회전이 동반된 해저확장, 대륙지각이 얇아져서 형성, 일본열도 남부의 남진 때문인 해저확장 등으로 다양하다. 그러므로 확실한 생성원인 규명을 위해서는 더 많은 연구가 필요하다. 동해의 생성원인과 퇴적환경은 광물자원이 부존할 가능성과도 깊은 관계가 있는데, 특히 동해의 퇴적층에 매장 가능성이 있는 천연가스는 이미 경제성 평가를 끝내고 생산 설비의 설계 단계에 있으며 그 외에도 인산염 광물, 메탄수화물 등의 부존되어 있을 가능성이 예상된다.

● 황해의 광물자원

황해는 광물자원의 전시장이라 할 만큼 많은 종류의 유용광물자원이 분포하고 있다. 그러나 체계적이고 집중적인 연구가 부족하여 전략광물들의 매장량과 경제성 평가 면에서 철저한 검증이 이루어지지 않아 해저자원 조사는 초보단계에 머물고 있는 실정이다. 우리나라 육상광업의 경우도 마찬가지로 경제성 문제로 현재는 납, 아연, 티탄철석, 철 등 4개 종류, 4개 광산만 활동 중이어서 기간산업에 필요한 금속 원자재의 99%를 수입에 의존하고 있다.

연근해의 사광상(Placer deposit)은 해안선에서 통상 5마일 이내에 있으며, 형성 시기는 주로 신생대 제 3기 후반부터 현재에 이른다. 사광상은 모암(母巖)이 풍화작용으로 분해되어, 그 속에 함유되었던 유용한 광물이 분리된 뒤 물·바람에 의하여 운반되어, 파쇄·도태된 다음에 입자의 지름이 큰 모래, 자갈 따위의 사력(砂礫) 등에 섞여서 한 곳에 모인다. 그 후 유로(流路)를 따라 쌓이게 된다. 해변에서는 기계적 풍화가 심하므로 광물 입자의 비중 차이에 의해서 사광상이 흔히 형성되지만, 파도와 연안류에 실려온 모래와 자갈 등이 쌓여 만들어진 대부분의 현생해빈(beach)은 범위가 좁은 지역에 한정되어 있다. 또한 연안에서 벌어지는 다양한 경제 활동과 환경적 요인 때문에 광물을 개발하는데 제약을 받고 있다. 과거 신생대 제 4기 말 빙하기에 해수면은 현재보다 약 120m 이상 낮았다. 해수면 하강 등으로 육지가 넓어지는 이 해퇴기간 동안 충적사광, 풍화잔류사광, 토착사광, 해빈사광 등이 노출된 대륙붕에 모여 있었으나, 바다가 육지를 덮는 해침이 연이어 발생하면서 부분적으로 파괴되고 재배치되었다. 특히 금, 백금은 주로 가라앉은 구불구불하게 생긴 물길의 활 모양으로 굽은 만곡지역에, 그리고 더 가벼운 금홍석, 티탄철석, 자철석, 저어콘(Zircon), 모나자이트 등은 더욱 멀리 떨어진 고해빈(back beach)이나 고사주에 분포한다.

황해는 한강, 금강, 영산강 등 큰 하천을 통해 많은 양의 육원성 쇄설퇴적물이 유입되며 이것이 바람, 파도, 해류 및 조류 등의 물리적인 힘에 의해 기계적 퇴적작용이 활발하게 일어나 많은 양의 모래나 자갈이 연근해저 및 해빈에 퇴적되어 풍부한 골재자원을 이룬다. 또한 풍화에 대한 저항력이 강하고 비중이 큰 중광물은 선별되어 강 하구나 연근해에 집중 퇴적되어 사층이나 점토층 사이에 쌓여 표사광상(砂鑛床)을 이룬다. 그러나 우리가 이를 채취·이용하기 위해서는 광권을 설정 받아야 한다. 현재 우리나라의 총 해저 광권은 343건, 837km^{2}로, 그중 96%인 328건, 8백 km^{2}가 서해안에 분포하고 있다.

서해안의 광권을 광종별로 보면 규사가 약 80%를 차지하고 그 외에 규석, 석회석, 금, 은, 운모, 고령토 등이다. 사광상에서 산출되는 광물은 경광물과 중광물로 구분되나 경광물은 미미하고 경제성이 없다. 중광물이란 비중 2.9 이상의 광물을 말하는데, 사광상에서 발견되는 중광물로는 금, 백금, 모나자이트, 저어콘 등을 들 수 있다. 모나자이트는 가장 유망한 중광물 가운데 하나로 토륨을 5~10% 포함하고 있으며 핵연료로 사용되거나 토륨합금인 공업용으로 사용된다. 아직 기술상의 문제로 핵연료로는 사용되지 못하고 있으나 각국의 모나자이트 비축량은 증가하고 있으며 2000년대에는

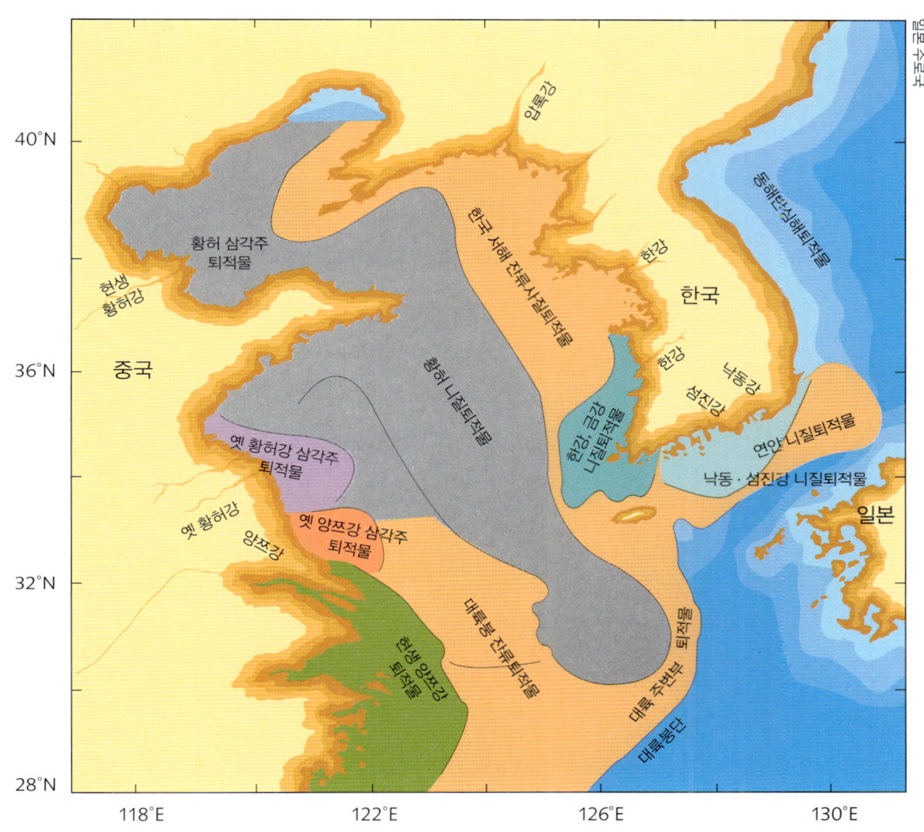

우리나라 및 인근해역의 해저퇴적물 분포도

기술상의 문제가 해결될 것으로 보여 수요가 급격히 증가할 전망이다. 세계적으로는 호주 동해안, 인도, 브라질 및 미국의 알래스카 연안 등이 유망한 모나자이트 부존지이다. 알래스카에서는 모자나이트를 하루 100톤 이상 생산 중인 것으로 알려졌다. 저어콘은 원자로의 재료로서 부식에 강하며 화학공업용으로도 수요가 증가하고 있는 전략광물이다. 한국지질자원연구원에서는 1981년부터 우리나라의 풍화잔류광상, 하천사광, 해빈사광 등에 관한 조사를 시행했고, 1994년부터 5년간 연근해의 얕은 바다 아래 분포하는 해저 유용광물자원 조사를 하였다. 서해안의 중광물 분포를 보면 아산-천수만 일대는 사금광대이며, 아산-태안반도와 목포-완도연안은 모나자이트의 주 분포지, 경기만-강화연안은 티탄철석, 목포 앞바다는 규사광의 주 분포지다.

골재자원으로 대표되는 바다모래와 자갈은 황해 전반에 걸쳐 연안역에 매장량이 풍부하고, 또한 채취가 쉬워서 앞으로 고갈되고 있는 육상골재자원의 대체원으로 크게 활용될 전망이다. 현재까지 서해안에는 모래가 약 39억 km^3부존되어 있고 그중 약 20%인 7.8억 km^3를 이용할 수 있을 것으로 추정되며, 자갈은 약 10억 m^3가 부존된

하천과 바다골재의 허가 공급량 (단위 : 천 m^3)

연도별 \ 골재별	하천골재 증가율 (%)	바다골재 증가율 (%)
1993	44,700	17,746
1994	52,093 (16.38)	25,266 (42.38)
1995	36,774 (-29.41)	10,942 (-56.69)
1996	49,437 (34.43)	30,591 (179.57)
1997	56,905 (15.16)	53,387 (74.52)
총계	239,969 (9.13)	137,932 (59.94)

것으로 추정되고 있다. 우리나라는 1970년부터 바다골재 개발을 시작하였으며 1984년부터 본격적으로 개발하였다. 1990년대에 들어와서는 200만 호 주택건설 및 도로, 항만, 지하철, 공항 등의 사회간접자본 확충으로 건설활동이 급증함에 따라 골재파동이 발생했고, 하천골재만으로 수요를 따르지 못하여 한반도 서해연안에 대량으로 분포하는 바다골재 개발을 서두르고 있다. 특히 우리나라의 바다골재는 콘크리트 따위의 재로로 쓰는 작은 모래나 자갈인 세골재 자원으로서 그 중요성이 급부상하였고 수요량도 빠르게 증가하였다. 당시 1993년부터 1997년까지 5년간의 하천골재와 바다골재의 품종별 허가 공급량은 하천골재의 평균증가율이 9.13%인 것에 비하여 바다골재는 59.94%로 높은 증가율을 보였다. 이는 하천골재가 고갈되자 대체원으로서 바다골재의 허가 공급량이 크게 증가한 데에 따른 것이다.

지역별로 살피면 1997년 바다골재의 허가 공급량은 약 5천3백만 m^3인데 그중 절반을 웃도는 3천4백만 m^3가 경기만에서 공급됐고, 다음으로 전남과 충남의 연근해에서 공급됐다. 당시 우리나라의 바다골재 채취업체는 43개사에 달하며 주로 경기도 옹진군, 충남 태안군, 당진군, 보령시, 전남 신안군, 해남군, 진도군 등지에서 개발하고 있다. 이처럼 바다골재의 공급량은 크게 증가하고는 있으나 무분별한 개발로 인한 해양자원의 고갈을 방지하고 해양환경을 보존한다는 취지에 따라 정부는 수자원공사를 중심으로 하여 바다골재채취와 관련한 종합적인 개발 계획을 설정했다.

골재 채취허가 및 채취실적은 1996년을 기점으로 정점에 달했으나 외환위기를 전환점으로 지속해서 감소하다가 2001년 이후 건설경기가 점차 회복되면서 안정추세를 유지했다. 2006년 이후 다시 감소세에 들어섰으나 2009년도 및 2010년도에는 소폭 상승했다. 업종별로는 산림골재의 증가세가 두드러지며 이는 국토 대부분이 산지이므로, 채석단지 등을 중심으로 채취되고 있으며 상대적으로 민원발생 소지가 적은 것도 주된 이유인 것으로 판단된다. 하천골재는 그 질이 우수하고 바다골재에 비해 상대적으로 채취가 용이하여 공급원별로 그 점유비가 높은 편에 속하였으나, 댐건설·산림녹화 등으로 골재자원의 하천유입이 감소하여 점유비가 낮아지는 추세이다.

국토해양부(현 해양수산부)는 2012년도의 골재수급 안정을 위해 '2010년도의 레미콘 출하량'과 '광역단위 2012년도 골재 수요추정치'를 바탕으로 2.01억 m^3의 골재수요를 산정하였으며, 안정적인 수급을 위하여 2.16억 m^3의 골재공급을 주요 골자로 하는

골재수급 계획을 확정했다. 이 중 바다골재가 차지하는 비중은 연간 31,950천 m^3며 현재 우리나라 배타적 경제수역(EEZ) 내의 바다골재 채취단지 현황은 아래 표와 같다.

바다골재의 경우 꾸준히 채취돼 골재수급에 일정 부분 기여하였으나 민원 발생과 환경 문제 등을 이유로 지자체에서 골재채취허가를 꺼려 채취실적이 줄고 있다. 특히 2004년에는 옹진·태안의 바다골재채취 허가중단으로 그 실적이 상당히 저조했다. 이를 만회하기 위하여 2007년도에는 바다모래 채취가 감소하여 북한모래 반입이 크게 증가했으나, 2008년도 이후부터 서해EEZ 골재채취단지 및 옹진, 태안의 연안 바다모래 채취허가에 따른 바다모래채취 실적이 증가함에 따라 북한모래 반입이 다시 감소했다.

바다골재는 건설공사의 필수 기초자재로 그 중요성이 주목받고 있지만 환경영향 평가제도의 강화 및 민원·환경단체의 영향 등으로 갈수록 골재채취허가는 앞으로 더욱

2012년도 골재공급원별 차지하는 비율

(단위 : 천 m^3)

구분	수요	공급	허가					비허가 (신고)
			하천	바다	산림	육상	계	
계	201,105	216,091	2,973	31,950	101,025	8,444	144,392	71,699
(비중%)		(100.0)	(1.4)	(14.8)	(46.7)	(3.9)	(66.8)	(33.2)
모래	87,277	95,867	2,057	31,950	19,823	6,113	59,943	35,924
(비중%)		(100.0)	(2.1)	(33.3)	(20.7)	(6.4)	(62.5)	(37.5)
자갈	113,828	120,224	916	-	81,202	2,331	84,449	35,775
(비중%)		(100.0)	(0.8)	(-)	(67.5)	(1.9)	(70.2)	(27.8)

EEZ 바다골재 채취단지 현황

구분	서해 EEZ 골재 채취단지	남해 EEZ 바다골재 채취단지
단지위치	군산 서남방 90km	통영 동남방 50km
사업기간	5년('08.1~'12.12)	
채취면적	10개 광구 (27km²)	5개 광구 (13.5 km²)
채취심도	수심 65~75m	수심 85~95m
채취량	4,000만 m^3	3,520만 m^3
단지관리비	1,580/m^2 ('10.2)	1,580/m^2 ('10.2)
용도	일반사업용	항만 국책 및 민수용

소극적일 것으로 예상된다. 이에 따라 정부는 먼바다(배타적 경제수역) 등을 골재 채취단지로 지정하여 환경을 배려한 체계적이고 친환경적으로 골재 및 부순모래(crushed sand)를 생산하는데 힘써야 한다. 또한, 기존 공급원 및 신규 골재공급원 개발 등 다양한 골재공급원에서 골재공급을 추진하여 골재가 안정적으로 수급될 수 있도록 체계적인 계획을 수립할 필요가 있다.

● 북한의 해저자원 개발 동향

북한 광물자원의 총 가치는 7,000조 원 규모로 추정된다. 현재 북한에 매장된 지하자원은 360여 가지이며 그중에서 경제적 가치가 있는 광물만 200여 종에 달한다. 철광석, 석탄, 마그네사이트, 구리, 몰리브덴, 금, 아연 그리고 희토류도 있다. 마그네슘의 원료인 마그네사이트는 전 세계 매장량의 50%가 북한에 있다.

현재 채산성 좋은 북한 주요 지하자원의 약 50%를 중국이 선점하고 있다. 특히 지린(吉林)성의 국유기업인 통화(通化)철강그룹은 함경남도 무산광산의 철광석 채굴권(50년)을 획득했고, 산둥(山東)성의 국유기업 궈다황진(國大黃金)은 양강도 혜산시 구리광산 채굴권(25년)을 얻었다. 몰리브덴·석탄·아연 광산도 사정이 다르지 않다. 중국은 도로, 철도 같은 인프라 건설을 지원하고 채굴권을 얻는 방식으로 북한 지하자원을 독점해 나가고 있다. 또한, 중국은 황해 서한만 유전 탐사에도 끼어들었다. 북한은 서한만 일대에 50억~430억 배럴의 원유가 매장돼 있다고 주장하지만, 독자적으로 해저를 탐사할 자본과 기술이 없는 형편이다.

북한은 압록강, 청천강, 대동강으로부터 많은 쇄설성 퇴적물이 황해로 유입되며 그 속에 남한보다 많은 유용한 광물자원이 연안역에 분포되었을 것으로 예견된다. 그러나 사회주의 국가의 폐쇄성으로 연구결과 및 관련 지질자료를 확보하는 것이 매우 어려운 실정이다. 과거 북한에서 발표된 황해 안주지역의 유전탐사 및 원유탐사에 대한 기본적인 내용을 살펴보기로 한다.

북한의 원유탐사는 1965년 8월 연료자원 지질탐사관리국이 설치되면서 시작됐으며, 이어 1968년 10월 평안남도 숙천군에 원유탐사를 전문으로 하는 연구소가 설립됐다. 북한은 1980년대 서해에서 탐사작업을 시작한데 이어 1990년에는 동해 원산 앞바다에서 탐사와 시추작업을 진행했다. 1993년 7월에는 원유탐사총국이 원유공업부로 승격됨으로써 석유탐사가 본격화되었고, 분지규모가 가장 넓은 황해의 서한만 지역에 총 13개의 시추공을 뚫었다. 발표에 따르면, 남포 앞바다에서는 1998년 6월 '406호' 시추공에서 450배럴의 원유를 뽑은 바 있으며 안주지구의 몇 군데 시추공에서도 원유가 나왔다. 캐나다의 칸텍사는 1998년 9월 25일, "서해 대륙붕 606호 지구에 매장량이

50억~400억 배럴에 달하는 원유가 매장돼 있다."는 자료를 발표했다. 조사 자료를 보면 중생대 백악기와 쥬라기 지층에서 시추된 원유는 비중 0.854~0.887, 파라핀 8~9%, 탄화수소 70~80%, 아스팔텐 0.2~1% 등으로 상품성이 비교적 높은 것으로 보고됐다. 2000년대에 들어와 영국의 아미넥스사는 2004년 9월 북한과 향후 20년간의 채굴 개발권 협정을 체결하였으며 이때 채굴가능한 원유매장장을 40~50억배럴로 추정하였다. 중국은 2005년 12월 24일 북한과 해상유전 공동개발협정을 체결한 바 있다.

그러면 북한의 석유부존 가능성은 얼마나 되는가? 북한은 총7개의 광구를 설정하였으며 이 중 육상에서는 평양분지, 길주분지인 2개 광구, 해저 대륙붕지역에서는 동해에 동한만분지와 경성만분지인 2개 대륙붕광구와 서해는 서한만, 안주 및 남포앞바다 온천분지의 3개 대륙붕광구를 설정한 바 있다. 이외에도 두만강 일대에 20억 배럴 이상의 원유가 존재한다는 발표 등 그동안 북한의 석유매장 가능성에 대하 적지 않게 보도된 바 있다. 그러나 이같은 유전발견 주장에 대해 많은 전문가는 한반도 지층구조상 지각변동으로 인한 굴절단층이 많아 한곳에서 대규모 유전이 발견되기는 어려울 것이라 생각하고 있으며 아직 북한이 상업적 유전을 발견했다고 확인된 보도는 없다.

● 해저자원 개발 방향

20세기 산업과 문명은 자원 활용과 기술혁신으로 비약적으로 발전했다. 그러나 21세기 첨단 기술혁명시대를 맞아 세계는 육상금속자원의 감소와 고갈 등 심각한 자원고갈 문제에 직면하였으며, 이의 해결방안 중 하나로 해양에 부존하는 막대한 양의 해저광물자원 개발계획을 구체화하기에 이르렀다.

특히 육상광물자원이 절대적으로 부족하여 광물자원의 해외의존도가 심한 우리는, 세계적인 광물자원 공급 위기 때마다 쉽게 경제적인 타격을 받았다. 이런 근본적인 문제의 해결방안으로 황해에 부존 가능한 유용광물자원 개발에 적극적인 투자와 공해상의 광물자원 개발에 박차를 가해야 한다. 아울러 황해를 비롯한 주위해역에 매장 가능성이 있는 석유, 천연가스 등 에너지자원 탐사 개발에 적극적인 노력이 필요하다. 자원의 대부분을 해외 수입에 의존하는 우리나라는 중장기적인 안정공급체제의 확립이 국가 경제활동의 안정적 발전에 직결된다는 점을 인식해야 한다. 국제협력을 기본으로 한국의 자원정책 전반과 조화를 이루면서 해양에서 자원탐사·개발을 통해 공급량을 확보하고, 자원보유국과 우호관계를 유지 증진하며 자원개발 기술을 개발하는 등의 노력을 적극적으로 추진해야 한다. 또한, 앞으로 해양 자원탐사와 개발활동은 환경조건이 보다 혹독한 대수심 해역으로 전환될 수밖에 없으므로, 장기적 관점에서 이들 제조건을 극복하기 위한 기술개발을 꾸준히 추진해야만 할 것이다.

대륙붕 석유와 천연가스

19세기 일어난 산업혁명은 석탄을 에너지원으로 사용하면서 시작됐다. 그 후 발명된 가솔린 엔진이 자동차와 항공기에 이용되면서 석유 및 천연가스 등 화석 에너지의 사용량이 급격히 증가했다.

허식 한국해양과학기술원

우리나라는 총 에너지 소비의 60% 이상을 수입 원유에 의존하고 있으며, 천연가스의 수입도 꾸준히 증가하는 추세다. 그러나 석유 매장량은 중동과 북부 아프리카 등 일부 지역에 편중되어 있어, 에너지 소비를 충당할 석유자원의 확보가 무엇보다 중요한 실정이다. 육상에서 해저로 연결되는 대륙붕(대륙 연변부) 및 심해에는 세계 매장량의 3분의 1인 1.6조 배럴(bbl, 1bbl=약 159L) 이상의 석유가 있고, 구리, 망간, 니켈, 코발트, 금, 아연 등의 주요 광물자원도 상당량 매장되어 있다. 최근 육상에서 신규 유전 발견이 부진한 가운데, 브라질 연안, 멕시코만, 호주 연안의 바다에서 대형 유전 발견이 잇달았다. 이들 유전은 회수가능 매장량이 수십억 배럴에 이르며, 수심 약 2,000m 해저로부터 지하 4~10km 지점에 부존하는 매우 깊은 심해의 유전들이다. 심해유전을 개발하는 데에는 수백억 달러에 이르는 자본투자와 오랜 선행 투자기간이 소요될 뿐만 아니라, 심해로부터 고온·고압의 원유를 생산하는 데에는 매우 높은 기술적 위험이 따른다. 이러한 시점에서 대륙붕 석유 및 천연가스의 생성과 개발 과정 등 해저석유에 대한 이해는 매우 중요할 것이다.

석유개발을 위한 시추선

Oceans

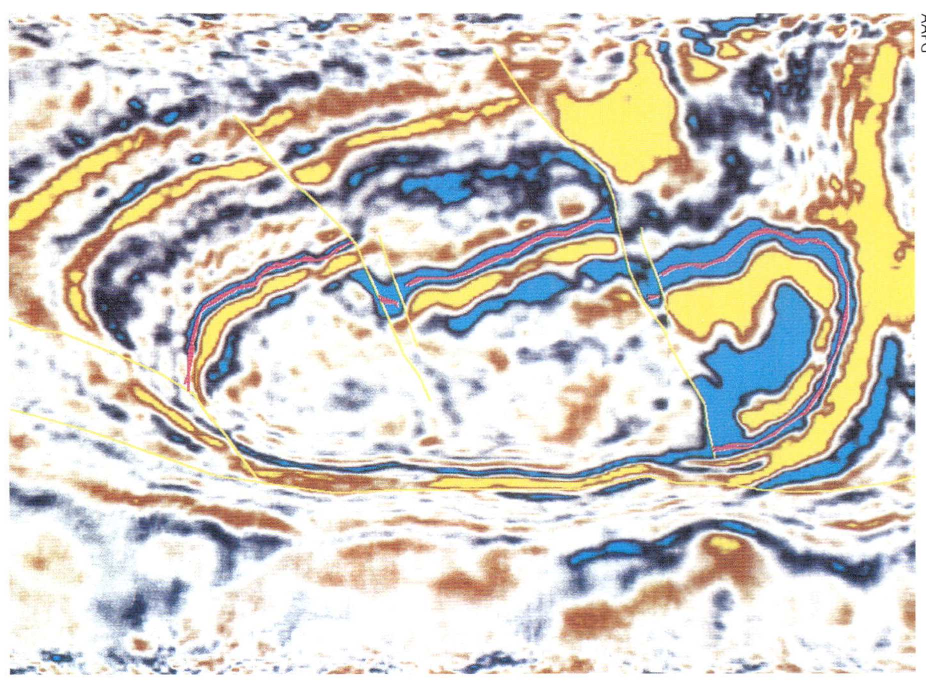

AAPG

해저면으로부터 약 1.008초 (약 1.4km) 깊이에서의 3차원 구조도
자주색 선은 3억 6천만 년 전 생성된 퇴적층, 노란선은 단층구조를 보여준다. 탄성파 단면도로부터 이러한 지하 내부 구조도를 만들어 석유 유망 지층을 찾아낸다.

해저석유와 천연가스의 생성

Hunt Oil

미국 걸프만에서 3차원 탄성파 탐사자료를 이용해 획득한 암염돔 및 퇴적층 구조

석유라고 하면 흔히 원유만을 생각하기 쉽다. 그러나 석유와 천연가스는 대체로 함께 산출되며, 같은 화합물을 가지고 있어 그 기원은 동일하다. 석유(石油)는 글자 그대로 '돌에서 나온 기름'이란 의미로 탄화수소(탄소와 수소)로 이뤄진 화합물이다. 석유와 천연가스는 지질시대에 살던 생물이 남긴 유해로 퇴적층 내에 부존되어 있는데, 민물에서 흘러들어온 담수성 퇴적물보다는 바다에서 온 해양성 퇴적물에 더욱 풍부하게 존재한다.

퇴적된 동식물의 유해인 유기물이 지하 깊은 곳에 묻혀 오랫동안 열과 압력을 받으면 석유가 만들어진다. 원유와 가스는 고생대 이후의 모든 지층에서 산출되지만, 신생대(약 6천6백만 년 전까지) 지층에 총 석유 매장량의 약 50%가 들어 있고, 중생대(약 6천6백만 년 전부터 2억 4천5백만 년 전까지) 지층에 25%, 고생대(약 2억 4천5백만 년 전부터 5억 7천만 년까지) 지층에 15%가 매장돼 있다.

케로젠(Kerogen)이란 대량의 하등동물이나 식물유해 등의 유기물이 바다와 호수 또는 늪에 퇴적된 후 환원반응이 일어나는 산소가 없는 환원 환경 속에서 물의 촉매 작용과 특수한 박테리아의 작용을 받아 생성되는 고분자 화합물을 말한다. 이 케로젠을 풍부하게 포함한 암석을 석유 근원암 또는 모암(country rock)이라고 하는데 흑색 또는 흑회색 점토질 암석인 셰일(shale)이나 이암(mudstone)이 많다.

케로젠의 종류에 따라 생성되는 원유의 종류 및 양도 달라진다. 특히 바다에서 생성된 케로젠은 조류질을 많이 포함하고 있어 석유를 많이 만든다. 육상 고등식물에서 유래된 케로젠은 목질소를 많이 함유하고 있어 열을 받으면 극히 일부분만 석유나 천연가스가 되고 대부분은 석탄으로 변한다. 석유는 주로 크기가 작은 식물플랑크톤 또는 동물플랑크톤으로부터 만들어진다. 이는 플랑크톤이 크기는 작지만, 그 숫자가 매우 많아 퇴적되는 양이 많고, 큰 생물보다 퇴적하여 보존되기가 쉽기 때문이다. 해양생물 중 양적으로 가장 많은 것은 부유성 생물이며 이 중에서도 식물성으로는 규조가, 동물성으로는 유공충이 가장 많다.

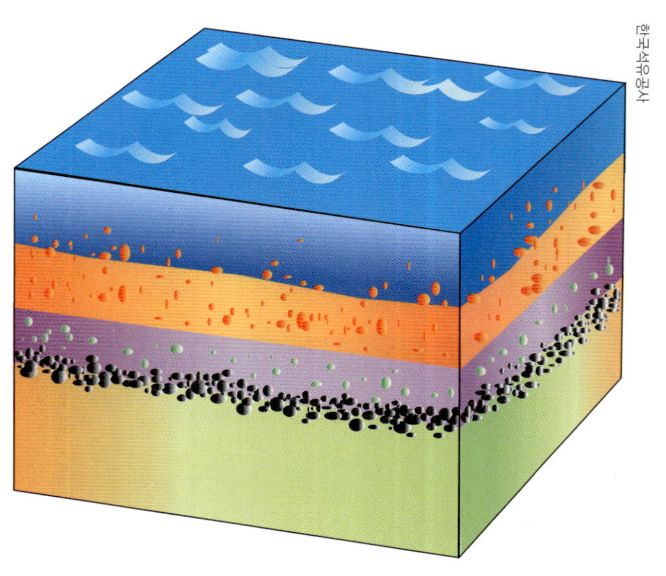

유기물이 지열과 압력을 받아 석유모암으로 변형되는 과정

석유와 가스는 작은 틈 사이로 흘러들어 유전을 형성하는 저류암에 집적된다.

퇴적물이 계속 쌓이면 유기물을 포함한 지층이 지하의 온도와 압력하에서 수천만에서 수억 년이라는 오랜 세월에 걸쳐 매우 복잡한 화학변화를 일으켜 원유가 된다. 석유 지질학적 연구에 따르면 석유가 생성되는 최적 지온은 약 50~150℃이며, 원유는 약 60~120℃에서, 천연가스는 120~225℃ 사이에서 생성된다. 원유와 천연가스는 생성되는 온도만 다를 뿐 성분은 같다. 만약 유기물이 퇴적된 지층의 온도가 250℃를 넘으면 탄소만 남아 흑연이 된다. 석유가 만들어지려면 유기물이 매몰된 후 일정한 기간이 지나야 한다. 지층 온도가 아무리 높아도 일정 기간이 지나지 않으면 석유가 생성되지 않는다. 신생대 제 4기층에서 석유가 발견되지 않는 것은 이 때문이다. 반면 지층 온도가 조금 낮더라도 오랜 기간 열을 받으면 원유나 천연가스가 생성되기도 한다.

근원암에서 생성된 케로젠이 지열을 받아 성숙하여 석유가 되면, 지각변동에 의한 단층 등의 경로를 통해 근원암을 둘러싸고 있는 작은 구멍이 많은 다공질 암석층으로 이동한다. 이것을 '석유의 제1차 이동'이라 하고, 근원암 주위의 다공질 암석을 저류암

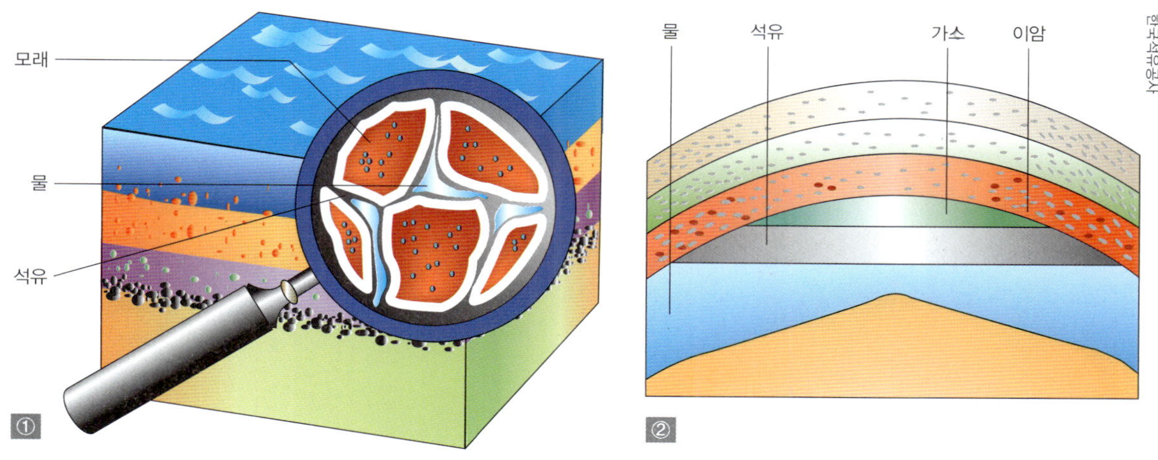

이라 한다. 석유와 가스는 물보다 가벼워서 조그마한 틈 사이로 흘러들어 현재의 유전을 형성하고 있는 저류암(reservoir)에 쌓인다. 저류암은 석유가 더는 이동하지 않고 한군데 모여 있는 지질구조로, 산봉우리처럼 볼록하게 올라간 배사구조(anticline)가 여기 속한다. 석유가 저장된 곳은 암석의 갈라진 틈이나 입자들 사이에 존재하는 작은 틈새 사이이다. 틈새가 많은 암석일수록 더 많은 석유를 저장하기 때문에 개발하기도 쉽다. 암석의 틈새 비율을 공극률이라고 하는데 일반적으로 공극률이 15%가 넘으면 좋은 저류암으로 간주한다. 전 세계에 확인된 저류암의 종류를 살펴보면 약 60% 정도가 사암이며, 틈새가 많은 석회암이나 백운암과 같은 탄산염암이 40%이고, 나머지 일부는 파쇄암이다.

석유모암의 틈 사이에 생성된 석유

① 유전은 지구의 지각변동으로 모암을 떠나 현재 유전을 형성하고 있는 지층 속으로 이동, 형성되었다.

② 대륙붕에서 가장 많은 석유를 함유한 배사구조는 위로 구부러진 낙타등 모양이다.

생성된 석유가 경제적 가치가 있으려면 퇴적암층 내에서 분산된 상태가 아니라 이동해서 고여있어야 한다. 석유 및 천연가스는 지하수의 유동처럼 퇴적암의 속성 작용 또는 모세관 현상에 의해 지층의 압력을 받아 극히 느린 속도로 계속 이동하는데 이를 '석유의 제2차 이동'이라고 한다. 이동 도중에 석유가 분산되지 않고, 대규모의 유전을 형성하기 위해서는 저류암 위쪽에 치밀하고 투수율이 낮은 암석층(셰일, 암염, 석고 등)이 덮개암으로 존재하여야 하며, 석유를 저장할 트랩구조가 반드시 있어야 한다. 석유를 집적할 트랩구조로는 크게 4가지 유형이 있는데, 배사형, 단층형, 돔형, 층서형 등이 있다. 실제 석유탐사는 석유를 매장하고 있을 만한 트랩구조를 찾는 것이며, 80% 이상이 흔히 '낙타등' 구조로 알려진 배사구조의 지형을 탐사한다. 대륙붕에서 가장 많은 석유를 함유한 지층구조인 배사구조는 한국석유공사가 현재 개발 중인 동해

지하 내부 단층의 석유와 천연가스 개발을 위해 지상에서 시추공 작업을 하는 모습

포항 앞바다 6-1 광구의 돌고래 및 고래 구조처럼 퇴적 당시에는 수평이었던 지층이 이후의 지각변동으로 위로 구부러진 낙타등 모양의 구조를 가진 곳이다.

● 해저석유와 천연가스의 발견방법

대륙붕 및 심해에서 석유 및 천연가스를 개발·생산하기 위해서는 먼저 석유자원이 부존된 저류층을 찾아야 한다. 광역적 혹은 국지적인 석유탐사가 석유개발의 첫 단계라 할 수 있다. 지질학자와 지구물리학자들은 지하 내부의 석유를 찾기 위해 고도로 발전된 기술과 장비를 사용하고 있다. 지질조사 및 물리탐사로 해저에서 석유를 발견하면,

다음으로 시추하게 된다.

지질조사는 해저 유전 개발을 위해 가장 먼저 해야 하는 기본적인 조사다. 이때 육상 지역 또는 해저의 지질 및 석유퇴적학적 환경을 조사·분석하여 석유의 생성, 이동, 매장 여부와 개발 가능성을 판단한다. 만약 그 결과가 유망하면 지하 내부의 지층구조를 조사하는 물리탐사를 하게 된다.

물리탐사는 정밀 해저지형, 고해상 천부지층(淺部地層), 중력, 자력, 다중 탄성파 탐사(seismic survey) 등이 있다. 이 중에서 다중 탄성파 탐사는 지하 내부의 지질구조를 가장 정확하게 보여주며 석유 함유층의 존재를 파악할 수 있다. 탄성파 탐사는 다이너마이트 혹은 기계에 의한 압축공기를 사용하여 인공적으로 만든 지진파를 이용하는 방법이다. 이 인공파가 속도와 밀도가 다른 암석의 경계면에서 반사하여 지표에 도달되면, 되돌아온 파의 반사속도 및 시차를 분석하여 지하의 지질구조를 알 수 있다. 이 방법은 엄마의 뱃속에 있는 태아의 윤곽을 파악하기 위해 실시하는 초음파 검사와 비슷하다. 탄성파 탐사 자료를 이용하면 지층구조, 암석의 종류, 지층에 함유된 유체의 종류(물, 가스, 원유) 및 매장량을 비교적 정확하게 알 수 있다.

그러나 탄성파 탐사는 자료의 획득부터 처리, 해석 과정이 매우 복잡하여 많은 전문가가 필요하다. 물리탐사 결과 대륙붕에서 석유와 천연가스의 매장 가능성이 확인되면 초기 탐사정의 시추탐사를 시행한다. 첫 시추공은 시험 시추단계로써 석유의 부존을 확인하고, 물리검층을 실시하여 유전의 구조, 규모, 저류층의 특성, 저류 유체의 성질 등 본격적인 개발생산을 위한 유전평가와 이에 따른 경제성 여부를 판단하게 된다.

시추공은 지하의 석유를 지표까지 끌어올리기 위하여 지하의 암석을 부수며 굴착해 가는 것이다. 파이프 끝에는 비트(bit)라고 하는 칼날이 붙어 있어 구멍을 뚫는 착암기의 역할을 한다. 또한, 이 파이프는 시추공을 파면서 지층 붕괴를 막아 주는 역할도 한다. 지하의 저류층은 매우 높은 압력으로 강하게 압축되어 있고 저류층 내의 석유 및 천연가스는 그 빈틈에 스며들어 있다. 따라서 석유생산이란 이 저류층을 시추하여 그 속의 압력에 의해 시추관을 따라 석유가 지상까지 분출되도록 하는 것이다. 석유가 고여 있는 지층은 지하 수백 미터에서 수천 미터까지로, 지역에 따라 그 굴착 깊이가 다르다. 현재는 시추공을 굴착하는 석유개발 기술의 발달로 깊이 수천 미터까지도 굴착이 가능하다. 그러나 그 깊이에서는 지층의 압력이나 온도가 높아 지층이 붕괴하기 쉬우며, 고압의 액체와 기체가 있기 때문에 이에 대한 대책이 필요하다.

시추선 위 유정탑(油井塔)에서 타오르는 불길을 사진으로 본 적이 있을텐데, 이것은 석유를 채굴할 때 함께 나오는 가스를 태우는 것이다. 메탄, 프로판, 부탄 등으로 이루어진 이 기체를 수반가스라고 하며 에너지원으로 충분히 사용할 수 있다. 그러나 산유국의 입장에서는 가스의 고정적인 수요가 없을 뿐만 아니라 가스 생산설비 투자에 많은 돈이 들어 태워버리는 것이 상례였다. 하지만 미국에서는 예로부터 석유와 더불어 천연가스를 비중있는 에너지원으로 사용해 왔으며, 특히 최근에는 석유자원의 유한성을 인식하게 됨에 따라 수반가스를 본격적으로 이용하기 시작했다. 가스 성분 중 프로판이나 부탄은 쉽게 액화시킬 수 있으므로 중동 산유국에서는 가스를 냉각시켜 액체로 만들어 회수하며, 이 액화된 가스를 LNG(액화천연가스)라고 한다. LNG는 수송·저장이 간편하여 가정용, 업무용, 도시가스, 자동차 등에 널리 활용되고 있다.

● 해저유전의 개발방법

현재 세계에는 최근 발견한 것부터 고갈 직전에 있는 것까지, 대략 1만 수천 개의 유전이 있다. 세계 최대의 유전은 1948년에 발견된 사우디아라비아의 기와르 유전이며 다음은 1938년에 발견된 쿠웨이트의 부르간 유전이다. 일반적으로 채취 가능한 매장량이 5억 배럴(1bbl=약 159L) 이상이면 거대 유전이라고 하며, 전 세계에 약 200개 정도가 있다.

지금까지 개발된 해저유전의 대부분은 수심 약 200m까지의 대륙붕에서 발견됐는데 대륙붕은 육지의 연장으로 지층의 구조와 지질 등이 육지와 비슷하다. 최근에는 수심 약 3,000m의 심해저에서도 석유가 많이 발견되어 개발이 이루어지고 있다.

해저 유전은 강한 바람, 높은 파도, 어망과 근처로 지나가는 선박 등 주위 환경 때문에 육상보다 개발이 힘들다. 이 때문에 대륙붕 시추에는 파도나 바람의 영향을 고려한 이동식 굴착장치가 필요하며, 바다의 깊이에 따라 시추 굴착장치의 종류도 달라진다. 이동식 굴착장치를 사용하여 시추에 성공하면 본격적으로 석유를 생산할 수 있는데, 이 경우 바다 위에 인공섬이나 플랫폼을 건설해야 한다. 대부분 조건 좋은 대륙붕 유전은 이미 개발되고 있어서 앞으로의 해저유전 개발은 수심 1,000m 이상의 대륙사면이나 북극권 등 조건이 매우 나쁜 지역까지 확대될 전망이다. 따라서 이에 관한 기술이 활발히 연구되고 있다.

석유매장량은 유한하지만 새로운 유전이 개발되고 있어 당장 고갈위기에 있는 것은 아니다. 지구는 약 2조 1천억 배럴의 원유를 매장하고 있는 것으로 추정되고 있으며, 이 양은 앞으로 지구가 약 63년에서 95년 동안 사용할 수 있는 양이다. 특히 미국, 중국, 캐나다, 베네수엘라, 러시아, 호주 등을 중심으로 셰일가스, 오일샌드, 초중질유, 오일셰일, 셰일·치밀가스, 석탄층 메탄가스, 메탄 하이드레이트 등의 비전통 에너지 자원의 생산량이 증가하고 있다. 따라서 탐사기술을 더욱 발전시켜 발견되지 않은 유전을 개발하고, 기존의 유전에서 더 많은 원유를 회수하는 방법을 지속해서 개발해야 한다.

한국의 유전개발 상황

우리나라는 1970년 1월, '해저광물자원 개발법'을 제정하면서 대륙붕에서의 유전 개발을 본격화했다. 이후 약 30만 km^{2}에 이르는 국내 대륙붕을 7개의 해저광구로 확정하고 조광제도를 마련함으로써 외국 석유개발 회사의 참여가 활성화됐다. 최초의 대륙붕 석유탐사 시추는 1972년 미국 걸프사가 동해의 제 6-1광구에 해저 4,626m까지 굴착한 것이었으나, 본격적인 석유탐사 활동은 1983년부터 시작됐다. 1972년부터 1982년까지는 걸프, 쉘, 텍사코 등 외국기업이 주도하여 51,437km의 물리탐사와 12개 시추공의 탐사시추를 함으로써 대규모 퇴적분지와 석유자원의 부존 가능성을 확인하였다.

1983년 이후에는 한국석유공사가 주도적으로 석유탐사 활동을 전개하여 2006년까지 물리탐사 277,000L-km와 시추탐사 43개 공을 굴착하였으며, 1998년도에는 동해 울릉분지의 6-1광구 울산 앞바다에서 양질의 가스층을 발견했다. 2000년 2월에는 가스전 개발 선언 및 동해-1 가스전으로 명명식을 하고 2001년 8월부터 가스 생산시설을 착공, 2003년 11월 생산시설 건설을 완료했다. 그 후 2004년 7월부터 시험생산 및 공급을 착수했으며 2004년 9월부터 정상 생산을 개시했다. 동해-1 가스전에서는 천연가스 총 2,650억 입방피트(ft^3, LNG 환산 약 530만 톤)가 매장되어 있으며 하루에 천연가스 1,000톤, 초경질원유 1,200배럴이 생산되고 있다. 원유의 비중은 성분 탄화수소의 종류나 비점에 따라 달라지고 이것이 중질, 경질의 차이가 되어 가격의 차이로 이어진다. 미국석유협회(API)가 비중을 책정하면 그것이 OPEC 원유가격의 기본이 되는데, OPEC 기준원유인 아라비안라이트의 API 비중은 34로, 32 이하의 쿠웨이트, 카프 지원유 등을 중질, 거꾸로 36 이상을 초경질 원유라 한다. 경질원유로부터는 휘발유 등을 많이 빼낼 수가 있다.

한국석유공사

국내 대륙붕 개발을 위한 광구 현황

98년 동해 울릉분지 6-1광구에서 양질의 가스층을 발견, 2006년 물리탐사 277,000L-km와 시추탐사 43개 공을 굴착에 성공했다.

특히 한국은 지난 70년대 석유파동 이후 국내뿐 아니라 해외자원 개발을 통한 자원 확보에 주력해 왔다. 따라서 국내 천연가스 개발의 기술력을 바탕으로 해외 석유, 천연가스, 석탄 등 에너지원 개발 사업에 적극 나설 수 있을 것이다.

21세기 바다의 검은 노다지, 망간단괴

우리나라는 신해양시대의 거친 파도 속에서 심해저자원개발 사업을 통한 세계 일류국가 건설을 위해 노력하고 있다. 바다의 검은 황금, 망간단괴의 상업적 개발은 그 꿈을 위한 원동력이 될 것이다.

박정기 한국해양과학기술원

21세기 첨단기술 혁명시대를 맞아 세계는 육상 금속자원의 감소와 고갈 등 심각한 자원 공급문제에 직면하게 되었다. 이에 다가올 미래에 대비한 해결방안의 하나로 심해저에 부존하고 있는 막대한 양의 해저광물자원을 개발하려는 계획을 구체화하기에 이르렀다.

망간단괴의 특징

일반적으로 수심 500~6,000m 사이에 분포하는 광물자원을 심해저광물자원이라고 하며, 망간단괴, 망간각, 해저열수광상 등이 여기 해당한다. 망간단괴(Manganese Nodule)는 해수 및 퇴적물의 금속성분이 해저면에서 물리·화학적 작용으로 침전되면서 형성된 직경 3~25cm 크기의 감자모양 금속산화물로, 40여 종에 달하는 유용금속을 함유하고 있다. 그중 상업적 관심이 높은 금속은 코발트, 니켈, 구리, 망간 등 4대 전략금속이다.

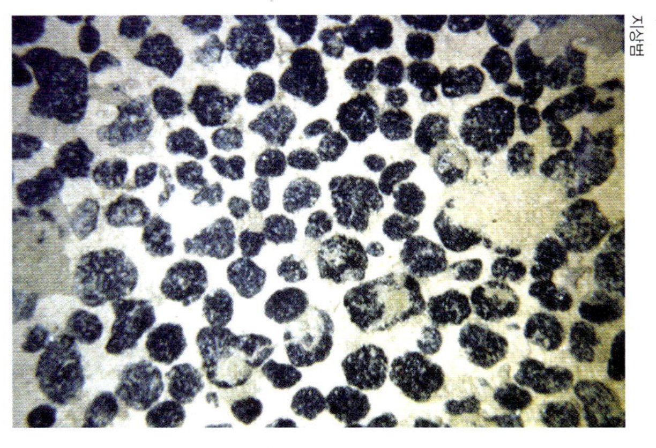

지상범

40여 종의 유용 전략금속을 풍부하게 함유한 망간단괴

이렇듯 함유된 유용금속의 산업적 중요성으로 망간단괴의 자원적 가치는 '바다의 검은 노다지' 또는 '검은 황금'에 비유되고 있다. 망간단괴는 퇴적물이나 상어이빨 등을 핵으로 하여 마치 나무의 나이테처럼 동심원을 이루면서 매우 느리게 성장하는데, 방사능 연대 측정결과에 의하면 백만 년에 1mm~10mm,

또는 천 년에 1cm^2당 0.2mg~1.0mg 정도 쌓인다. 따라서 어른의 주먹크기만한 망간단괴가 되기 위해서는 1천만 년 이상의 긴 시간이 필요하다. 또한, 망간단괴는 퇴적물의 유입이 매우 적은 지역에서 성장하는 특성이 있기 때문에 대륙붕이나 대륙사면과 같이 퇴적률이 높은 지역보다는 대부분 천 년에 수 밀리미터의 퇴적률을 보이는 대양의 심해 분지(Abyssal basin)에서 많이 나타난다. 망간단괴가 오랜 시간 동안 퇴적물에 쌓이지 않고 성장한다는 것은 이론상 불가능하므로 퇴적물에 덮이지 않고 해저면에 노출된 채로 성장하는 것은 자연이 인간에게 던진 수수께끼 가운데 하나이다.

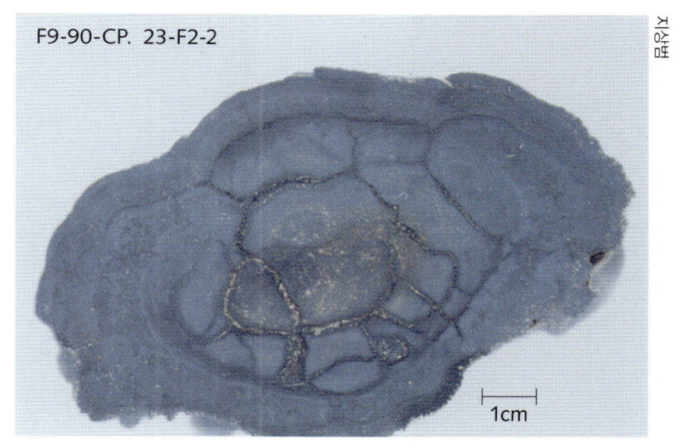

지상범

퇴적물이나 생물체 잔해를 핵으로 동심원을 이루며 느리게 성장하는 망간단괴

심해저에 풍부한 망간단괴

망간단괴는 영국의 해양탐사선 챌린저(H.M.S. Challenger)호를 이용한 세계 대양 탐사(1873년~1876년) 기간 중 대서양 카나리군도의 페로섬 남서 300km 지점에서 최초로 발견됐다. 그 후 망간단괴는 수십 년간 순수한 과학적 탐구로써 연구되다가, 국제지구물리관측년(1957년~1958년) 기간의 광범위한 심해저 탐사결과 전 대양 해저면에 다량 분포하고 있는 것이 밝혀졌다.

지구에 분포하는 심해저 가운데 망간단괴의 분포밀도 및 함유금속의 품위가 높은 지역은 하와이에서 동남방으로 1,000km 정도 떨어진 클라리온-클리퍼톤(Clarion-clipperton) 해역으로 북위 6°~16°, 서경 114°~155° 사이에 있다. 클라리온과 클리퍼톤은 북동 태평양에 있는 작은 섬의 이름에서 유래된 균열대(Fracture zone)의 명칭이다. 두 균열대 사이의 지역을 통칭하여 C-C지역이라고도 한다. C-C 지역의 수심은 4,500~5,600m로 태평양 심해 지역 가운데 비교적 평탄한 지형이며, 퇴적층 두께는 평균 200m 정도다. 이 지역은 적도 부근의 생물 고생산 지역과는 달리 생물 생산성이 낮은 지역이고, 퇴적물은 플랑크톤의

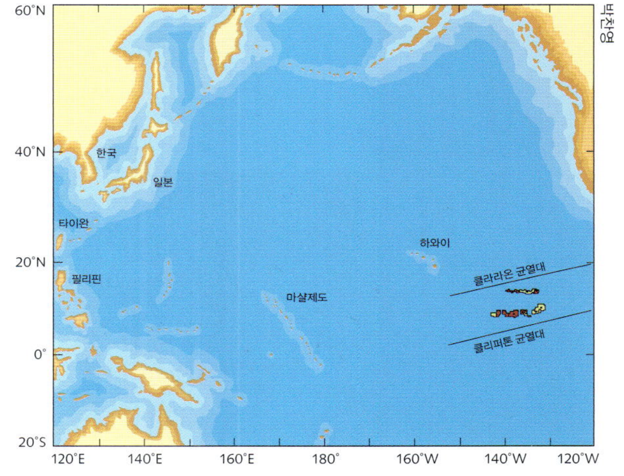

박찬영

망간단괴의 분포밀도 및 함유금속의 품위가 높은 클라리온-클리퍼톤 지역

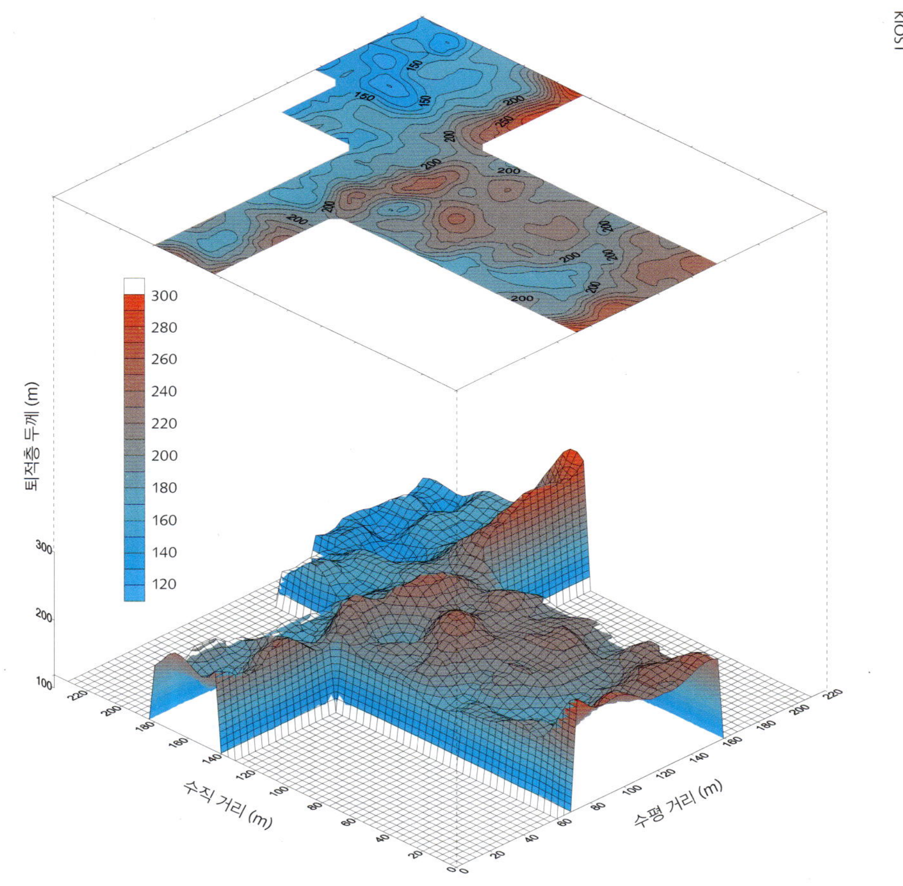

수심 4,500~5,600m 사이의 평탄하고 두터운 퇴적층으로 이루어진 해저면에 분포하는 망간단괴

KIOST

잔해와 육지에서 날아왔거나 그 자리에서 형성된 점토로 구성되어 있다. 또한, 이 지역은 망간단괴가 성장하기에 적합한 환경으로, 남극으로부터 흘러온 용존산소가 풍부한 저층해류가 흐르고 있어서 풍부한 산소공급이 이루어지고 있다. C-C지역 내에는 약 124억~540억 톤에 달하는 막대한 양의 망간단괴가 분포하고 있는 것으로 추정된다.

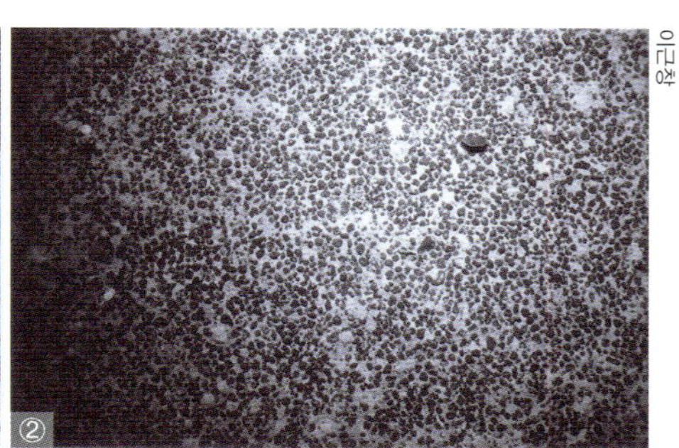

망간단괴 탐사에 쓰이는 심해저 카메라 ①

약 124억~540억 톤으로 추정되는 클라리온-클리퍼톤 단층대 내의 망간단괴 ②

이근창

● 세계 각국의 심해저자원 개발

심해저자원으로서 망간단괴에 관한 연구는 1960년대에 들어서면서 활발히 전개되었다. 이 당시 미국을 중심으로 한 서방선진국의 산업계는 해양자원, 특히 심해저 망간단괴가 갖는 자원으로서의 잠재력을 인식하고 태평양을 중심으로 탐사활동을 시작했다. 2차 세계대전 이후 일반에 공개되기 시작한 해저면 음파탐사기술 및 수중음향기술을 응용하여 본격적인 조사가 수행되었으며, 특히 해저석유 개발기술과 시추선 등의 장비를 보유한 국제 석유개발회사, 육상의 대규모 자원개발을 통해 성장한 광업회사, 제철회사 등이 심해저자원개발에 참여하기 시작했다.

1970년대의 망간단괴 탐사는 그동안의 과학적 연구자료를 기반으로 개발가치가 높은 지역을 확보하기 위해 상호 경쟁적인 탐사활동이 이루어졌던 시기다. 개발가치가 있느냐 없느냐를 구분하는 기준은 첫째, 지역적으로 $1m^2$(제곱미터)의 단위면적당 최소 5kg 이상이 되어야한다. 둘째, 망간단괴에 함유된 금속함량 가운데 니켈과 구리의 함량이 총금속함량의 1.8% 이상이 되어야한다. 이와 같은 기준에 따라서 선진탐사기술을 보유한 많은 나라가 클라리온-클리퍼톤 지역에서 활발한 탐사활동을 전개했다.

한편 심해저광물자원 개발은 여러 첨단분야의 연구결과와 장비개발이 필요하다. 그 때문에 기술과 자본이 결합한 다국적 기업인 심해저광업 컨소시엄을 형성하여

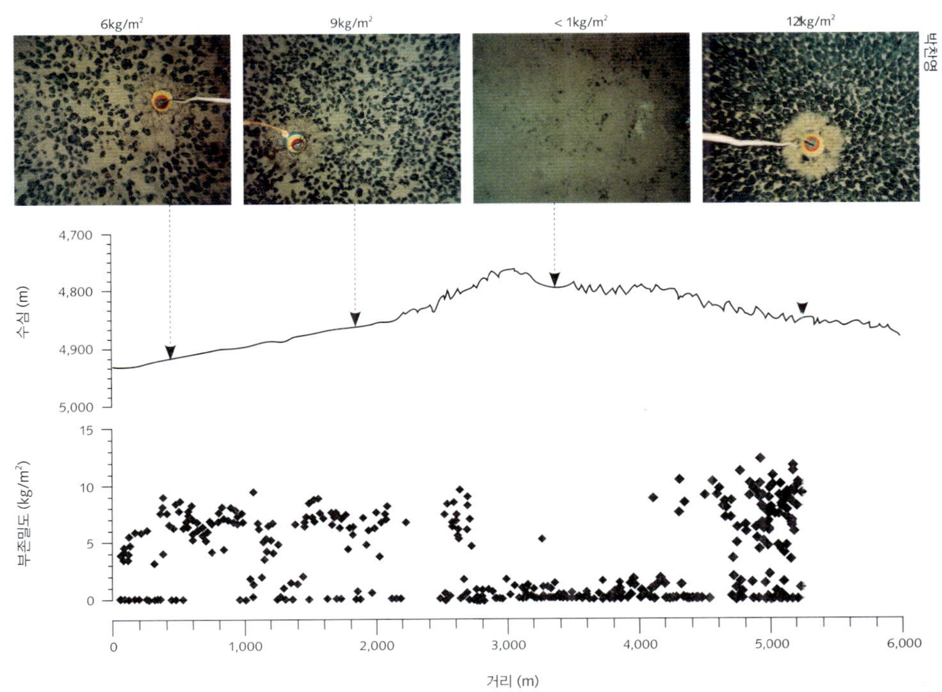

망간단괴 상업생산 개념도

부존밀도, 니켈과 구리의 함량, 지속 생산성 등을 고려해야 하는 망간단괴 개발

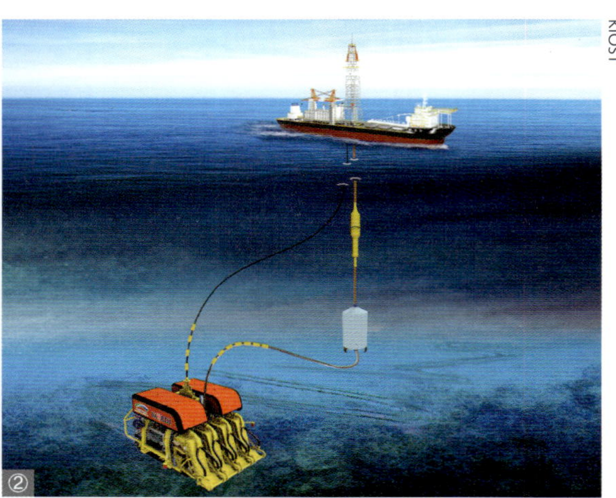

KIOST

심해저 자원탐사 개념도 ①
첨단기술과 연구능력을 결합해야 하는 거대 종합사업이다.

채광 개념도 ②
선진국들은 탐사단계에서 벗어나 상업생산을 위한 채광 분야에 적극적인 투자를 해왔다.

자원탐사 활동 및 채광과 제련기술에 관한 다각적인 연구가 활발하게 이루어졌다.

특히 심해저자원을 인류공동의 유산으로 천명한 유엔해양법협약이 채택(1982년)됨에 따라, 1980년대 이후부터 1994년까지는 심해저자원개발에 따른 선진국과 개발도상국간 이해갈등의 골이 좀처럼 좁혀지지 않던 시기였다. 이처럼 자국의 이해관계가 첨예하게 대립하는 상황에서 일부 선진국은 실용기술개발을 위한 연구활동을 지속해서 전개했다. 1994년 유엔해양법 협약이 발효됨에 따라 심해저제도를 운용하고, 심해저자원을 인류 공동의 유산으로 관리하며, 자원개발을 감독하는 국제해저기구(International Seabed Authority, ISA)가 출범했다. 선진국들은 탐사단계에서 벗어나 상업생산을 위한 채광 및 제련분야에 적극적인 투자를 하기 시작했다.

● 첨단산업의 필수 금속자원

망간단괴가 함유하는 금속 중 가장 많이 소비되는 4개 금속은 니켈, 구리, 코발트, 망간이다. 니켈은 총생산의 23%가 화학 플랜트 및 정유시설 자재로, 13%는 전기제품 생산소재로, 12%는 자동차 산업소재로 이용되고 있다. 구리는 전기관련 산업과 엔진 제조 및 건축설비 등의 산업소재로 각각 57%와 15%가 이용된다. 코발트는 23%는 전기·통신산업, 23%는 항공기 엔진 등의 항공우주산업, 20%는 엔진 및 공구류와 첨단 의료기기 산업 소재로 이용되고 있다. 망간은 수송, 기계, 건축 등에 필요한 철강 산업의 필수적인 소재다. 이처럼 4대 금속은 21세기 첨단 정보화산업뿐 아니라 경제 전반에 걸쳐 중요한 기초소재로 이용되고 있다.

이상과 같이 심해저광물자원 개발의 초점이 되는 전략금속자원은 그 수요가 정밀

부품기계 및 첨단 산업소재 등의 재료가 된다. 그러나 고도의 정보산업 사회가 되면서 그 필요성은 증대되는 반면 육상으로부터의 공급과 생산은 일부 국가들에 편중되어 독점 생산되고 있다. 망간은 러시아, 남아공, 브라질 등 7개국이 세계 생산량의 약 97%를, 니켈은 러시아, 캐나다, 호주 등 5개국이 세계 생산량의 약 75%를 차지한다. 그리고 코발트는 세계 생산량의 약 94%를 자이레, 잠비아를 포함한 8개국에서 독점적으로 생산하고 있다.

최근 주목받고 있는 희토류(Rare earth)는 발광다이오드(Light-Emitting Diode, LED), 스마트폰, 반도체, 광섬유, 2차 전지, 전기 자동차나 풍력·수력 발전기, 특수 목적의 합금 등을 만들 때 없어서는 안 되는 중요광물이다. 이 때문에 심해저에 풍부하다고 알려진 이 희토류를 회수해 자원화하는 기술에도 관심이 쏟아지고 있다.

● 국내 금속광물자원의 해외 의존도

1996년 유엔이 비공식 발표한 망간단괴 함유 4대 금속의 세계적인 생산, 소비, 수출, 수입 등에 관한 통계자료에 의하면, 우리나라는 코발트, 구리, 망간, 니켈을 포함한 세계 6위의 4대 금속 수입국이며, 니켈과 구리의 세계 최대 소비국 중 각각 9위와 10위에 위치한다. 또한, 유엔이 5년 동안(1989년~1993년) 개발도상국의 4대 금속 수입액을 분석한 바로는 우리나라는 개도국 중 4대 금속 최대수입국 제1위로 분류되어 있다.

이처럼 육상광물자원이 절대 부족한 우리나라는 심해저광물자원인 망간단괴를 개발하기 위해 심혈을 기울이고 있다.

박정기

망간단괴 채취기 운용

유엔으로부터 선행투자가(Pioneer Investor) 권리 및 할당광구 15만 km²를 인준 받은 우리나라는 국제적 수준의 탐사기술과 연구능력을 보유하고 있다.

한국의 심해저자원 개발은 크게 자원탐사와 상업생산을 위한 실용기술개발 부문으로 나눌 수 있다. 자원탐사 부문은 광역탐사, 정밀탐사, 퇴적물 조사, 시료채취 및 부존율 평가, 해저지층, 해양환경 기술연구 등으로 이루어진다. 우리나라는 선진국에서 운영하는 6천 m급 유인잠수정을 제외하고는 모든 탐사장비 및 기술이 확보되어 국제적 수준의 탐사기술과 연구능력을 갖추고 있다. 우리나라는 1983년 한국해양연구소(현 한국해양과학기술원)에서 최초로 태평양 클라리온-클리퍼톤 지역에서 탐사를 수행한 이래 연구개발차원의 탐사활동을 지속적으로 수행하였다. 이후 심해저 광물자원 탐사사업은 국가 주요

미내로I
연간 300만 톤
상업생산 규모 1/20
크기의 채광장비

해외자원 개발사업으로 전환되어 우리나라 면적의 14배에 해당하는 자원개발 유망지역 140만 km²를 집중적으로 탐사했다.

이러한 결과 1994년 8월 유엔해양법운영위원회에서는 한국이 신청한 선행투자가(Pioneer Investor) 등록 및 할당광구 15만 km²를 인준했다. 현재 우리나라는 할당광구 내에 최적 채광지역인 7.5만 km²를 2002년 최종 선정했으며, 고도의 첨단장비를 이용한 채광루트 선정과 자원량 정밀평가를 위한 탐사를 활발히 수행하고 있다.

지금까지 인류는 환경을 도외시하고 산업화를 추구하여 자연환경을 돌이킬 수 없을 정도로 파괴하였고, 그로 인해 많은 고통을 겪고 있다. 특히 해양오염은 한 국가만의 문제가 아니라 전 지구적 문제이기 때문에 해양자원을 개발하기 위해서는 환경 친화적 생산시스템의 확립이 무엇보다도 중요다. 그래서 국제사회에서는 단 하나뿐인 해양을 보존하기 위해 환경보전장치가 없는 개발은 절대 인정하지 않는 제도적 장치를 마련하고 있다. 우리나라는 심해저자원 개발로 생기는 환경영향을 최소화하기 위하여 다양한 분야의 환경보전 및 환경 친화적 방제연구를 수행하고 있다.

● 해양신산업, 심해저광업

심해저 망간단괴를 상업적으로 개발하기 위해서는 경제성이 충분한 최적의 광구를 선정하는 것이 중요하다. 또한, 채광 시 해양오염을 최소화할 수 있는 환경보전 연구도 필요하며, 연간 300만 톤을 생산할 수 있는 채광기술, 망간단괴 내 유용금속을 추출하는 제련기술 등을 반드시 확보하여야 한다. 이를 위해 우리나라는 무한궤도 주행방식의 자항식(自航式) 채광시스템을 독자적으로 개발했다.

우리나라는 상업생산규모 1/20 크기의 채광장비인 '미내로I'을 제작 완료했고, 2009년 동해 수심 100m에서 Pre pilot 실증시험에 성공함으로써 심해저광물자원을 채광하는 기술의 신뢰성을 입증한 바 있다. 또한, 2013년 후반에는 상업생산규도 1/5 크기의 '미내로II'를 제작하여 수심 1,000m 해상실증시험을 시행할 계획이다.

제련기술개발은 현재 일일 10톤의 망간단괴에서 유용금속을 추출하는 상용화플랜트 설계를 목표로 단계별 회수공정기술을 개발하고 있으며, 일일 2톤의 망간단괴에서 유용금속을 연속적으로 추출하는 일관공정기술을 개발하고 있다. 이와 같은 채광과 제련기술의 발전은 우리나라의 심해저자원개발이 상용화기술개발단계에 진입하였다는 것을 의미한다.

● 망간단괴 개발과 해양영토의 개척

우리나라가 최종 선정한 단독 개발광구(7.5만 km^2)는 국내면적의 3/4에 해당하는 규모이며, 광구에 분포하고 있는 망간단괴의 자원량은 5억 6천만 톤에 이른다. 이는 연간 300만 톤의 망간단괴를 채광할 경우 100년간 상업생산 할 수 있는 양이다. 자원자급적인 관점에서 보면 망간, 코발트는 완전히 자급할 수 있으며, 니켈은 내수량의 2/3, 구리는 내수량의 5% 정도를 자체적으로 공급할 수 있다. 이것은 전량 수입에 의존하던 4개 금속의 국내수요를 충당하고 잉여자원은 해외에 수출함으로써 당당한 자원보유국 및 자원수출국으로서의 토대를 구축할 수 있게 됨을 의미한다.

'심해저에 부존된 망간단괴 자원을 인류 공동의 유산(Common Heritage of Mankind)으로 유엔이 관리하자.'는 기조로 출발한 유엔해양법 발효와 국제해저기구의 출범은, 우리나라가 21세기 해양입국을 위해 새로운 국제 해양질서에 능동적으로 대처해야 하는 전환기에 있음을 시사한다. 우리나라의 심해저자원개발은 국내외적으로 여러 가지 중요한 의미가 있다. 첫째는 한국이 21세기 첨단 산업국가로의 도약을 위한 원동력인 핵심 전략금속의 장기·안정적 공급원을 확보했다는 점이고, 두 번째는 거대 종합 자원개발 사업으로 해양과학기술의 비약적 발전과 관련 산업에 대한 기술파급 효과다.

우리나라는 신해양시대의 거친 파도 속에서 이러한 심해저자원개발 사업을 통해 세계 일류국가 건설이라는 원대한 이상을 실현하고 무한한 자원의 보고인 해양을 적극 개발하기 위한 기반을 착실히 다져나가고 있다.

심해저 암반 위의 보고, 망간각

심해저에 부존하는 망간각은 21세기 개발 유망 자원인 망간단괴, 해저열수광상과 함께 우리나라가 앞으로 개척해 나가야 할 새로운 광물자원 공급원으로 부각되고 있다.

문재운 한국해양과학기술원

망간각(殼)은 마치 아스팔트를 깔아 놓은 것처럼 망간 포함 여러 종류의 금속을 함유한 검은색 광물 덩어리가 암반 위를 감싸고 있어 붙여진 이름이다. 일반적으로 망간각은 해저산과 해저산맥의 정상부 및 비탈 부분에서 발견된다.

망간각에는 망간 이외에 코발트, 니켈, 백금, 알루미늄, 게르마늄, 티타늄, 구리, 납, 바륨, 몰리브덴, 크롬, 카드뮴, 스트론튬 등 30여 종의 광물성분이 함유되어 있다. 특히 코발트, 니켈, 망간 등의 광물들을 다량 함유하고 있는데, 육상의 코발트광상과 비교해 상대적으로 코발트 함량이 높아 고코발트 망간각(cobalt-rich manganese crust)으로도 불린다. 망간각은 심해저 평원에서 발견되는 망간단괴, 해저화산지역에서 발견되는 해저열수광상 등과 함께 자원의 가치를 높게 평가하고 있으며, 앞으로 개발 가능한 해저광물자원으로 주목받고 있다.

특히 최근 희토류 자원의 중요성이 부각됨에 따라 망간각에 함유된 네오디뮴(Nd), 디스프로슘(Dy), 테르븀(Tb) 등의 희토류 원소가 주목받고 있다. 이처럼 다량의 광물 성분을 함유하는 망간각은 해수로부터 금속원소가 직접 침전되어 형성되는 수성기원

KIOST

해저면 비탈부분의 기반암을 감싸고 있는 망간각의 해저면 사진 ①

망간각 단면에서는 아래 기반암과 위의 망간각(검은색) 경계가 뚜렷이 나타난다. ②

(hydrogenetic)과 해양지각의 섭입, 침강이 일어나는 호상열도나 해저화산활동이 활발했던 지역에서 분출한 열수에 의해 형성되는 열수기원(hydrothermal)으로 생성 원인을 구분할 수 있다. 그중 수성기원의 망간각이 열수기원에 비해 코발트, 니켈 등 유용금속의 함량이 높을 뿐 아니라 함유금속의 종류도 다양하여 자원으로서의 가치를 높게 평가받고 있다.

● 망간각의 발견 : 챌린저호 탐사

망간각 연구의 효시는 1734년 엠마뉴엘 스웨덴보르그(Emmanuel Swedenborg)의 'De Ferro'라는 논문이다. 그는 여기서 망간각과 같은 철-망간 산화물의 생성기원을 논하였는데, 유기물 분해에 의한 철-망간 산화물의 생성과정에 대한 일부 내용은 놀랄 만한 기록으로 인정되고 있다.

그 다음으로는 생물학자인 찰스 톰슨(Charles W. Thomson, 1830~1882)이 팀장이 되어 근대 해양연구의 첫 장을 연 챌린저호 탐사(Challenger, 1873~1876)를 들 수 있다. 챌린저호 탐사에서는 수심 370m에서 5,000m까지 드렛지(dredge)를 이용해서 망간단괴와 망간각(당시에는 망간단괴와 망간각을 구분하지 못하였음) 시료를 채취했으며, 망간단괴와 망간각에는 철, 망간 이외에도 구리, 니켈, 코발트가 다량 함유되어 있다는 것을 처음으로 발견했다. 그러나 챌린저호 이후에는 별다른 연구가 이루어지지 않았으며, 2차 세계대전 이후에야 망간단괴와 망간각의 생성원인 및 지화학적 특성을 밝히기 위한 이론적이고 실험적인 연구가 활발하게 수행되었다.

자원경제적인 측면에서의 연구는 1960년 초반 미국학자인 존 메로(John Mero)에 의해 시작되었으나, 심해저자원개발을 위한 탐사활동이 활발히 이루어지기 시작한 것은 1970년대 중반에 이르러서다. 메로(Mero)와 베르쥬코프(Bezrukov)를 필두로 한 러시아 연구진은 그동안의 조사결과 태평양 해저산에 있는 망간각의 코발트 함량이 1.7%로 다른 지역보다 2배 정도 높은 현상을 발견하였으며, 크로난(Cronan), 프랭크(Frank)와 크레이그(Craig) 등은 연구에서 망간각 내 코발트 함량이 수심과 밀접한 상관관계가 있음을 증명했다.

그러나 망간각에 대한 본격적인 조사는 1981년 하와이 남쪽에 있는 라인아일랜드(Line Islands)에서 피터 할바크(Peter Halbach)를 중심으로 한 독일탐사단에 의해 수행되었다. 이 조사에서 처음으로 지구물리조사와 시료채취를 비롯한 심해저면 사진촬영 등 망간각 조사를 위한 탐사가 체계적으로 수행되었고, 이어서 독일, 미국 등의 연구진에 의해 망간각의 분포와 지화학적 특성에 대한 정밀한 조사활동이 이루어졌다.

1970년대 후반까지만 하더라도 망간각을 망간단괴와 뚜렷이 구분하지 않고 해저산에 분포하는 망간단괴 정도로 간주했다. 그러나 망간단괴와 망간각은 생성기원, 분포지역, 함유한 금속성분이나 특성 등에서 뚜렷한 차이가 있다. 그 한 예로 망간단괴는 일반적으로 수심 4,500~5,000m 해저평원의 부드러운 퇴적물 표면에서 만들어진다. 또한, 망간단괴는 암석조각이나 생물체의 잔해를 핵으로 하여 이를 중심으로 해수 내에 녹아있는 금속성분이 흡착하거나, 해저면 퇴적물의 속성작용으로 생성된 금속성분들이 흡착해 나이테와 같이 동심원상으로 성장하여 만들어진다. 반면에 망간각은 수심 800~2,500m 해저산 비탈에 분포하는 각력암, 현무암, 석회암, 인산염암, 화산쇄설암, 이암, 사암 등 다양한 성분의 기반암 위에 금속성분들이 해수로부터 직접 침전되어 형성된다.

망간각이 만들어지는 과정은 다음과 같다. 수성기원 망간각에 함유된 대부분의 금속원소는 해수 내에서 물 분자와 결합하여 수화된 이온이나 해수중의 다른 여러 종의 이온들이 결합하여 만들어진 무기 혹은 유기 착이온의 형태로 존재한다. 해양의 표층에 밀집된 생물이 대사활동을 하고 유기물이 분해되는 등 산소의 소모가 많아짐에 따라 표층의 하부에는 산소최소층(oxygen minimum zone)이 발달한다. 이 산소최소층에는 용존금속들이 환원된 형태로 바뀌어 망간의 경우 주로 Mn^{2+}의 형태로 존재하는데, 산소최소층이 해저산과 만나게 되는 부분에서는 해저면에서 해저산 비탈면을 따라 상승하는 산소를 다량 함유한 저층해류로부터 공급되는 산소로 Mn^{2+}가 산화되어 표면이 음전하를 띠는 Mn-산화물이 되며, 이들이 Co^{2+}, Ni^{2+}, Zn^{2+} 등의 양이온들과 결합하여 Mn-콜로이드를 형성하게 된다. 한편 Mn과 마찬가지로 Fe는 Fe-수산화물을 형성하는데 Fe-수산화물의 표면은 양전하를 띠어 V, As, P 등으로 이루어진 음전하를

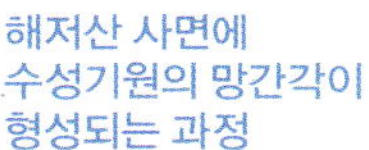
해저산 사면에 수성기원의 망간각이 형성되는 과정

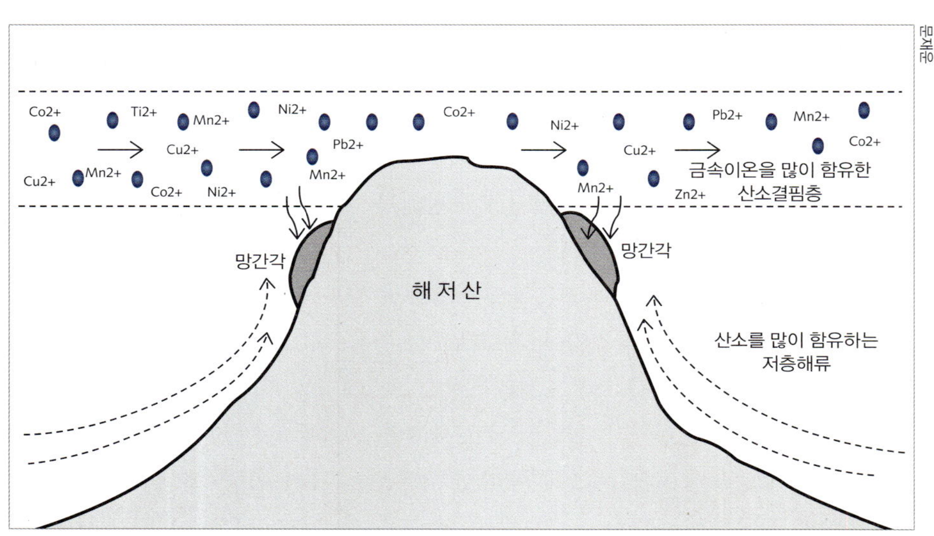

갖는 금속착이온들과 결합하게 된다. 이렇게 형성된 Fe-콜로이드와 Mn-콜로이드들이 해저산 비탈면의 기반암 표면에 침전되어 망간각을 형성하게 되는 것이다.

망간각이 분포하는 해저산

망간각이 형성되는 해저산은 태평양, 인도양, 대서양에 걸쳐 5만여 개가 산재해 있는 것으로 알려졌으며, 중앙태평양 지역만 하더라도 태평양과 남극해가 경계를 이루고 있는 남극해령(Circum-Antarctic Ridge)으로부터 북쪽으로는 알류샨 해구에 이르기까지 6,600여 개나 되는 해저산이 광범위하게 분포하고 있다.

그러나 경제적인 관점에서 개발가치가 있는 망간각은 그 두께가 2~5cm 이상으로, 이와 같은 망간각은 중앙태평양에 위치한 미국령 존스톤 제도(Johnston Islands)를 비롯하여 미크로네시아(Micronesia), 마샬제도(Marshall Islands), 키리바시(Kiribati) 등 남서태평양 도서국가들의 배타적 경제수역과 이들 주변 공해상의 해저산에 주로 분포하고 있다.

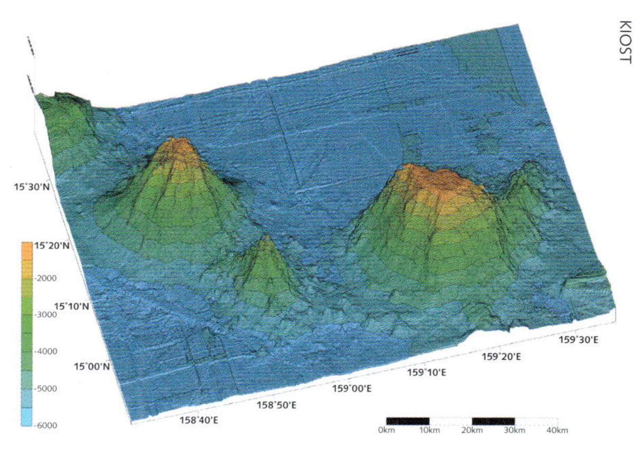

해저산의 모습

서태평양 해저산 지역의 광역수심자료를 이용하여 3차원으로 재구성함

서태평양 마샬제도 지역의 해저산들은 자원으로 개발할 가능성이 높은 망간각이 분포하는 것으로 알려졌다. 이 해저산들은 지금으로부터 1억 년~1억 2천만 년 전인 중생대 백악기 초에 현재 위치보다 훨씬 남쪽인 적도이남 지역에서 해저 화산활동으로 형성된 것으로, 그 후 해양지판에 실려 오늘날의 위치까지 이동하는 동안 쉼 없이 마그마를 분출하는 여러 개의 열점(hot spot) 위를 통과하면서 복잡한 지형의 기복을 이루게 됐다. 해수면의 변동과 해저산의 침강 등에 의해 유사한 형태의 해저산이라 할지라도 침강시기, 생물기원 퇴적물이 집중적으로 퇴적된 시기 등에 따라서 독특한 진화역사를 갖는다.

일반적으로 망간각은 수심 400~4,000m에 걸쳐 광범위하게 나타나지만, 수심 800~2,500m 구간의 해저산 비탈면 지역에 주로 분포하고 있다. 앞서 언급한 바와 같이 망간각은 주로 해수 내 금속이온이 침전되어 형성되는 수성기원이며 대부분 원소는 해수로부터 공급된다. 해수 내 금속원소는 강이나 하천을 통한 담수의 유입, 바람에 의한 육성기원 물질유입, 해저열수의 유입, 현무암의 풍화작용에 의한 유입, 그리고 퇴적물 내 공극수(pore water)에 의해 해수층에 공급된다.

서태평양의 망간각 유망 분포지역

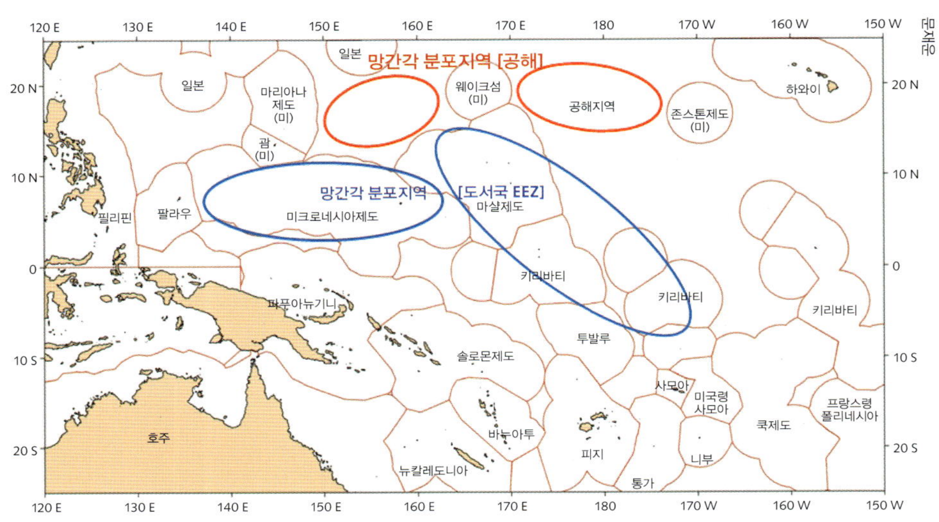

망간각은 특히, 수심에 따라 독특한 화학적 조성 및 조직특성이 나타난다. 산소 결핍층을 포함하는 수심 800~2,200m 지역에서는 코발트 함량이 높은 망간각이 성장하는 반면, 두꺼운 망간각은 수심 1,500~2,500m 지역에서 산출되는데 1억 1천만 년 전인 중생대 백악기에 형성된 해저산의 정상부 주변과 비탈면에서 나타난다.

한편 망간각은 해저산 하부나 경사가 완만한 비탈면 쪽으로 가면서 두께가 얇아지는 경향을 보인다. 이런 현상은 수심이 깊어질수록 상부 퇴적물이 아래로 흘러내려 주변환경을 교란시키거나 쌓이게 되어 망간각이 성장하는 데 좋지 않은 환경을 이루기 때문이다.

망간각, 지구환경의 비밀을 담은 블랙박스

망간각 성장의 결정적 요인 중 하나인 저층해류의 활동은 망간각 분포 주변의 표층 퇴적구조에 물결 모양의 흔적인 연흔이 발달한 것으로 알 수 있다. 저층해류의 영향이 활발한 환경에서 형성된 망간각의 표면은 여러 개의 자갈이 섞여 있거나 다양한 형태의 포도송이 같은 모양(포도상)을 이루고 있다. 표면에 광택이 나고 윤기가 도는 것은 한쪽으로만 흐르는 해류의 영향인 것으로 알려졌다. 이와는 달리 암반 측면부에서 성장하는 망간각은 성장률은 매우 낮지만, 코발트 함량이 특히 높게 나타나며, 기공이 많이 발달하여 표면이 거친 조립질을 이루고 있는 것이 특징이다.

망간각은 두께가 매우 다양하게 산출되며 일반적으로 두께가 4cm 이하인 경우 배열 상태가 방향성을 보이지 않는 덩어리 모양으로 표면이 포도송이 형태를 가지고 있다.

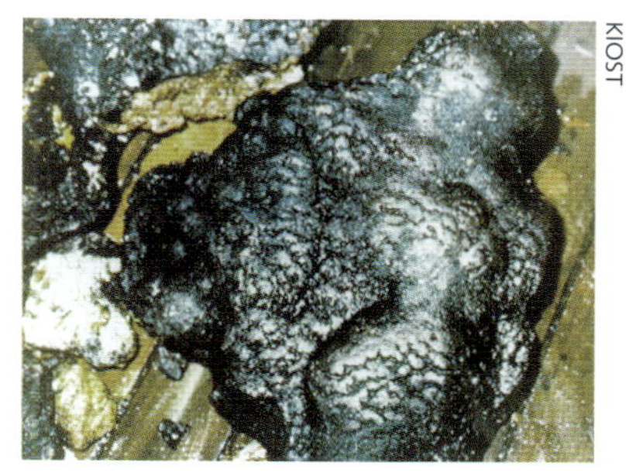

포도송이 모양의 망간각
망간각의 표면은 저층해류의 영향으로 매끄럽게 광택이 나기도 한다.

그러나 4cm 이상으로 두껍게 형성된 경우 망간각은 내부적으로 뚜렷한 층리를 보여준다. 층리가 조밀한 경우는 작은 구멍이 많은 다공질로 심하게 얼룩진 포도상 또는 기둥 모양의 표면형태를 보인다. 일반적으로 층리는 2~3개 정도지만 서태평양에서 채취한 두꺼운 망간각(약 15cm)에서는 8개 이상의 층리를 보여주기도 하는데, 이와 같은 층리는 망간각이 여러 번에 걸쳐 환경변화를 겪으면서 성장하였음을 보여주는 증거다.

망간각은 성장률이 1~10mm/백만 년(평균 6mm/백만 년)으로 매우 느리게 성장하는 것으로 알려졌다. 망간각 내 금속원소들의 성분은 망간각이 만들어질 당시 해수의 화학적 특성을 반영하므로 이들 금속원소의 성분변화로 당시 해수의 지화학적 환경변화를 간접적으로 확인할 수 있다. 그러므로 망간각의 나이테와 같은 미세한 층리는 수백만 년 동안 일어났던 해양환경 변화의 비밀을 압축·저장해 놓은 것으로 '지구환경 블랙박스'라고 할 수 있다. 다시 말해서 당시 해수의 화학성분, 해류의 변화양상, 육상 기원의 유입변화, 열수유입의 역사, 형성 당시 해수의 온도변화 등 다양한 변화양상이 단지 수 밀리미터 두께의 망간각 층에 그대로 보존된 것이다.

● 개척해야 할 미래자원의 보고

육상광상의 코발트 함량이 0.1~0.2%인 것에 비해 심해저 망간각에 함유된 코발트 함량은 0.8~1.2%다. 이는 육상광상의 8배로 자원개발의 측면에서 그 가치가 더 높다. 국제 금속시장에서 코발트 가격은 2011년 기준 톤당 US $39,948의 매우 비싼 금속 광물로, 개발 시 충분한 시장경쟁력을 갖추고 있다. 이 외에도 망간각에는 니켈, 구리, 망간 등과 같은 산업에 필수적인 금속자원을 다량 함유하고 있을 뿐 아니라, 백금도 20ppm 이상이 함유되어 개발가치를 더욱 높이고 있다.

우리나라는 1989년 한국해양연구소(현 한국해양과학기술원)와 미국 국립지질조사소가 공동으로 마샬제도 주변의 해저산 탐사를 수행한 것을 시작으로, 1991년까지 미크로네시아 및 팔라우 공화국의 배타적 경제수역 내에서 기초탐사를 수행했다. 그 후 1997년과 1998년에는 그동안 축적된 우리나라의 자체적인 심해저 연구능력과 탐사 기술을 바탕으로 마샬제도 일대 해저산의 망간각 자원분포조사를 본격적으로 수행했다.

미국은 1980년대부터 하와이, 존스톤 제도 등 자국의 배타적 경제수역을 대상으로 망간각 탐사를 수행해 왔으며, 프랑스는 프랑스령 폴리네시아, 러시아와 중국은 서태평양 공해상, 독일과 일본은 서태평양 및 중앙태평양 공해상과 태평양 도서국가의 배타적 경제수역 내에 분포하는 해저산들을 대상으로 집중적인 탐사를 수행해왔다.

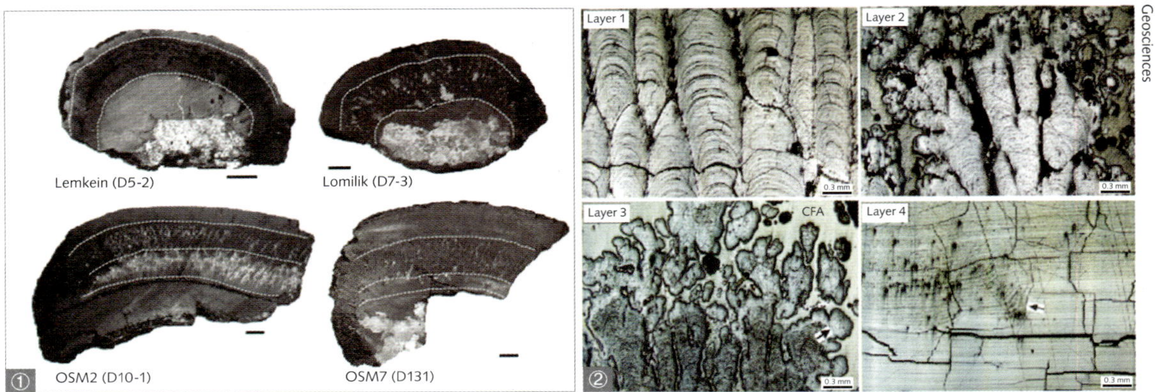

여러 층의 층리 (점선으로 구분)를 보여주는 망간각 시료들의 단면 ① 각각의 층리가 갖는 특징적인 미세구조 (micro texture) ②

특히 일본, 러시아, 중국은 최근까지 서태평양 공해상의 마젤란 해저산군이라 불리는 지역에서 망간각 분포파악을 위한 정밀탐사를 수행해오고 있다. 우리나라도 2000년부터 2004년까지 마젤란 해저산군 지역을 대상으로 탐사를 수행하여 망간각에 대한 연구를 진행한 바 있다.

그러나 최근 망간각의 개발환경에도 많은 변화가 있었다. 공해지역에서의 심해저 광물자원 개발을 주관하고 있는 유엔 산하기관인 국제해저기구(International Seabed Authority, ISA)에서 망간단괴 탐사규칙 제정(2000년)과 해저열수광상 탐사규칙 제정(2010년)에 이어 망간각 탐사규칙(2012년)이 제정됨에 따라 망간단괴, 해저열수광상과 같이 공해상에서 망간각 광구를 신청·획득할 수 있게 된 것이다.

망간각 탐사기술도 괄목할 만한 발전을 이루고 있다. 망간각은 산출 특성상 해저산 비탈면의 암반 위에 부착되어 있는데, 개발여부를 판단하기 위한 경제성 분석을 위해서는 망간각이 어느 범위에 어떤 두께로 걸쳐 분포하고 있는지를 파악해야 한다. 그동안은 이런 자료들을 얻기 위해 수백 미터 간격으로 시추(coring)하여 망간각 두께 분포를 확인했다. 그러나 망간각 시료의 회수율에 따라 발생하는 두께 산정의 오차뿐 아니라 시추에는 막대한 시간이 소요되어 수~수십 킬로미터의 광범위한 지역을 조사하기 위해서는 많은 제약이 따랐다.

그러나 최근 발표된 무인수중탐사로봇(Remotely Operated Vehicle, ROV)를 이용한 망간각 분포에 관한 연구결과(Usui, 2011 UMI Conference)를 보면, 놀랍게도 비탈면을 따라 상하 방향(수심 3,000~1,000m)으로 약 10km 범위에 걸쳐 망간각이 연속적으로 분포함을 알 수 있다. 더구나 해저에서 ROV를 사용해 직접 채취한 시료와 ROV에 부착된 음파장비를 통해 추정된 망간각층의 두께 자료 비교결과는 망간각이 전 범위에 걸쳐 비교적 일정한 두께로 분포하고 있음을 보여주었다. 이런 결과는 많은 과학자가

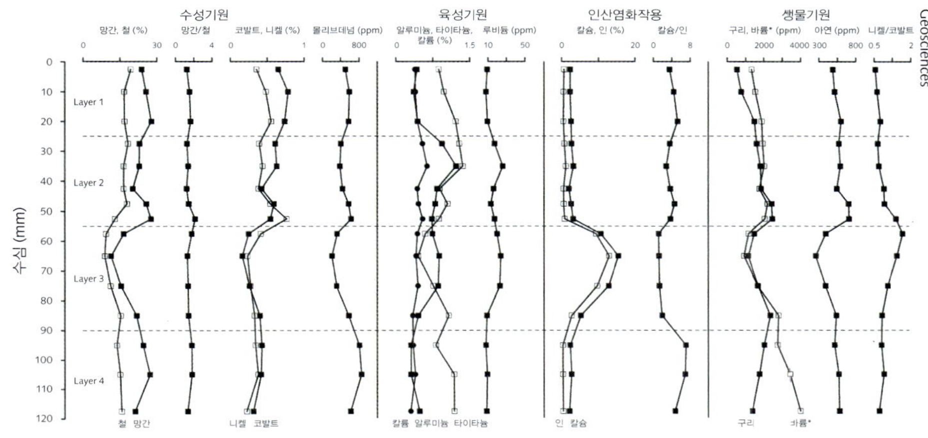

망간각 층리에서 보여주는 주요 원소들의 수직적 함량변화

수백만 년의 해양환경 변화 기록이 수 밀리미터 두께의 망간각층에 보존되어 있다.

그동안 고민해왔던 넓은 지역범위에서 망간각의 연속적 분포현상을 보다 정밀하게 파악할 방법을 제시한 것으로, 앞으로 망간각 개발을 위한 조사에 매우 유용하게 활용될 것이다.

21세기는 신해양개발의 무한경쟁 시대로 해양자원 확보와 개발에 각 국은 1970년대 석유자원 민족주의를 방불케 하는 첨예한 경쟁을 벌일 것으로 전망되고 있다. 선진 해양국은 물론 풍부한 해양자원을 보유하고 있는 개발도상국들도 해양개발이 자국의 이익과 직결되는 중대 사안임을 인식하여 유형·무형의 해양자원을 개척하는데 전력을 다하고 있다. 최근에는 정부주도의 심해저 광물자원 개발을 벗어나 도서국의 EEZ 지역(해저열수광상)에서 공해지역(망간단괴)까지 민간기업의 참여 범위가 확대되고 있다. 이러한 추세는 심해저 광물자원의 상업적 개발이 점차 가까워지고 있다는 것을 보여주는 현상이다. 심해저에 부존하는 망간각 역시 21세기 개발 유망자원으로서 망간단괴, 해저열수광상과 함께 우리나라가 향후 개척해 나가야 할 새로운 광물자원 공급원으로 부상하고 있다.

망간각 함유금속의 주요 용도 및 함량

주요 금속	용 도	함 량
코발트 (Co)	전자/화공산업 재료	0.5~1.2% (5~12kg/톤)
니켈 (Ni)	항공우주/전자산업 재료	0.2~0.9% (2~9kg/톤)
구리 (Cu)	전기/전자 재료	0.1~0.4% (1~4kg/톤)
망간 (Mn)	제철/제강용 재료	17~27% (170~270kg/톤)
백금 (Pt)	귀금속 재료	0~40ppm (0~40g/톤)

20세기의 위대한 발견, 해저열수광상

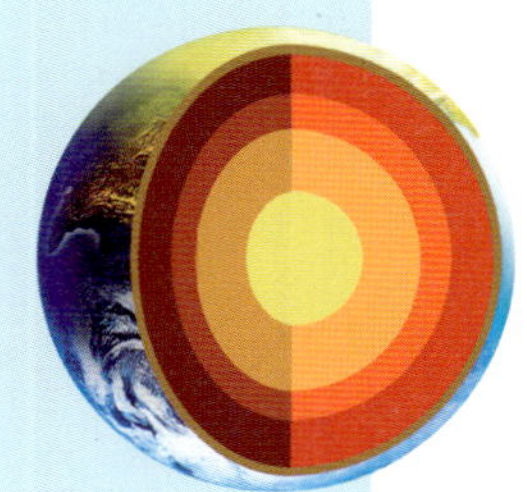

해저열수광상 육상의 광산에 비해 유용자원이 농집되어 훨씬 적은 양의 광석을 채굴해도 된다는 장점이 있다. 책임감 있는 자원개발을 위해 해저열수광상과 그 주변 환경에 대한 깊이 있는 이해가 필요하다.

김종욱 · 이경용 한국해양과학기술원

해저열수분출의 발견은 학문적 가설을 실제 자연현상에서 찾아낸 20세기 해양과학의 위대한 업적이다. 20세기 후반 판구조론이 본격적으로 정립되면서 지판이 새로 형성되는 중앙해령에서 뜨거운 마그마가 상승함에 따라 해저열수활동이 있을 것임이 예측되었다.

과거에는 새로 생성된 뜨거운 해양지각이 열전도만을 통해 냉각될 것으로 생각했으나, 중앙해령을 따라 진행된 열류량 관측 결과는 열전도를 통한 냉각률에 비해 매우 낮았다. 이것은 해양지각의 냉각에 열전도 외에 다른 현상이 영향을 주고 있다는 것을 의미했다. 그래서 제기된 것이 열수 순환에 의한 대류현상의 가능성이었다. 또한, 아주

해저열수 시스템과 열수광상의 분포지도 (2010년 기준)

현재 약 300개의 고온 열수분출지역, 165개의 해저열수광상 생성이 확인됐다.

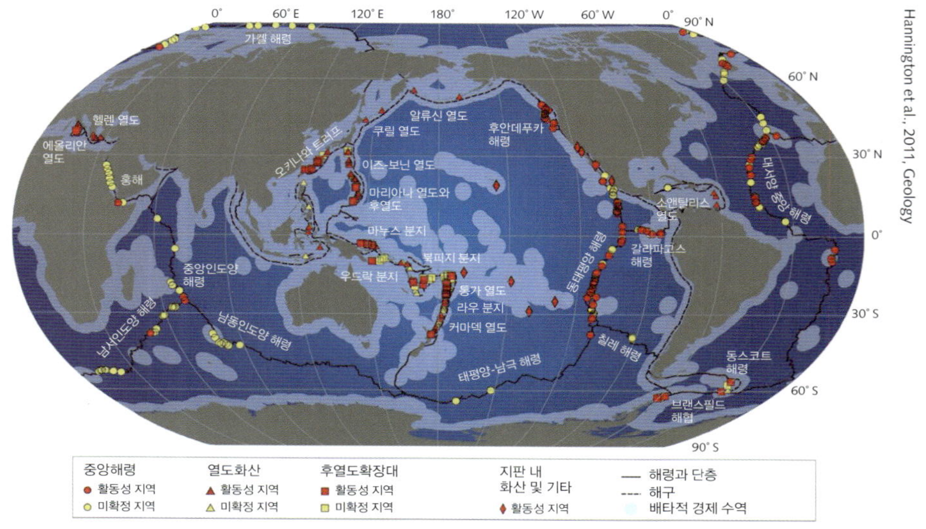

Hannington et al., 2011, Geology

오래 전 과거에 해저 활동을 통해 생성된 열수광상이 솟아올라 육지에 노출된 것이 육상 열수광상이라는 가설이 도출되기도 하여 이를 통해 해저열수활동을 예측하기도 했다.

이렇듯 과학적 추론에 머물렀던 해저열수활동과 열수광상의 존재는 해저관측기술과 심해에 도달할 수 있는 잠수기술이 발달함에 따라 현실화됐다. 그러나 해저에서 열수광상을 찾기는 쉽지 않았다. 여러 가지 난관에 봉착하고 많은 실패를 거듭한 끝에, 1977년 태평양의 갈라파고스 섬 주변의 해저로 내려간 심해 유인잠수정 앨빈호는 검은 연기와 흰 연기를 내뿜고 있는 해저열수분출공과 조우했다. 쥘 베른의 유명한 소설 '해저 2만리'에 언급된 해저열수광상의 존재가 확인된 것이다. 이를 계기로 다양한 탐사와 연구 활동이 촉발되어 약 250여 개의 해저열수광상 부존 지역이 알려지게 됐다.

첫 번째 해저열수광상 발견으로부터 30여 년이 지난 지금, 우리는 해저 열수활동이 지각과 맨틀로부터 물질과 에너지를 해양으로 전달하는 핵심역할을 한다는 사실을 알게 되었다. 해저열수활동은 해수 중의 마그네슘(Mg)을 지각으로 되돌리는 중요한 기본 원리인 동시에 철(Fe), 망간(Mn), 리튬(Li), 루비듐(Rb), 세슘(Cs) 등 원소의 주요 공급원이기도 하다. 이러한 과정을 통해 해저열수활동은 해수의 조성에 영향을 미친다. 또한, 육상열수광상의 주요한 생성 원인으로만 여겨졌던 해저열수광상은 화학 합성에 의존하는 독특한 열수 생물들이 살아가는 터전이었다. 다양한 해저열수광상의 발견과 연구를 통한 전 지구적 규모의 해저열수활동 자료를 축적한 결과, 열수활동은 일반적으로 확장대의 확장속도에 비례한다는 사실도 밝혀졌다.

열수의 생성과 진화

해저열수광상을 생성하는 열수 순환작용이 일어나기 위해서는 마그마 혹은 뜨거운 관입암과 같은 열원이 필요하고, 단층이나 열극이 형성된 지각처럼 투스성이 있는 매질이 있어야 하며, 이들 매질의 틈새를 채우고 있는 유체(해수)가 필요하다. 열수분출공을 통해 배출되는 유체를 만드는 성분은 여러 요인에 의해 다양해진다. 먼저 열수의 순환과정에서 해수와 반응하는 기반암의 종류나 단층, 열극의 븐포와 같은 지각 내 구조가 열수의 조성에 영향을 준다. 또한, 열원이 형성된 깊이나 열원의 크기, 형태에 따라 형성과정에서의 온도와 압력이 달라져 열수 조성이 변화한다. 특히, 열수가 끓어올라 두 가지 다른 물질로 분리되는지의 여부는 해저면에서 분출되는 열수의 조성을 결정하는 중요한 요인이다.

해저열수 순환과정에서 해수가 열수로 변화해 열수분출공을 통해 다시 배출되는 과정은 해수가 해저지각으로 유입되는 충전대(recharge zone), 마그마에 가장 근접하여 열수의 진화가 완성되는 고온의 반응대(reaction zone), 가벼워진 열수가 상승하여

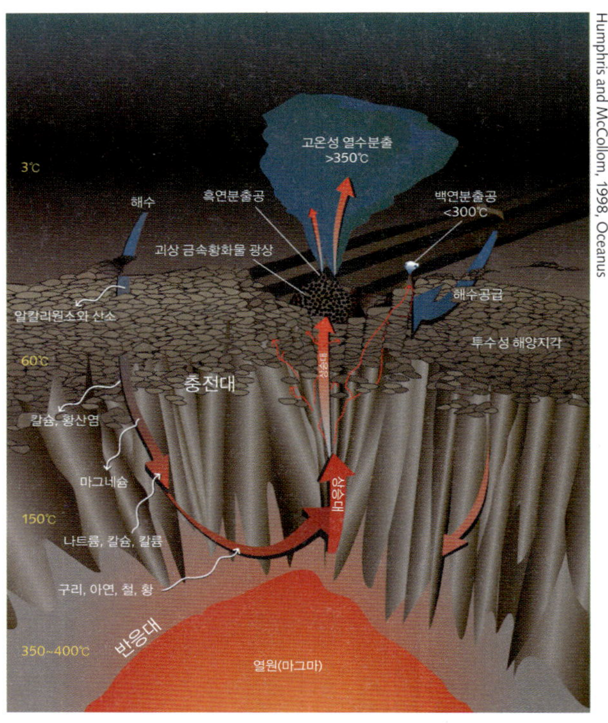

Humphris and McCollom, 1998, Oceanus

해저열수순환 모식도
마그마를 통해 데워진 고온의 열수 유체가 해저면 열수분출공을 통해 배출되는 과정이다.

해저면에서 분출하는 배출대(discharge zone)로 나눌 수 있다. 열수유체의 조성은 이들 단계에서 일어나는 다양한 해수-암석 반응들을 통해 완성된다.

열수를 만들고 진화시키는 해수-암석반응은 지각 내 변질광물 연구를 통해 밝혀졌다. 이들 변질암은 해저에서 직접 채취되거나 판구조운동에 따른 지각 변동으로 육지로 밀려온 오피올라이트(ophiolite)라는 해양 지각을 통해 얻어진다. 초기 해저열수광상 탐사와 연구는 주로 중앙해령 지역에서 이루어졌으며, 해수-암석 반응 연구 역시 중앙해령을 구성하는 현무암을 중심으로 이루어졌다. 충전대에서 반응대로 유입되는 과정에서 일어나는 해수-암석반응을 통해 해수는 점차 산성과 환원성으로 바뀌는데, 이때 유체 내 알칼리금속의 함량이 증가하고 망간이 제거되는 과정을 거치게 된다. 조성이 바뀐 열수 유체가 고온의 반응대에 도달하면 암석으로부터 황과 금속(구리, 철, 망간, 아연 등)들이 용출되어 농집(thickening)된다. 이때 온도와 압력 조건은 각각 최대 425°, 400~500기압에 이른다.

만일 액체와 기체의 혼합물인 유체의 온도, 압력 조건이 해수의 비등 곡선보다 높으면 유체는 염도가 낮은 휘발성 성분과 염분의 높은 염수(brine) 성분으로 분리될 수 있다. 열수분출공에서 채취된 열수유체는 대개 해수에 비해 높거나 낮은 염분을 보이는 경우가 흔하다. 이는 열수의 생성과정에서 유체의 상분리가 흔하게 일어남을 지시한다. 고온의 열수에서 상당수의 금속원소는 염화물의 형태로 녹아있으므로 열수유체 내 염분의 차이는 금속함량에도 영향을 준다. 상분리의 증거는 암석을 통해서도 확인되는데, 광물 내에 갇혀있는 유체 포유물(fluid inclusion)의 염도는 해수와 비교할 때 높거나 낮은 경우가 흔하다.

열수 유체의 조성에 영향을 줄 수 있는 마지막 단계는 마그마로부터 유입되는 휘발성 유체다. 특히, 중앙해령에 비해 규소와 산소의 화학적 결합체인 실리카(silica)의 함량이 높고 물을 많이 포함하는 암석으로 이루어진 열도/후열도 시스템에서 생성되는 열수 유체는 매우 낮은 pH를 갖는 경우가 있는데, 이는 마그마로부터 유입된 SO_2로부터 황산이 생성되기 때문으로 알려졌다. 마그마에서 생긴 유체는 휘발성 기체 뿐만 아니라 구리(Cu), 아연(Zn), 철(Fe), 비소(As), 금(Au) 등 열수광상에 포함된 금속의 상당수를 공급하기도 한다. 반응대에서 형성된 열수 유체는 차가운 해수에 비해 밀도가 낮기 때문에 부력에 따라 해저면으로 빠르게 상승한다. 이때 상승하는 열수는 주변의 암석과 충분한 반응시간을 거치지 못해 평형을 이루지 못한다. 이 과정에서 석영은 포화상태에 도달하지만 낮은 pH로 인해 침전되지는 않는다. 그리고 소량의 황화광물의 침전물이 가라앉기도 하는데, 오랜 기간에 걸쳐 침전이 일어나면 열수분출공 하부로 그물 모양(망상형태)의 광상 밀집지역인 광화대(mineralized zone)를 형성한다. 대서양의 TAG 지역이 대표적인 사례이다.

● 열수분출공과 해저열수광상의 형성

금속이 농집된 광액으로 변한 열수 유체가 해저면으로 상승하다가 차가운 해수와 만나면 열수분출공을 만드는데 급속한 금속 침전을 유발해 마치 연기를 분출하는 것처럼 보인다. 열수분출공에서 뿜어져 나오는 검은 연기와 흰 연기는 사실 미세한 광물 입자들로, 금속광물 입자는 검은색, 비금속광물 입자는 흰색을 띤다. 분출된 금속광물 입자들은 해수에 비해 무겁기 때문에 멀리 이동하지 못하고 주변에 쌓이게 된다. 즉, 열수분출공 주변 및 하부 지역은 금속이 농축된 열수광상 지대이며 지각 운동이 계속됨에 따라 지속적으로 만들어지는 살아있는 자원생산의 현장이다.

대서양중앙해령의 Logatchev 지역의 활동성 흑연분출공 사진

University of Bremen, 2004.

열수 유체와 마찬가지로 열수 광체를 구성하는 성분과 그 형태는 몇 가지 주요요인에 의해 조절된다. 이 중 가장 중요한 요인은 해저면으로 상승하는 열수 유체의 조성과 온도이며, 열수광상이 형성되는 기반암의 물질분자를 통과시키는 투수구조(permeability structure) 즉, 파쇄대의 형태나 규모도 열수 유체와 해수가 혼합되는 형태를 결정하기 때문에 중요하다. 특히, 기반암의 투수구조는 중앙해령의 확장 속도와도 관련 있는데, 이에 따라 크게 세 가지 형태의 열수 광체가 생성되는 것으로 알려져 있다.

동태평양해령과 같이 확장 속도가 빠른 중앙해령에서 생성되는 열수 광체는 주로 1~2m 규모의 작은 광체들이 모인 군집의 형태

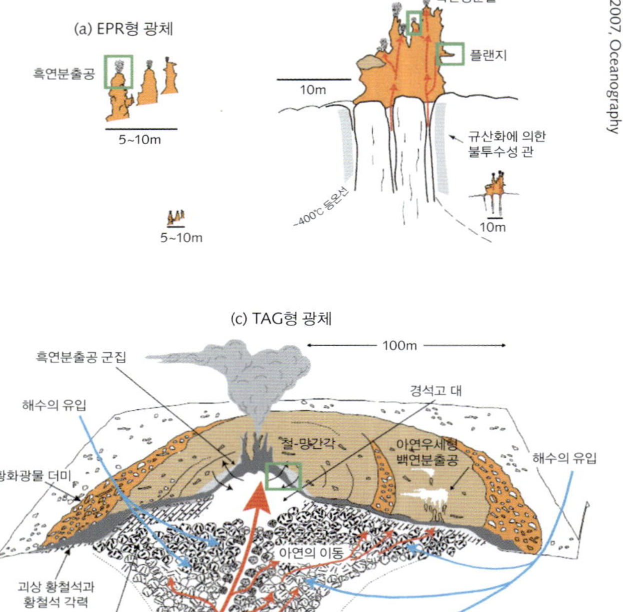

확장속도가 다른 중앙해령에서 생성되는 다양한 크기와 구조의 열수 광체 유형

① EPR형 광체
② MEF형 광체
③ TAG형 광체
녹색 사각형으로 표시된 부분은 오른쪽의 분출공 유형에서 자세히 확인할 수 있다.

(EPR(East Pacific Rise)형 광체)가 흔하다. 고온의 열수가 빠르게 해수로 배출되고, 화산활동의 빈도가 높아 열수 광체의 성장을 방해하기 때문에 개별 광체의 크기는 작다.

확장 속도가 중간 정도인 후안데푸카 해령의 MEF(Main Endeavour Field) 광체(MEF형 광체)는 10~20m 높이의 수직 구조로 형성된 것이 특징이다. 동태평양 해령 유형의 광체가 개별 분출공의 군집 형태로 존재하는 데 반해, MEF형 광체는 비교적 큰 규모의 광체에서 다수의 분출공이나 플랜지가 형성되어 마치 여러 개의 분출공이 모여 하나로 자라난 것 같은 형태를 보인다. MEF형 광체가 비교적 큰 규모로 성장할 수 있는 것은 열수 유체에 실리카 함량이 높기 때문이라고 알려져 있다. 이들 실리카가 함께 침전되면서 성장하는 분출공을 단단하게 붙잡아주는 역할을 하는 것이다.

TAG(Trans-Atlantic Geotraverse) 지역은 확장속도가 느린 대서양중앙해령의 대표적인 열수 광체이다. TAG 지역의 열수 광체는 활발한 열수분출로 생긴 흑연분출공과 열수활동 지역 하부로 해수가 유입되면서 형성된 열수둔덕(hydrothermal mound)으로 이루어졌으며, EPR형이나 MEF형 광체에 비해 규모가 훨씬 더 크다. 이는 확장속도가 느린 중앙해령 환경에서 2만 년~5만 년의 시기에 걸쳐 같은 자리에서 열수활동이 반복적으로 일어난 결과이다.

● 해저열수광상의 다양한 가치

해저열수 시스템을 발견함으로써 지각운동과 화산활동의 관계를 더욱 자세하게 밝힐 수 있게 되었다. 열수광상이 분포하는 중앙해령과 후열도 분지, 열도 화산대 등은 지각이 생성·소멸되는 장소로, 지각 또는 지구의 진화라는 거대한 수수께끼를 풀 수 있는 핵심 열쇠를 제공할 수 있다. 또한, 열수분출공을 통해 나오는 물질은 해양환경 및 대기환경을 조절하는 요인으로 연구되고 있으며, 지구 전체의 환경을 지배하는 물질순환의 원리를 규명할 수 있을 것으로 기대된다.

깊은 바다 밑에 존재하는 해저열수광상은 우리 일상과는 매우 동떨어진 세계 같지만, 실은 우리와 매우 가까이 있다. 실례로 인류가 석기시대에서 청동기시대로 넘어가는 역사의 거대한 전환기를 맞이할 수 있었던 것은 과거 지질시대에 해저에서 생성된 후 지각변동으로 육상에 노출된 지중해 키프로스 섬의 구리광산 등이 있었기 때문이다. 또한, 장신구의 금, 은 등 귀금속과 인터넷, 전화 등 통신선에 이용된 구리의 상당량은 과거 중앙해령 지역 혹은 해구 지역에서 만들어진 해저열수광상에서 나온 것이다. 보고에 의하면 현재까지 생산된 아연과 납의 절반 이상, 구리의 7%, 은의 18%, 그리고 금과 기타금속의 상당량이 해저열수작용과 관련된 VMS(Volcanogenic Massive Sulfide)와 SEDEX(Sedimentary Exhalative) 유형의 광상을 통해 공급된 것이다.

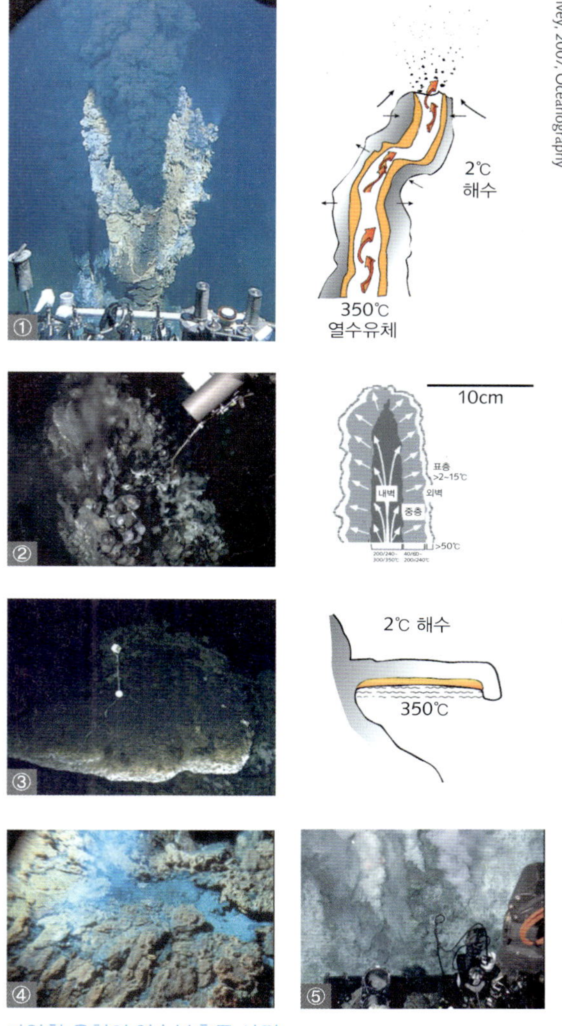

다양한 유형의 열수분출공 사진

① 동태평양해령에 분포하는 고온의 흑연 분출공
② 마누스분지의 확산성 열수분출공
③ 라우분지의 플랜지형 열수분출공
④ 대서양중앙해령 TAG 지역의 열수 둔덕에 발달한 황화광물 각(crust)
⑤ 동마누스 분지의 열수분출공에서 배출되는 낮은 pH 열수 유체

해저열수분출과 금속광상이 관측과 육상지질 연구를 통해 예측할 수 있었던 발견이라면, 열수분출공 주변에서 살아가는 다양한 생물체로 이루어진 열수생태계는 예측할 수 없었기에 그야말로 놀라운 발견이었다. 해저열수 시스템은 마치 심해에 존재하는 생명의 섬과 같다. 해저열수 시스템은 바다의 심연에서 화학합성을 통해 에너지를 공급받는 미생물과 각종 중대형 저서생물들이 군집하여 살아가는 토대를 제공한다. 화학합성에 의존하는 열수생태계의 발견은 기존의 생명 기원과 진화의 틀을 재해석해야 할 정도로 의미가 높다. 특히 태양 에너지와 같은 외부 에너지원이 아닌 행성 자체의 에너지원으로도 생명이 존재할 가능성이 있다는 것을 밝힘으로써 지구 밖 행성에서 생명체를 발견할 가능성이 높아졌다. 또한, 바이오기술과 관련하여 열수분출공 주변의 생물로부터 생리활성 물질을 추출하여 산업적으로 활용하려는 연구가 전 세계적으로 진행되고 있다.

열수분출공 주변 다양한 생물군을 보여주는 모식도

열수분출공의 생성 후 황화수소 농도가 감소함에 따라 다양한 생물군집의 변화가 일어난다.

깊고 광대한 해저면에서 열수활동은 매우 드문 현상이다. 지금까지의 연구들을 종합하면 열수분출지는 해저화산활동이 활발한 지판의 경계를 따라 평균 약 50~100km마다 형성된 것으로 볼 수 있다. 따라서 현재 1,000여 개의 해저열수 시스템이 활동 중이라 예측할 수 있다. 하지만 최초의 열수분출 발견 이후 현재까지 30여 년 동안 과학조사는 지판 경계 전체의 약 10% 정도에서만 이루어졌다. 해저열수 시스템의 연구동향은 중앙해령에서 후열도 확장대, 열도 및 열점 화산대로 다양화되고 있으며, 이에 따라 새로운 유형의 열수 시스템이 발견되는 등 학문적으로도 가장 활발한 분야가 됐다. 특히, 지구 내부와 해양 사이의 물질과 에너지 순환이 일어나는 거대한 자연 실험실로서 해저열수 시스템은 다학제적 융합과학의 토대를 제공하고 있다.

● 꿈을 현실로

쥘 베른의 유명한 소설 '해저 2만리'에서 언급된 것처럼 지금도 형성되고 있는 현재형 열수광상을 개발할 수 있다는 꿈은 많은 이들을 매혹했다. 21세기 들어 중국, 인도 등 신흥공업국가의 대두와 지속적 산업발전에 따른 본격적인 자원 확보 경쟁, 육상 금속자원의 감소와 고갈 위기에 따라 막대한 양의 해저광물자원을 개발하려는 노력이 점차 구체화되기 시작했으며, 그 출발점은 바로 해저열수광상에 있다.

2013년 파푸아뉴기니의 Solwara1 광구에서 상업 생산을 선언한 노틸러스사를 필두로, 외국의 민간 광업 회사들은 해저열수광상을 통한 해저 광업의 실현을 목표로 겨루고 있다. 이에 따라 광구 확보를 위한 경쟁도 치열해져 2012년 3월 현재 노틸러스사는 6개국에서 175개소(203,147km^2)의 탐사 광구를 확보하고 있으며, 5개국 58개소(217,269km^2)의 탐사권을 신청 중이다. 넵튠사 또한 일본과 뉴질랜드에서 3,447km^2 면적의 해저열수광상 탐사권을 확보했으며, 84,000km^2 면적의 탐사권을 신청 중이다. 해저열수광상 자원 선점을 위한 이른바 심해 전쟁이 전개되고 있는 것이다.

또한, 공해상의 해저광물자원 개발을 관장하는 국제해저기구(International Seabed Authority, ISA)에서는 2010년 망간단괴에 이어 두 번째로 공해상의 해저열수광상 개발을 위한 탐사규칙을 제정했고, 곧바로 중국과 러시아가 탐사 광구를 신청하여 2011년 승인받는 등 해저열수광상 개발 움직임은 공해까지 확장되었다.

우리나라는 지난 1998년 미크로네시아의 얍 해구지역 탐사를 시작으로, 해저열수광상 탐사 및 연구에 뛰어들었다. 2002년부터 국토해양부(현 해양수산부)의 국가연구개발 사업으로 전환하여 피지의 북피지 분지, 통가의 라우 분지 등에서 해저열수광상 개발 유망 지역을 선정하고, 독점 탐사권을 확보하기 위한 열수광상탐사를 수행했다. 이들 연구를 통해 열수 플룸 실시간 관측 장비를 자체 개발하고 플룸 추적자분석, 열수분출공 채취 및 영상촬영 등 열수 광체를 찾기 위한 탐사기법을 확립하고, 이를 통해 새로운 열수분출 지역 및 열수 광체를 발견하였다. 이러한 성과를 바탕으로 2008년 3월, 우리나라는 남서태평양 통가 EEZ 내 해저열수광상 독점 탐사권(1.9만 km^2)을 획득함으로써 본격적인 해저열수광상 개발에 한 걸음 다가섰다. 현재 통가 탐사광구에서는 정부(해양수산부)와 민간기업(삼성중공업, SK네트웍스, 포스코, 대우조선해양, LS-Nikko 동제련)의 합작 사업으로 정밀탐사 및 개발이 추진 중이다. 해양자원 탐사권이라는 해양 광물 영토 확보를 위한 노력은 이에 그치지 않고, 2011년 남서태평양 피지공화국으로부터 약 3천 km^2 규모의 해저열수광상 독점 탐사 광구를 추가로 확보하는 성과로 이어졌다.

해저열수광상 탐사와 개발을 위한 우리나라의 노력은 서태평양의 도서국을 넘어 인도양 공해상의 중앙해령 지역으로까지 확장되었다. 앞서 기술한 국제해저기구의 해저열수광상 탐사규칙 제정 동향에 발맞추어 인도양의 미개척지인 중앙인도양해령 지역을 대상으로 본격적인 중앙해령에서의 해저열수광상 탐사를 시작한 것이다. 중앙인도양해령을 따라 남위 8°에서 17°의 1,000km에 걸친 탐사 지역은 체계적인 해양과학조사가 수행되지 않은 곳으로, 이 지역에서 해저열수광상 탐사를 수행할 수 있었던 것은 그동안 축적된 우리나라의 탐사기술력이 신뢰받았기에 가능한 일이었다. 지난 3년간(2009년~2011년) 수행된 탐사를 통해 중앙인도양해령에서 활발한 열수활동을 탐지하고 열수 광체를 발견하는 성과를 거두었으며, 마침내 2012년 7월 국제해저기구로부터 공해상의 해저열수광상 탐사광구(1만 km^2)를 획득했다.

이로써 우리나라는 수입에 의존하는 금, 은, 구리, 아연 등의 금속 광물자원을 연

해저열수광상 탐사 조사선(온누리호)과 다양한 탐사수행 항목

맨 위쪽부터 시계방향으로 해저지형탐사, 해수채취 및 분석장비(CTD), 퇴적물 채취용 다중주상시료채취기, 퇴적물 채취용 피스톤주상시료채취기, CTD-toyo 장비, 암석 및 광석채취용 드렛지, 심해저 카메라 시스템

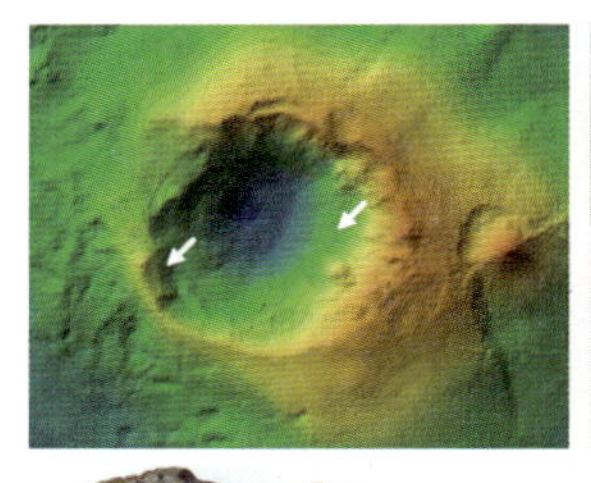

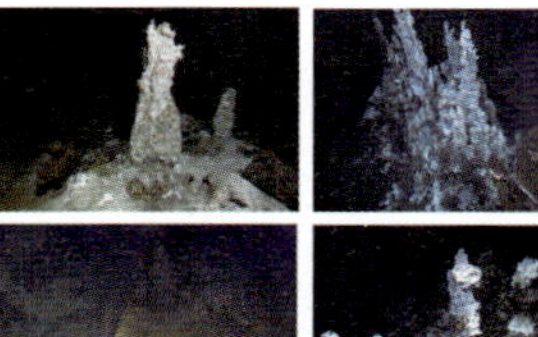

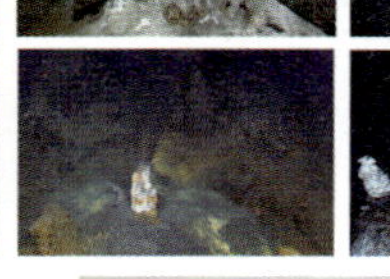

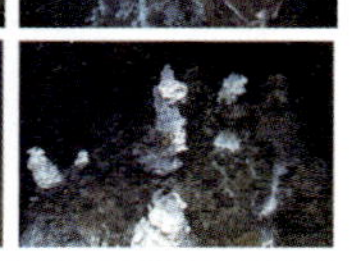

통가 TA25 해저산의 열수분출공 및 채취 시료

열수분출공 외벽은 저온 생성되는 섬아연석이, 내부는 고온의 황동석이 우세하게 분포한다.

1억 불 이상 개발할 수 있는 기반을 확보했으며, 관련 신해양산업 창출을 통해 산업기술 파급과 개발 촉진을 기대할 수 있게 되었다. 이처럼 해저열수광상 개발은 우리 눈앞의 현실로 다가왔다. 하지만 해저열수광상을 개발하기 위해 풀어야 할 숙제도 여전하다. 대부분 태평양 연안의 작은 섬나라들인 해저열수광상 자원 보유 연안국의 제도적, 사회적 문제와, 인류 공동의 유산이라 불리는 공해상 천연자원에 대한 소유권과 관련된 국제 규범, 그리고 이를 둘러싼 정치적 갈등도 있을 것이다.

하지만 무엇보다도 지금까지 개발의 손길이 미치지 않고 고유의 특성을 보존해온 심해 환경 훼손에 대한 우려의 목소리가 가장 높다. 환경의 보존과 자원의 개발이라는 상충된 가치가 충돌하는 딜레마는 해저열수광상 개발에도 고스란히 적용되는 것이다. 해저열수광상은 육상의 광산에 비해 유용자원이 농집되어 훨씬 적은 양의 광석을

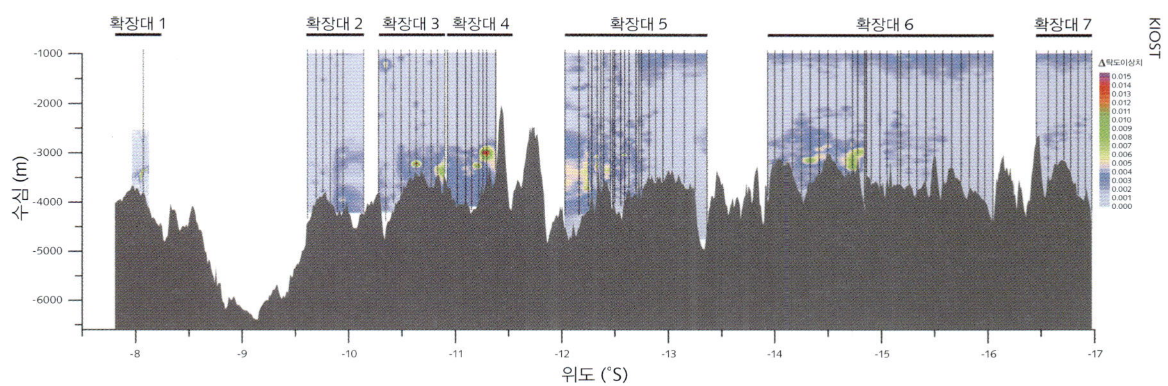

중앙인도양해령(남위 8°~17° 구간) 수층 탐사로 확인된 저층 탁도 이상치 분포도

열수분출 시 발생하는 부유입자로 인한 탁도 이상치는 열수플룸 파악을 위한 추적자로 활용된다.

채굴해도 된다는 장점이 있는 것은 분명하므로 채굴은 불가피하지만, 무엇보다 중요한 것은 자연과 인간에게 해를 끼치지 않도록 책임감 있는 자원개발이 이루어져야 한다는 점일 것이다. 이를 위해 해저열수광상과 그 주변 환경에 대한 깊이 있는 이해가 수반되어야 한다. 미래자원의 보고라는 해양자원 개발이 과연 어떤 모습으로 실현될 것인지는 바로 우리의 손에 달린 것이다.

우리나라의 해저열수광상 탐사권 확보지역

통가와 피지 지역은 연안국의 EEZ 내에, 인도양 지역은 공해상에 분포한다. 괄호안의 연도는 탐사권 획득연도를 나타낸다.

21세기 신에너지 자원, 메탄수화물

메탄수화물로 대표되는 가스수화물은 매장량이 막대하고 사용에 따른 유해물질이 현저히 적게 방출되는 청정 에너지원이다. 특히, 연소할 때 천연가스와 알코올보다 이산화탄소가 적게 발생하여 공해를 크게 감소시키는 효과가 있다.

석봉출 한국해양과학기술원

세계 에너지 수요의 87%를 차지하고 있는 화석 에너지 자원(석유, 천연가스 등)의 고갈에 대비하고, 화석 에너지가 연소할 때 발생하는 온실가스에 대한 규제조치가 강화됨에 따라 선진 각국은 자국 해양의 배타적 경제수역 내에서 미래의 신자원을 개발하기 위해 노력을 다하고 있다. 그중 해저 에너지 자원의 하나인 메탄수화물의 개발 필요성에 대해 세계적인 관심이 집중되고 있다. 21세기 신에너지 자원인 메탄수화물 자원은 심해저 퇴적물 또는 퇴적암에 광범위하게 분포하고 있다. 해저에 부존된 메탄수화물은 우리나라와 같은 자원 빈국에서는 21세기의 중요한 에너지 자원으로 주목 받을 것이며, 폐기물 없는 청정에너지로써 고밀도 대용량의 자원이 될 것이다.

한편 해저에 자연 방출되는 메탄가스는 대륙사면의 사태(沙汰) 등 해저의 자연재난을 유발하며, 해양 및 대기에 메탄가스를 방출하여 지구온난화를 촉진한다. 여기서는 21세기의 청정에너지 신자원으로 주목받을 메탄수화물 자원에 대하여 그 특징과 함께 선진국의 연구현황, 우리나라 배타적 경제수역 내의 부존 가능성과 개발 가능성에 대해 알아보자.

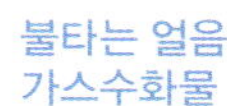

불타는 얼음 가스수화물

USGS

● 가스수화물이란?

가스수화물이란 메탄이나 에탄 등과 같은 저분자 탄화수소 성분이 어떤 온도와 압력 조건에서 물 분자와 결합하여 형성된 결빙 상태의 고체 물질로, 마치 얼음과도 같은 형체를 나타낸다. 그중 대표적인 것이 메탄수화물(methane hydrate)이며, 통상 가스수화물로 불린다.

가스수화물은 천연가스와 같이 95% 이상이 메탄으로 이루어져 열량이 우수하며 연소할 때 천연가스와 알코올보다 적은 양의 이산화탄소를 발생시킴으로써 다른 화석연료에 비해 공해를 크게 감소시키는 효과가 있다. 예를 들어 단위 칼로리당 발생하는 이산화탄소의 양을 천연가스가 1이라 할 때 석유는 1.4배, 석탄은 2배 발생시킨다.

가스수화물의 존재는 이미 백 년 전 프랑스에서 실험을 통해 알려졌지만, 자연 상태에서 발견된 것은 1930년대 천연가스의 생산파이프를 막는 물질이 메탄수화물이라는 사실이 밝혀지면서다. 이후 1967년 시베리아의 동토대에서 가스수화물을 채취, 확인했다.

● 가스수화물의 특성

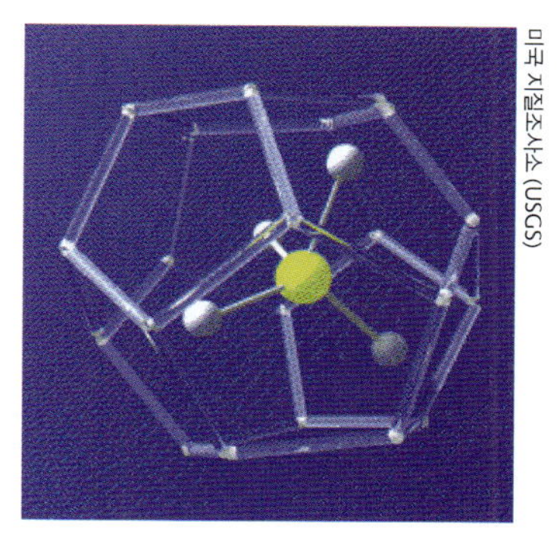

미국 지질조사소 (USGS)

메탄분자가 물 분자로 둘러싸인 형태로 구성된 가스수화물의 결정구조

가스수화물의 결정구조는 가스 분자가 물 분자로 둘러싸인 일종의 포접 화합물(clathrate)의 형태다. 가스수화물을 형성하는 결정구조는 대략 100여 개가 알려졌으나 대부분 I, II 그리고 H형의 세 종류를 이룬다. 그리고 이들 결정구조에 따라 가스수화물은 물과 가스 분자의 수가 각기 다르게 나타난다. 순수한 메탄수화물은 물 분자 46개에 87개의 메탄 분자가 포획된 결합체로, 그 분자식은 $CH_4 \cdot 5.75H_2O$이다.

우리는 가스가 보통 기체 상태로 존재하고 천연가스는 섭씨 -162° 정도에서 액체로 존재하는 것으로 알고 있다. 그러므로 -10° 정도에서 안정된 얼음 형태로 존재하는 가스수화물에 대해서 깊은 관심을 둘 필요가 있다. 실제 해저에서 가스수화물이 얼음 같은 안정된 결빙 상태의 고체 물질로 존재하기 위해서는 저온·고압의 조건이 이루어져야 한다. 즉, 0℃에서는 26기압, 10℃에서는 78기압이 필요하므로 해저 온도가 0℃ 일 때 가스 수화물이 고체 상태이려면 수심 260m 이상, 10℃ 일 때는 수심 780m 이상까지

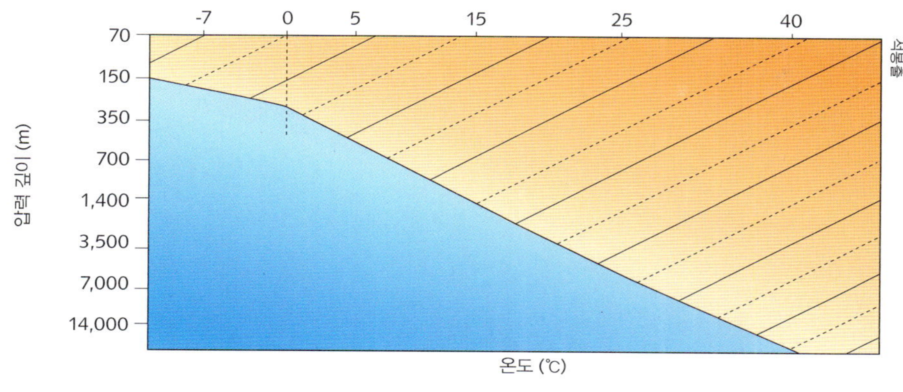

물 · 가스혼합물 내에서의 메탄수화물 형성의 안정조건

내려가야 한다.

지층 심도가 2,000m를 넘어서면 지온이 높아져 수화물이 형성되지 못하는 것으로 알려졌다. 따라서 가스수화물이 존재하기에 적합한 지형은 영구동토 지역이나 심해저 하부퇴적층으로 온도와 압력이 평형이 이루는 영역이다.

가스수화물의 물성과 기원

최근 선진국을 중심으로 실험을 통해 인공적으로 합성된 가스수화물의 물질적 성질에 관한 연구가 진행되고 있다. 그 결과 앞서 설명했듯이 가스수화물의 P파 속도나 포아송 비(Poisson's Ratio)는 각각 3.31km/s와 0.33으로 순수한 얼음과 매우 유사하며, 그 결정구조나 물리화학적 성질은 얼음과 많은 차이를 보였다.

가스수화물의 기원은 두 가지로 설명될 수 있는데, 첫 번째는 해저 미생물 발효로 발생하는 생물분해(biogenetic) 기원, 두 번째는 가스와 생물의 유해가 지층 속에서 열과 압력을 받아 발생하는 열분해(thermogenic) 기원이다.

전 세계적으로 가스수화물이 부존된 지역에서 심해 시추와 코어 자료에 의해 확인된 천연가스수화물은 대부분 생물 분해로 형성되는데, 이는 박테리아가 생물의 유해를 분해하고 메탄가스를 분비한 뒤 물 분자와 결합해 수화물을 형성하는 것이다. 따라서

가스수화물의 물성

특성	얼음	수화물
273°K에서의 부전도 상수	94	58
물양자 (G2)의 NMR 격자의 2차 모멘트	32	33±2
273°K에서의 물분자 재정렬시간	21	10
273°K에서의 물분자의 확산점프 시간	2.7	>200
268°K (109 Pa)에서의 등온 영률	9.5	8.4
273°K에서의 종파 속도 - 속도 (km/sec) - 시간 (μsec/ft)	 3.8 80	 3.3 92
272°K에서의 속도 비 (Vp/Vs)	1.88	1.95
포아송 비	0.33	0.33
체적탄성률 (272°K)	8.8	5.6
전단탄성률 (272°K)	3.9	2.4
총밀도 (gm/cm^3)	0.916	0.912
272°K (10-11Pa)에서의 단열 총 압축률	12	14
263°K에서의 열전도율 (W/m-K)	12	0.49

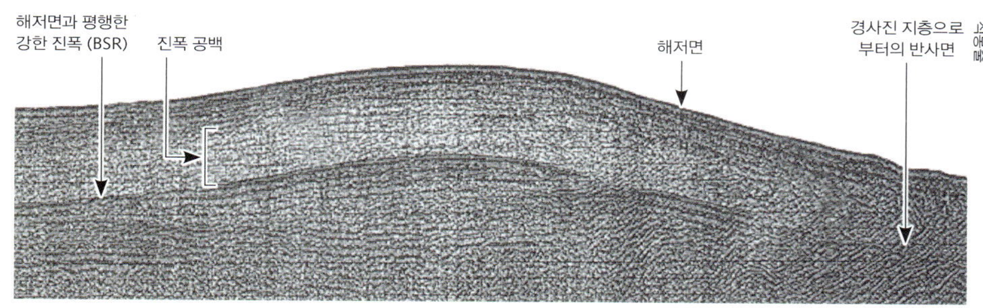

석봉출

해저 탄성파 탐사기록에서 보여주는 메탄수화물의 특징과 구조(BSR)

유기물의 유해가 풍부하고 이들 물질이 산화되기 전에 빠른 퇴적작용이 일어나는 환경에서 가스수화물의 생성이 쉽다.

● 가스수화물층에서 나타나는 탄성파 특성

가스수화물의 탄성파 속도는 보통 해저퇴적물내 속도의 2배에 달하며, 가스수화물이 해저퇴적물과 혼합된 곳에서의 속도는 그렇지 않은 퇴적층보다 훨씬 높게 나타난다. 그러므로 탄성파 단면상에는 극성이 역전된 독특한 형태의 강한 반사 이벤트가 해저면과 거의 평행하게 나타나는데, 이를 BSR(bottom-simulating reflector)이라 한다.

또한, 가스수화물층 내부에서는 탄성파 속도가 높은 가스수화물이 퇴적층의 빈틈을 채움에 따라 퇴적층 사이의 반사계수가 매우 작아져 반사 이벤트가 거의 보이지 않는 진폭공백현상(amplitude blanking)도 나타난다. 따라서 이와 같은 가스수화물의 독특한 물질적 성질은 지구물리 탐사방법을 적용해 가스수화물의 부존 여부와 매장량 등을 평가하는 데 이용된다.

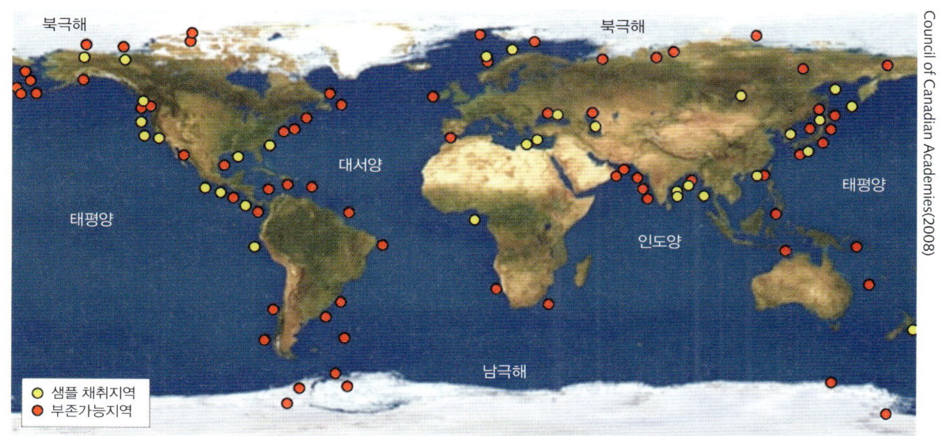

Council of Canadian Academies(2008)

전 세계 해양의 가스수화물 분포지

가스수화물의 세계 총 부존량 (단위 : $10^{12}m^3$)

조사자	육상	해상	전체
토로피먹 등, 1997	57	5,000~25,000	
맥버, 1981	31	3,100	
메이어, 1981	14		
도브리닌 · 코르타엡, 1981	34,000	7,600,000	
크벤볼덴, 1988			20,100
크벤볼덴 · 클레이풀, 1988		29,100	
크라손, 1992		22,000~165,000	
오쿠다, 1994		250~500	

가스수화물의 분포와 매장량

수화물은 일반적으로 석유나 천연가스와는 달리 덮개암(cap-rock)이 없이도 집적할 수 있어 분포 형태가 매우 다양하다. 특히, 심해저 가스수화물의 경우 일반적으로 심해저의 얕은 천부층부터 존재하기 때문에 전 세계적으로 매우 광범위하게 분포하고 있다.

가스수화물은 북극을 중심으로 한 알래스카, 캐나다. 시베리아, 노르웨이뿐 아니라 동토대 지역 육상과 알래스카 주변해 미국 동서부, 멕시코 만, 일본 근해, 인도 근해 및 흑해 등 500m 이하의 심해저 퇴적층에서 대량으로 발견되고 있다. 가스수화물층은 또한 투수율이 매우 낮아 하부에 존재하는 석유 혹은 천연가스의 방출을 억제하는 좋은 덮개(seal) 역할을 하기도 한다.

위의 표는 각 연구논문에서 발표된 전 세계 가스수화물의 원시 매장량을 나타내고 있다. 그러나 여기에 제시된 매장량은 여러 가정으로부터 추정된 양으로, 실제 경제적으로 생산할 수 있는 정확한 양을 파악하기는 어렵다.

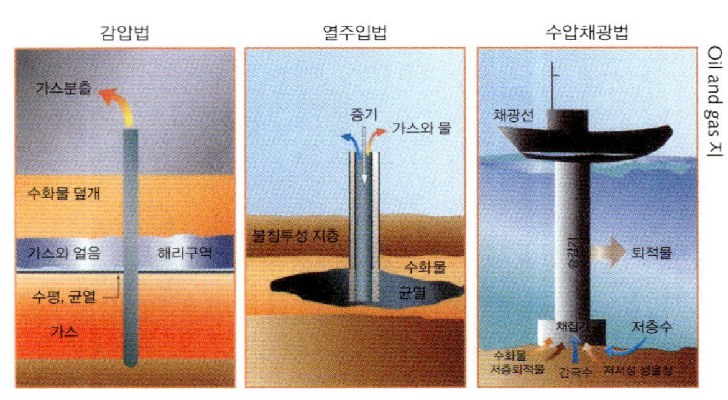

가스수화물의 생산방법

가스수화물의 생산방법

가스수화물에서 천연가스를 생산하는 것은 가스수화물이 고체 상태이고, 극지와 같은 영구동토 지역이나 심해저에 널리 분포되어 있기 때문에 어려움이 많다. 따라서 일반적인 천연가스의 생산과는 또다른, 더욱 고난도의 기술이 필요하다. 현재 생산과 관련된 기술로는 다음과 같은 방법들이 있다.

'감압법(depressurization)'은 평형 상태에서 안정된 가스수화물이 해리될 수 있도록 압력을 떨어뜨리는 방법으로, 시베리아 메소야하 가스전 지역에서 천연가스를 생산할 때 상부에 있던 가스수화물의 압력이 내려가 분해된 가스를 함께 생산했던 경험에서 제안된 방법이다.

'증기 및 열수 주입법(heat injection)'은 가스수화물층에 증기 또는 열수를 주입, 저류층의 온도를 증가시켜 가스수화물의 분해를 일으키는 방법이다. 에너지 효율면에서 비교적 우수한 방법으로 평가되고 있다.

그리고 아직은 이론에 그치고 있는 생산 방법이나 '수압 채광법(hydraulic mining)'과 가스수화물의 안정 상태를 감소시키기 위해 메탄올 혹은 글리콜과 같은 흡입제를 투입하는 '메탄올/글리콜 주입법(inhibitor injection)' 등이 있다. 이 생산기술은 가스가 수화물로 변하는 것을 방지하기 위해 오래전부터 추운 지역에서 사용해 온 기술을 응용한 방법이다. 그러나 '메탄올/글리콜 주입법'은 다량의 용매가 필요하여 아직은 경제성에 문제가 있다.

● 가스수화물 연구 및 개발

가스수화물 연구 및 개발의 중요성은 첫째, 에너지 자원으로서 폐기물이 없는 청정에너지이며 고밀도의 대용량 자원이란 점을 들 수 있다. 또한, 환경 보전이라는 의미에서 해저에 자연 방출되는 메탄가스로 인한 해저사태 등 자연발생 재난을 사전 예지할 수 있다는 점, 그리고 해양 및 대기에 메탄가스를 방출하는 가스의 경로를 예지해 지구온난화 연구에 이바지할 수 있다는 점 등을 들 수 있다.

가스수화물의 연구결과는 경제·사회·기술적 파급 효과가 매우 크다. 심해 해양개발의 신탐사기술을 개발·확보할 수 있고, 수십~수백 기압의 극한 환경 속에서도 견디는 내구성이 강한 탐사장비를 개발하는 기술을 발전시킬 수 있다. 선진 각국에서는 일찍이 가스수화물의 중요성을 인식하고 여러 분야의 연구가 활발히 진행됐다. 특히, 최근 지구물리학적 탐사방법에 의해 가스수화물의 부존 위치가 밝혀지면서 가스수화물 광상의 매장량 계산법 및 그 하부에 존재하는 유리가스의 존재 구명, 그리고 지구온난화에 관련하여 메탄가스의 순환 메커니즘, 해저면 안정성 등 가스수화물이 부존된 지역에서 많은 연구가 이루어지고 있다.

● 가스수화물층이 확인된 연구지역

가스수화물 광상이 실제로 확인되어 다각도의 연구가 진행 중인 지역은 다음과 같다.

메소야하(Messoyakha) 지역

영구동토 지역인 러시아 서시베리아 메소야하 가스전 지역은 1960년대 천연가스 수화물이 처음으로 발견된 곳이다. 아직 논란의 여지가 남아 있지만 1971년 러시아의 마코곤(Yuri Makogon)의 해석에 의하면 가스수화물로부터 분해된 천연가스의 상업적 생산이 처음으로 이루어진 곳이다.

멕시코만(Gulf of Mexico) 해역

대륙주변부(continental margin)에서 부존이 확인된 멕시코만 해역은 가스수화물이 해저면 아래 10m 정도에서 중력 시추기에 의해 회수된 지역이다. 이 지역처럼 가스수화물층이 단층과 관련한 해저 표면과 표면 근처에 축적된 곳은 가스수화물의 산출상태와 물성 파악 등 자연 상태의 연구대상으로써 매우 이상적인 지역으로 평가받는다.

Blake Ridge 해역

심해굴착계획(ODP)의 심해 시추자료 분석결과 미국의 사우스 캐롤라이나(South Carolina) 근해 Blake Ridge 해역에서 실시한 세 개의 지점에서 BSR을 관통하는 시추공에서 가스수화물 부존 가능성이 확인되었고 이곳에서 얻은 탄성파 기록상의 뚜렷한 BSR 아래에 존재하는 유리가스의 실체가 확인됐다.

가스수화물에 대한 연구 및 개발은 상업적인 생산기술이 아직 발달하지 않은 상태이기 때문에 민간차원보다는 국가 주도로 이루어지고 있는 것이 특징이다. 가스수화물의 연구 및 개발 사업을 활발히 수행하고 있는 나라로는 미국, 캐나다, 러시아, 일본, 영국, 인도, 독일, 브라질, 노르웨이 등이다. 최근 이들 국가 사이에 협력적인 연구 활동도 활발히 이루어지고 있는데, 그중 캐나다와 미국의 에너지 관련 정부부서 간의 가스수화물 협력연구 및 개발을 대표적인 예라 할 수 있다. 이제 선진 각국 중 가장 활발하게 연구 중인 미국과 일본의 연구내용과 우리나라의 연구동향을 살펴보기로 한다.

● 미국의 연구활동

가장 활발하게 가스수화물 연구 및 개발을 진행하고 있는 미국은 현재 에너지 관련 부서를 중심으로 연구기관 및 산업체, 그리고 대학 등이 서로 협력하여 연구를 하고 있다. 특히, 미국은 일찍이 미래 대체에너지 자원으로 가스수화물에 대한 중요성을 인식하고 1982년부터 본격적인 가스수화물 기초연구에 착수했으며, 1998년 7월 17일에는 미 의회에서 가스수화물에 대한 연구촉진법안(Senate Bill S.1418)을 통과시켜 장기적인 연구기반을 이뤘다. 현재 정부의 에너지 관련 부서인 DOE/FE(Department of Energy/Office of Fossil Energy)와 DOE/ER(Office of Energy Research)을 중심으로 각 대학 및 연구소가 컨소시엄을 구성하여 가스수화물 연구를 수행하고 있다. 특히, 1998년에는 과학기술재단에서 300만 불의 예산을 투입하고, 2000년에는 가스수화물 개발지원을 위한 특별법을 제정하여 5년간 4,750만 불의 연구비를 투자하였으며, 2015년도 상업적 개발을 목표로 하는 중장기 프로그램을 진행 중이다.

미국의 가스수화물에 대한 연구 및 개발의 궁극적인 목적은 지구기후 변화에 영향을 줄일 수 있는 청정에너지 자원으로서 공급이 실현될 때 그 사용을 극대화하고 가스수화물의 분해로 자연적 혹은 인위적으로 야기되는 잠재적인 위험을 줄이는 데 있다.

● 일본과 세계 각국의 연구 활동

우리나라처럼 에너지 자원이 빈약한 일본도 안정적으로 에너지를 공급한다는 목적 아래, 통산성(Ministry of International Trade and Industry)의 제8차 5개년 계획의 일환으로 가스수화물에 대한 연구 및 개발을 추진하고 있다. 이 계획은 1995년 일본 석유공단(Japan National Oil Company)의 기술개발센터 (Technology Research Center)가 중심이 되어, 2000년대 초반 메탄수화물 자원개발을 목표로 10개의 일본 산업체와 공동으로 연구를 수행하였다. 여기에는 4개의 일본 석유탐사 회사들의 컨소시엄과 2개의 지원회사, 3개의 가스회사 및 전력회사가 참여하였다.

일본이 중점적으로 연구 및 개발했던 사업은 메탄수화물의 일반적, 물리적 성질, 수화물에 대한 지질학적 모델링, 검층 기술(production logging, 고해상 기술과 AVO 포함), 시추 및 코어기술, 생산 모델링, 그리고 미래의 가스수화물 생산의 실현 가능성 등 6가지 분야다. 또한, 이와 별도로 대학, 연구소, 석유 및 가스회사의 연구원과 기술자들로 구성된 '메탄수화물 개발을 위한 증진 위원회'를 통하여 석유공단 기술개발센터의 연구결과를 검토하고 자원의 전반적인 잠재력을 평가한 후, 메탄수화물 개발의 장기적 전략을 수립하고 탐사개발에 직접적인 역할을 한다.

이 밖에도 노르웨이에서는 천연가스를 수화물로 만들어 대량으로 수송하고 저장하는 연구를 진행하고 있다. 이 경우 그 부피가 6백분의 1로 줄어들고, 그리 높지 않은 압력과 영하 10℃ 정도의 온도에서 안정된 고체로 수송 저장할 수 있다. 호주에서는 가스수화물을 트럭으로 수송해 수요지에서 직접 연료로 사용하는 연구를 하고 있다.

합성실험에 의해 만들어진 메탄수화물의 특징
일본 지질조사소

① 합성실험장치에 의해 만들어진 메탄수화물
② 기화가 시작되는 메탄수화물에 성냥불을 접근
③ 1분 이상 연소
④ 연소 후에는 물방울이 남음

일본 지질조사소

이와 함께 수화물 형성기술을 이용하여 저렴하고 효과 높은 결빙 방지제를 생산하는 기술연구도 박차를 가하고 있다. 이는 현재 수화물에 의한 가스 및 원유 생산 파이프의 결빙 방지를 위해 사용하는 메탄올을 대체해 생산비를 줄이는 데 이바지하게 될 것이다.

● 우리나라의 연구현황

우리나라 주변 가스수화물의 존재는 한국해양연구소(현 한국해양과학기술원)가 1992년 동해에서 실시한 '한국-러시아 국제 공동 지구물리 탐사'를 통해 러시아의 오호츠크해와 유사한 지질구조 특성과 함께 그 존재 가능성이 처음 제기됐으며, 일본 주변 해역에서도 막대한 양의 가스수화물이 매장되어 있음을 확인했다.

한국 동해의 울릉분지 주변해역은 해저수의 온도가 0~1℃, 지하로 들어감에 따라 변화하는 온도 증가율인 지온구배(地溫勾配)는 37~39℃/km, 해양퇴적물의 열 수치는 2.35HFU(Heat Flow Unit)고, 코어 퇴적물로부터 측정된 평균 유기탄소 함유량은 2~3%로 충분히 메탄을 함유하여 가스수화물 부존이 가능한 환경이다.

가스수화물 부존에 대한 간접적인 지질학적 증거로는 울릉분지 대륙사면의 퇴적물을 불안정하게 한 해저사태와 같은 원인이 가스수화물의 방출에 의한 것으로 추정된다는 점이다. 또한, 지구물리탐사 자료들로부터 가스 분출 때문에 해저면이 움푹 파인 폭마크(pock mark)로 추정되는 것도 여러 곳에서 관측된 바 있다.

그러므로 한국해양연구소에서는 가스수화물에 대한 자료수집 및 문헌연구와 함께 동해지역에서의 부존 가능성에 관한 연차적인 기초연구를 진행해 왔다. 그 예로 1995년 동해 '대수심해역의 해저지구조 환경연구사업'의 하나로 수행된 해저퇴적물 코어자료에서 가스수화물의 증거가 인식되었고, 같은 해 해군본부에서 미 해군 연구소와 공동 실시한 광역 사이드 스캔 소나 탐사 때도 가스수화물의 부존을 알리는 폭마크가 기록지상에 나타났다. 그리고 1997년부터 연차적으로 수행되는 '배타적 경제수역 해양자원 조사 연구사업'에서 동해 대륙붕, 대륙사면, 그리고 대양저에서 획득한 심부 탄성파 자료와 코어자료들로부터 가스수화물이 존재할 가능성을 확인했다.

현재 우리나라의 가스수화물 자원 탐사능력은 탐사전문가, 탐사장비 대부분이 확보되어 순수 국내기술 수준에 의한 탐사가 가능하다. 한국지질자원연구원에서는 1996년 가스수화물에 대한 연구를 필두로 1997년 가스수화물 부존 지역 구명을 위해 동해, 울산 해역을 대상으로 최초 지구물리탐사를 수행했다. 그 후 정부의 지원으로 한국가스공사와 공동으로 동해지역의 가스수화물 생성 잠재력과 부존 유망지역을 규명하기 위한 5개년 광역탐사와 연구개발 사업을 진행한 바 있다. 2000년부터 5년 동안 약 30억을 투자해 동해 전 지역을 대상으로 가스수화물 기초탐사를 실시해 약 6억 톤의 부존 가능성을 파악하였다. 이는 우리나라가 최소 30년간 사용할 수 있는 양이며, 상용화했을 경우 약 1,500억 불 이상의 수입대체 효과를 얻을 수 있다. 이러한 결과를 바탕으로 정부는 2007년까지 667억 원을 투입한 정밀 시추작업을 통해 매장량을 평가하는 1단계 사업을 포함, 2014년까지는 2단계 사업으로 가스수화물에 대한 시험생산과 상업생산을 완성하는 10개년 중장기계획을 수립하고, 가스공사, 석유공사, 한국지질자원연구원 등으로 구성된 전담 사업단을 설립해 집중적인 연구개발을 수행하고 있다.

● 가스수화물의 친환경 개발 방안

세계는 화석에너지 자원의 고갈과 환경오염 및 지구기후 변화 등 여러 어려움에 직면해 있다. 현재 에너지자원 측면에서 기존 화석에너지 자원을 대체할 만한 획기적인 에너지원을 개발하지 못하고 있으나, 환경적 측면에서는 화석에너지 사용에 따른 환경오염과 지구온난화가 날로 심각해지고 있다. 이러한 시점에서 선진 각국들이 가스수화물에 대한 연구개발을 서두르는 이유는 바로 이 두 가지 문제를 해결할 수 있기 때문이다. 가스수화물은 막대한 매장량과 사용에 따른 유해물질 방출이 현저히 적은 청정에너지원이고, 또한 지구 온실화의 원인이 되는 메탄가스를 대기 중에서보다 3,000배나 많이 함유한 가스수화물을 자원으로 활용할 수 있기 때문이다.

그러나 이러한 이점에도 불구하고 가스수화물 개발에 필연적으로 일어날 수 밖에 없는 환경변화의 문제점을 해결해야만 한다. 즉, 메탄이 시추과정에서 연소하지 않고 대기에 그대로 방출될 경우 이산화탄소보다 10배 이상의 심각한 온실가스 효과를 일으킬 수 있다. 가스수화물에 포함된 메탄가스의 양은 대기권에 존재하는 양의 300배로 예상되는데, 이렇게 많은 양의 메탄가스가 대기로 방출되면 지구기후 환경변화는 심각해질 수 있다.

또한, 가스수화물의 대량 생산에 따른 지반 침하 및 해저 붕괴는 쓰나미 등 재앙을 일으킬 수 있다는 점을 유념해야 한다. 현재 이 문제의 해결방법으로 각계에서는 이산화탄소의 땅속 저장 기술연구에 박차를 가하고 있다. 이는 지구온난화의 주범인 이산화탄소를 빈 가스수화물층에 대체 주입하여 이전의 상태와 같은 환경을 만들어 지반 침식을 방지하려는 계획이다. 이를 통해 궁극적으로 해저 생태계의 파괴나 지질학적 피해를 극소화할 수 있다.

지속적인 연구 및 기술 개발을 통해 환경파괴를 극소화할 수 있으며 미래 신자원으로 주목받는 가스수화물 에너지 자원을 확보한다면, 우리나라가 에너지 주권국으로 발돋움할 수 있는 계기가 마련될 것이다.

심해에 있는 산업 비타민, 희유금속 자원

IT분야, 녹색산업, 그리고 첨단산업의 성장은 희토류 및 희유금속 확보에 달려있다고 해도 과언이 아니다. 희유금속에 대한 유기적이고 지속적 연구만이 바다를 우리의 진정한 '블루오션'으로 만들어줄 것이다.

박상준 · 유찬민 한국해양과학기술원

인류가 금속을 사용한 이래 금속 자원이 지역에 따라 치우쳐 있다는 것을 인식한 결과로 일어난 최초의 전쟁은 B.C. 2,600년 이집트 제3왕조 파라오 세켐케트(Sekhemkhet) 군대가 시나이 반도를 공격한 것이다. 세켐케트의 목적은 오직 시나이 반도의 풍부한 구리 광석을 차지하는 것이었다. 이후 자원을 둘러싼 국제적 분쟁과 갈등은 현재까지 끊임없이 이어지고 있다. 최근 중국은 센가쿠 영유권 분쟁에 대한 대일 압박으로 '희토류 대일 수출 금지'라는 수단을 썼다. 희토류의 산업적 중요성은 이미 2000년 초부터 전문가들 사이에서 화두가 됐으나, 센가쿠 열도를 둘러싼 영토 분쟁은 뜻밖에 희토류라는 희유금속의 중요성을 국민에게 인식시켜주는 계기가 됐다.

● 희유금속이란?

희유금속에는 희토류를 포함하여 산업적으로 소량만 필요하지만 기술적 · 경제적 이유로 추출이 쉽지 않은 금속들이 포함된다.

희유금속(rare metals)이란 지각 함유량이 매우 제한적인 금속이나, 산업적으로 극히 소량만 필요함에도 불구하고 기술적·경제적인 이유로 추출이 쉽지 않은 비철금속(non-ferrous metals)을 말한다. 비철금속에 속하는 금속은 기술적·경제적 정의에 따라 국가마다 다소 다르지만, 대개 30개의 비철금속 원소 외에 스칸듐(Sc), 이트륨(Y)을 포함하는 란탄족 원소(Lanthanoids) 17개가 포함된다. 현재 한국에서는 비철금속에 속하는 희유금속 30개, 란탄족 원소에 속하는 17개 금속 외에 알칼리토금속인 마그네슘(Mg) 1개, 반금속/금속 중 인(P), 비소(As), 규소(Si), 주석(Sn) 4개 백금족 원소 중 루테늄(Ru), 로듐(Rh), 오스뮴(Os), 이리듐(Ir) 등 4개 금속원소를 포함한 총 56개를 희유금속으로 규정하고 있다.

전이원소 일부
백금족 일부
희유금속
희토류
고장력 원소
양쪽성 원소 일부

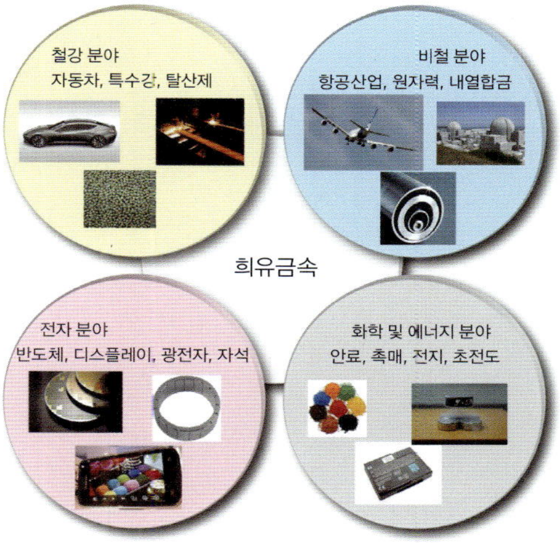

희유금속 또는 희토류라는 용어는 지각에서 희귀하게 발견된다는 추측을 하게 하지만 사실과는 다르다. 희유금속 중 세륨(Ce)은 지각평균 함량이 납(Pb)보다 3배 많을 정도로 지각에 풍부하게 부존한다. 또한, 희유금속 중 지각평균 함량이 가장 적은 톨륨(Tm)은 인위적으로 만들어진 프로메튬(Pm)을 제외하면 금(Au)·은(Ag)·백금(Pt)보다 지각 함량이 더 높다. 이들 희유금속원소는 모두 원자의 최외각에 3개의 전자를 갖는 물리·화학적 특징을 보인다. 이들은 대부분 쉽게 산화되며, 비금속과 화합물을 매우 잘 이룬다.

철강 분야
자동차, 특수강, 탈산제
비철 분야
항공산업, 원자력, 내열합금
희유금속
전자 분야
반도체, 디스플레이, 광전자, 자석
화학 및 에너지 분야
안료, 촉매, 전지, 초전도

첨단IT산업 및 녹색산업에 매우 중요하게 사용되는 희유금속

또한, 전자 배치에 d오비탈에서 전자가 증가하는 특징을 보인다. 이런 전자 배치 때문에 희유금속, 특히 희토류 금속 대부분은 강한 자기적 성질을 띤다. 바로 이런 자기적 성질 때문에 영구자석, 기억소자, 열펌프 등과 같은 자기소재 산업에서 주목을 받기 시작했다. 희유금속은 수요는 증가하고 있지만, 공급의 탄력성은 낮아 일부에서는 희유금속을 대체할 물질을 찾아왔으나 희유금속의 전자가 d오비탈에 위치하는 복잡한 원조 구조로 인해 희유금속의 물성을 대체하는 신소재 개발도 쉽지는 않다.

희유금속이 중요시 되는 이유는 녹색경제(Green economy)에 반드시 필요한 금속이기 때문이다. 현재 전 세계적으로 화력발전에서 배출되는 이산화탄소의 양을 줄이기 위해 풍력 또는 조력 발전 비율을 높이고 있는데, 이를 위해서는 고효율의 터빈이 필요하다. 고효율의 터빈을 만들기 위해서는 기존의 터빈에 쓰이는 영구자석보다 더욱 강력한 자석이 필요한데, 이를 가능하게 해주는 것이 희유금속이다.

태양전지에도 희유금속이 들어가서 효율을 높여주며, 이 외에도 기억소자, 하이브리드 자동차, 전투기 등 첨단기술 제품 제조에 널리 이용된다. 희유금속 중 란탄족 금속(흔히 희토류라 칭함)의 전 세계 소비량은 향후 연간 9%씩 증가할 것이다. 유럽연합(EU)은 희토류 소비가 급격히 증가하여 2030년이 되면 현재 수요의 3배가 넘을 것으로 예상하고 있다.

각국의 희유금속 개발 현황

세계 희토류 생산의 99%는 중국이 담당하고 있다. 센가쿠 열도 분쟁에서 보듯이 중국은 희토류 자원을 무기화하려는 움직임을 보이고 있지만, 이는 중국의 정치·외교적인

이유 때문간은 아니다. 중국의 산업구조가 지속적으로 고도화·첨단화되면서 각종 주요 금속 소비가 증가하고 있으며, 희유금속 소비도 폭발적으로 증가하고 있다. 문제는 중국을 제외한 다른 나라에서 새로운 대규모 희토류 생산 광산이 발견·채광되지 않으면, 향후 중국이 생산하는 희토류 대부분을 중국이 소모해야 할 처지에 놓이게 된다는 것이다. 오히려 희유금속을 수입해야 할 처지에 놓일 수도 있다. 중국이 의도적으로 희유금속을 자원 무기화하는 것이 아니라, 자국 첨단 산업에 희유금속을 공급하기 위해 희유금속의 수출을 막고 있는 것이다.

우리나라는 희유금속 전체를 중국과 일본에서 수입하고 있어 희토류 공급원을 다양화할 필요가 있다. 그 방법의 하나는 희유금속 자원을 육상이 아닌 해저에서 확보하는 것이다. 해양탐사 선진국들은 해저에 부존하는 자원 중 망간단괴, 망간각, 해저열수광상 및 심해저 퇴적물 등에 함유된 희유금속의 자원으로서의 잠재성을 인지하고 이에 대한 연구를 활발히 진행 중이다. 일본은 센가쿠 열도 분쟁을 계기로 희유금속을 포함한 다양한 금속자원을 자국 배타적 경제수역(EEZ) 내에서 개발하는 방안을 다시 연구하기 시작했다.

우리나라는 1983년 북동태평양에서 망간단괴에 관한 첫 탐사를 시작했으며 현재 전 세계 공해 및 타국 배타적 경제수역(Exclusive Economic Zone, EEZ)에서 활발한 해저 광물자원 탐사를 수행하고 있다. 탐사·개발 대상이 되는 해저광물자원은 크게 망간단괴, 망간각, 해저열수광상 등의 세 유형으로 분류된다.

한국은 북동태평양에서의 첫 탐사 이후, 1989년부터 망간단괴에 관한 본격적인 탐사를 수행하여 1994년 국제해저기구(International Seabed Authority, ISA)를 통해 북동태평양에 한국 광구 15만 km^2를 등록했으며, 2002년 최종적으로 7만 5천 km^2 크기의 독점 개발광구를 획득했다. 망간단괴와 유사한 금속 종류를 포함하고 있는 망간각은 서태평양 마셜제도를 중심으로 1989년 최초 탐사가 수행된 이후 1997년부터 단속적인 탐사가 수행되고 있다. 해저열수광상은 최근 고품질 천금속(base-metal) 자원으로 주목받고 있으며, 한국은 남서태평양 라우분지(Lau Basin) 및 통가의 배타적 경제수역(EEZ)을 중심으로 1997년부터 탐사를 수행하고 있다. 2012년 7월에는 국제해저기구(ISA)로부터 인도양 공해상에 1만 km^2의 독점탐사권도 획득했다.

망간단괴 및 망간각에 대한 전 세계적인 탐사와 연구 활동은 주로 단괴 및 각에 함유된 니켈(Ni), 코발트(Co), 망간(Mn) 등을 추출할 목적으로 수행되었으나, 최근에는 이들 광석에 함유된 희토류에 대한 탐사와 연구가 활발히 진행되고 있다. 특히 해저열수광상은 금(Au)·은(Ag)·구리(Cu)·아연(Zn) 등이 풍부하게 함유된 광석으로 주목받고 있으며, 최근에는 이 광석에 란탄족 희토류를 제외한 다양한 희유금속이 고품위로 함유된 것이 알려지면서 이들 희유금속에 관한 연구가 시작되고 있다.

또한, 희토류 확보에 대한 관심이 증가하면서 해저에 넓게 퇴적된 심해퇴적물도 희토류 광상으로서의 잠재성에 대한 연구가 시작되고 있다. 우리나라는 북동태평양 망간단괴 광구확보를 통해 357백만 건톤(Mt, dry tonnage)의 광석량을 확보하고 있으며, 서태평양 망간각 탐사를 통해 6백만 톤 이상의 광석량을 확보할 수 있을 것으로 예상하고 있다. 또한, 현재 통가 탐사권 획득 해역에서 민간사 투자로 진행되고 있는 해저열수광상 탐사를 통해 약 4백만 톤 이상의 광석량을 확보할 수 있을 것으로 기대하고 있다.

● 망간단괴 속의 희유금속

한국이 독점적 개발권을 가지고 있는 북동태평양 해역에 부존하는 망간단괴의 희유금속 함량을 지각함량 기준으로 비교해 보면, 탈륨(Tl), 망간(Mn), 비스무스(Bi), 안티몬(Sb), 니켈, 코발트가 희유금속함량/지각함량 비(이하 부화량)가 100 정도를 보인다. 이 중 니켈과 코발트는 채광 예상 금속으로 많은 탐사·연구가 수행되었다. 한편 중앙태평양 해역에서 산출되는 망간단괴에는 백금이 지각 대비 약 50배에서 400배의 높은 함량을 보인다. 로듐은 지각 대비 약 20배에서 80배 정도 부화되어 있다. 또한, 인도양에서 산출되는 망간단괴에는 팔라듐이 약 1,900배 부화된 것으로 알려졌다.

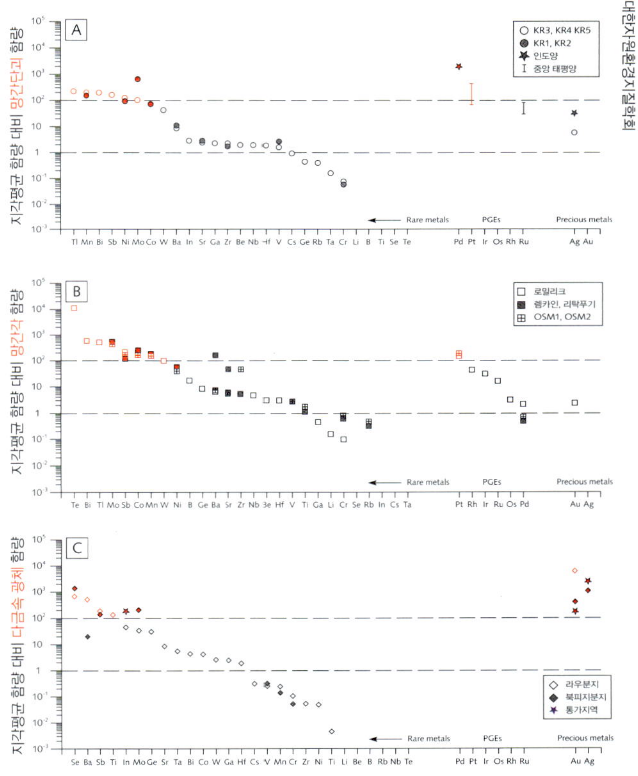

한국이 탐사 중인 해저광물자원에 함유되어 있는 희유금속의 지각대비 함량비

희유금속 중 희토류 금속의 함량을 표현할 때에는 국제적으로 광체 내에 함유된 희토류의 품위를 산화형태 희토류인 '산화희토류'로 그 함량을 표현한다. 한국이 보유하고 있는 북동태평양 지역 망간단괴의 산화희토류(rare earth oxides, REO) 총 함량은 0.067 ~ 0.302REO% 범위를 보인다.

희토류는 16개의 란탄족 원소로 구성되어 있는데, 어떤 광체의 총 산화희토류 함량이 유사하더라도 란탄족 원소의 비율에 따라 그 가격과 품질이 달라진다. 한국이 확보한 망간단괴의 산화희토류 종의 구성은 남쪽에서 회수되는 망간단괴의 경우 산화희토류 함량비는 중(中)희토류(Nd_2O_3 + Pr_2O_3 +Dy_2O_3; NPD)가 23.3%를 보이며,

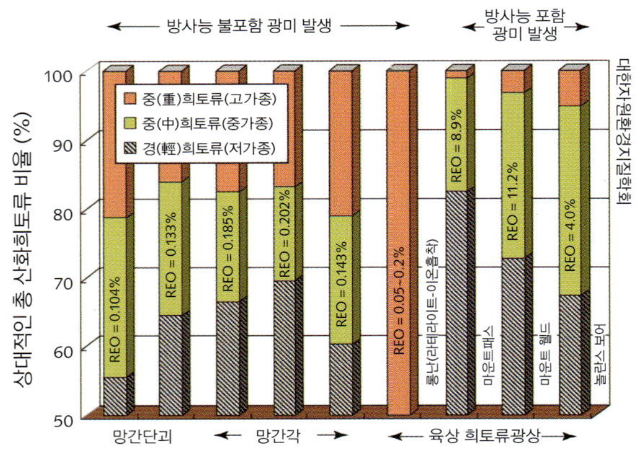

해저금속광상 및 육상광상에 함유된 희토류 금속의 상대적 총 함량비 분포

중(重)희토류(Sm_2O_3 + Er_2O_3 + Gd_2O_3 + Y_2O_3 + Tb_2O_3; SEGY)가 21.2%를 나타낸다. 경(輕)희토류(La_2O_3 + Ce_2O_3; LC)는 총 희토류 중 55.5%를 점한다. 반면 광구 북측에서 산출되는 망간단괴는 중(中)희토류(NPD)가 19.53%, 중(重)희토류(SEGY)가 16.0%를 보이는 반면 경희토류(LC)의 총 희토류 함량은 64.5%를 보이고 있어 광구 남측 망간단괴의 NPD 및 SEGY 함량이 상대적으로 높다. 이런 차이는 망간단괴가 만들어진 기원(수성 또는 속성)에 따른 것으로 생각된다.

● 망간각 속의 희유금속

우리나라가 서태평양 마셜제도 부근 3개 해역 해저산들에서 획득한 망간각 시료를 대상으로 분석한 희유금속의 함량은 다음과 같다. 망간각에 함유된 희소금속 중 텔루륨은 지각 대비 약 10,000배 이상의 매우 높은 부화량을 보였다. 채광이 예상되는 금속 종인 니켈, 코발트를 포함한 비스무스, 탈륨, 몰리브덴(Mo), 안티몬, 망간, 텅스텐(W) 등은 지각대비 약 100배 정도의 부화량을 보였다. 특히, 이들 해역에서 회수된 망간각의 백금은 지각대비 약 150배 정도 높은 함량을 보인다. 백금을 제외한 백금족 원소에서는 로듐, 이리듐(Ir), 루테늄 등이 42~16배 정도 부화되어 있다. 이 희유금속들은 우리나라가 탐사한 지역을 제외하고 전 세계 해저에서 산출되는 망간각에 포함된 백금족 원소 중 백금, 로듐, 루테늄 등인데 대체로 우리나라 탐사 지역의 망간각 함량보다 다소 낮거나 비슷한 백금족 함량을 보인다.

한국이 회수한 망간각에 함유된 희토류 총 함량을 보면, 로밀리크(Lomilik) 해저산에서 산출되는 망간각에는 평균 0.185REO%의 산화희토류가 함유되어 있었다. 렘카인·리탁푸키(Lemkein·Litakpooki) 해저산에서 산출되는 망간각에는 평균 0.202REO%의 산화희토류가 함유되어 있어 로밀리크 해저산보다 다소 높은 산화희토류 함량을 보인다. 또한, OSM1 및 OSM2 해저산에 생성되는 망간각의 산화희토류 함량은 평균 0.143REO%을 보이고 있어 상기한 해저산에서 산출되는 망간각의 것에 비해 다소 낮은 함량을 보인다. 이 지역에서 산출되는 망간각 중 가장 높은 총 산화희토류 함량을 보이는 렘카인·리탁푸키의 함량비는 중(中)희토류(NPD), 중(重)희토류(SEGY), 경희토류(LC)가 각각 13.6%, 16.8% 69.6%의 함량을 보인다. 반면 가장 낮은 총 희토류 함량을 보이는 OSM 해저산들의 망간각은 중(中)희토류(NPD) 18.8%, 중(重)희토류

(SEGY) 21.0%, 경희토류(LC) 64.5%를 보여, NPD와 SEGY의 두 함량이 렘카인·리탁푸키의 것에 비해 약 10% 정도 더 높은 함량을 보인다. 로밀리크 해저산에서 산출되는 망간각은 중(中)희토류(NPD)가 16.0%, 중(重)희토류(SEGY)가 17.5%인 반면 경희토류(LC)는 총 희토류 함량의 66.5%를 점하고 있어 경희토류(LC) 함량비가 상기한 두 해저산 것의 중간정도를 보인다.

● 해저열수광체 속의 희유금속

남서태평양 피지 및 통가 인근의 북피지 분지와 라우 분지에서 획득된 해저열수광체의 희유금속 함량을 보면 셀레늄이 지각대비 약 1,300배 이상의 농도를 보인다. 그 외에 바륨(Ba), 안티몬, 탈륨 등의 금속이 지각대비 약 100배 이상 높은 함량을 보인다. 북피지 분지 및 라우 분지에서 얻은 광체에서는 인듐(In)이 지각보다 약 50배가량 부화되어있다. 통가 지역에서 산출되는 아연 우세형 해저열수광체에서는 인듐이 지각대비 110배 높은 함량을 보이기도 한다. 희유금속에는 포함되지 않지만, 귀금속으로 채광 가치가 매우 높은 금은 라우분지에서 지각대비 약 400~5,900배 높은 함량을 보인다. 그러나 해저열수광체에 함유된 희토류의 총 함량은 라우분지에서 평균 0.004REO%로 매우 낮은 함량을 보여 해저열수광체 그 자체에는 희토류가 거의 함유되어있지 않다.

● 심해퇴적물의 희유금속 함량

전 세계의 심해에는 매우 오랜 시간 퇴적된 심해퇴적물이 넓게 분포한다. 특히 대륙에서 유래된 입자가 아닌, 대륙으로부터 멀리 떨어진 해수와 여러 다른 화학·지질 물질들이 상호작용을 하여 침전한 심해퇴적물에는 소량의 희토류 금속이 함유되어 있다. 해수와 상호작용을 하는 물질들이 많은 곳은 바로 해양지각이 생성되는 해령 부근으로, 이 지역에서는 활발한 열수활동과 함께 다양한 지질작용이 발생하면서 함희토류 심해퇴적물이 많이 분포하게 된다.

심해퇴적물 내에 함유된 희토류의 양(ΣREY)은 대륙 부근에서는 ~250ppm을 보이고, 해령 부근 심해에서는 1,500ppm 이상의 총 희토류 함량을 보인다. 또한 심해퇴적물은 표층퇴적물의 깊이에 따른 품위 변화가 비교적 심하며(50cm에서 품위가 높아짐), 해양지각에 가까워지면서 함량이 낮아진다. 이런 함량들은 육상광상과 망간단괴, 망간각에 비해서는 소량이지만, 희토류 금속을 함유하고 있는 심해퇴적물이 천문학적인 양으로 분포하고 있어, 개발이 가능하다면 상당량의 희토류를 심해퇴적물에서 얻을

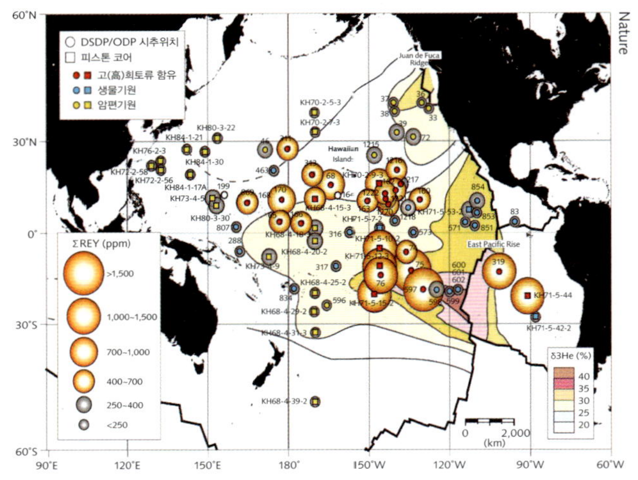

태평양에 부존하는 심해퇴적물의 지구조 위치에 따른 희토류 함량변화

수 있다. 이에 최근 들어 심해퇴적물에 대한 관심이 높아지고 있다. 우리나라가 북동태평양 망간단괴 탐사 지역에서 획득한 심해퇴적물 일부의 총 산화희토류 함량은 0.04REO%로, 상기한 바와 같이 육상 및 망간단괴, 망간각에 비해 낮다. 그러나 이들 시료의 희토류 함량비는 중(中)희토류(NPD), 중(重)희토류(SEGY), 경희토류(LC)가 각각 25.0%, 40.8%, 34.2%의 함량을 보여, 다른 해저광물자원에서 보이는 희토류 함량비보다 중(重)희토류(SEGY)가 매우 많이 함유되어 있다.

● 방사능 유출이 없는 선광

육상에서 개발하고 있는 대부분의 희토류 광상은 모나자이트(Monazite), 제노타임(Xenotime)과 같은 광물의 격자내에 희토류 원소가 포획되어 있다. 따라서 희토류를 얻기 위해서는 이들 함희토류 광물을 파쇄·정제하여 희토류를 추출해야 한다. 그러나 이러한 함희토류 광물들은 광물격자 내에 희토류 원소만을 포획하고 있는 것이 아니고 토륨(Th)과 같은 방사능 원소도 함께 포획하고 있다. 따라서 함희토류 광물을 추출하고 남은 물질, 즉 광미(tailing)에서는 방사성 원소의 붕괴로 인한 방사능이 유출된다. 일부 동남아국가의 국민은 이러한 이유로 자국에서 희토류 광체를 정·제련하는 것을 반대하고 있다. 이런 유형의 광상은 육상광상뿐 아니라 육상 광체가 풍화되어 연안 근처에 퇴적·형성된 해사광상에서도 동일한 방사능 유출이 일어난다. 최근 유럽, 호주, 말레이시아 등에서는 해사(海沙 바닷모래) 중 모나자이트와 제노타임에서 희토류를 제·정련하지 못하도록 법으로 정해 놓기도 했다.

망간단괴 및 망간각에 함유된 유용성분이 침전된 기본 원리는 수성기원·속성기원 혹은 열수기원에 따라 차이가 있으나, 대체로 이들의 주 구성광물인 망간산화물 또는 철산화물에 흡착되어 산출되는 것으로 보고되었다. 희토류 원소 역시 망간 또는 철산화물에 탄산착이온종[예; $HREE(CO_3)^{2-}$ 또는 $LREE(CO_3)^{+}$]의 형태로 흡착된다. 이는 망간각 및 망간단괴에 함유되는 희토류 원소가 광물 격자내에 포획되지 않고 철망간산화물 또는 철망간수산화물 표면에 침착되어 존재함을 시사하며, 모나자이트 또는 제노타임 광물처럼 제·정련시 방사성 원소가 유출될 가능성이 낮음을 의미한다.

● 저품위 대규모 광체

해저에서 산출되는 희유금속은 란탄족 원소의 희토류 금속뿐 아니라 니켈, 코발트, 백금, 텔루륨, 셀레늄, 인듐과 같은 녹색성장과 IT산업에 없어서는 안 될 희유금속이 다량 함유되어있다. 심해저 자원 중 가장 먼저 연구가 시작된 망간단괴는 지금까지 주로 니켈, 코발트, 망간 등을 채광대상으로 탐사·연구를 진행해 왔으나, 최근에는 단괴에 함유된 소량의 희토류 금속도 주목하고 있다. 망간단괴에 함유된 희토류는 육상의 고품위 광산에 비하여 품위는 낮지만(평균 0.12%) 광체가 대규모로 부존하고 있어(3억6천만 톤) 코발트, 니켈, 망간 등의 채광경제성을 높여 줄 것이다.

또한, 이들 광체는 희토류 금속 외에도 백금, 팔라듐을 다량 함유하고 있다. 망간단괴의 개발이 실현될 경우 단일 채광체로부터 얻어낼 수 있는 금속자원의 종류가 많다는 것도 해저자원의 장점 중 하나다. 현재 육상에서 개발 중인 희토류 광상 또는 희유금속 광상도 대부분 주 채광대상 금속은 따로 있고 희유금속은 부광종으로 생산하고 있다. 망간단괴의 경우 한국 보유 광구 전 지역에서 망간단괴의 희토류 품위를 0.12REO%로 가정하면 총 산화희토류 매장량(360백만 메트릭톤 @ 0.12%)은 약 432천 톤일 것으로 예상된다. 최근 채광을 준비 중인 마운트웰드(Mount Weld) 육상광산은 현재 가장 높은 희토류 품위를 보여(11.2REO%) 이 광산의 총 산화희토류 매장량은 190천 톤(1.7백만 톤 @ 11.2%)으로 추정된다. 반면 망간단괴의 희토류 품위는 432천 톤 (360백만 톤 @ 0.12%)으로 육상광상보다 저품위지만 광체의 규모가 커서 고품위 육상광체 매장량에 견줄만하다.

우리나라가 개발권을 확보한 북동태평양 공해에서 망간단괴 채광이 시작되면 연간 3백만 톤 망간단괴를 회수할 경우 약 2천 톤 정도의 산화희토류를 50년 이상 공급할 수 있을 것으로 예상된다. 이는 2008년 현재 우리나라 희토류 수입량의 50%에 해당한다. 또한, 한국해양과학기술원이 남서태평양 공해지역에서 탐사한 7개 해저산에 부존하는 망간각에서 연간 100만 톤 씩 망간각을 회수하면 연간 약 9백 톤 정도의 희토류를 확보할 것으로 예상한다. 망간단괴의 금속자원학적 특성이 망간각에도 그대로 적용되는 것이다. 육상광상에서는 품위가 0.01REO%인 러시아의 로보제로(Lovozero) 희토류 광산이 세슘을 함유한 광물인 로파라이트(loparite)를 함유한 과알칼리(peralkaline)암을 대상으로 대규모 저품위 광상 개발을 진행하고 있다.

망간단괴에는 코발트, 니켈과 같은 희유금속 이외에도 백금 및 팔라듐과 같은 희유금속도 상당량 함유되어 있다. 한국이 보유한 북동태평양 광구에 분포하는 망간단괴에는 대체적으로 백금 1.8백 톤이 부존할 것으로 예상하며, 망간각의 경우 6백만 톤의 광석 확보 시 텔루륨 약 3.4백 톤 정도를 확보할 것으로 예상한다. 망간각에서 산출되는 백금은 6백만 톤의 광석에서 약 2.2톤 정도가 함유됐을 것으로 예상된다. 해저열수광체에서 부화량이 가장 높은 것은(1,300배) 셀레늄이며 인듐은 부화량이 약 110배이다. 약 6백만 톤의 해저열수 광석을 확보할 시 셀레늄과 인듐은 각각 3백 톤 및 33톤이 확보될 것으로 전망된다. 해저 다금속광체의 경우 열수의 이동과 농집 및 분출에 따라 다양한 종류의 금속을 함유한 광체를 예상할 수 있다. 특히 셀레늄과 인듐 같은 희유금속은 황동석·섬아연석 등과 같은 황화광물에 수반되기 때문에 셀레늄 및 인듐의 함량은 이들 황화광물의 조합에 따라 지역별·광체별로 함량에 편차가 있을 것으로 예상된다.

● 고가의 희토류 금속 종 함유

망간단괴와 망간각에서 산출되는 희토류의 총 함량 중 가격이 높은 NPD 및 SEGY [중(中)희토류 및 중(重)희토류]는 육상광상 광체에 비해 상대적으로 함량이 높다. 특히 심해퇴적물에 함유된 희토류 중에는 상대적으로 가격이 높은 중(重)희토류가 40% 정도로 매우 높음을 알 수 있다. 이들 함량비를 2010년 시장가격 기준으로 환산하면, 망간단괴의 경우 킬로그램당 평균 22.9달러이며, 망간각의 경우 평균 22.1달러이다. 반면 육상의 마운틴패스(Mt. Pass) 광산, 마운트웰드 광산, 놀란스보어(Nolan's Bore) 광산, 롱난 광산은 킬로그램당 각각 10.2달러, 13.1달러, 15.4달러, 26.8달러(평균 16.4달러)로 해저금속광상에 비해 약 6달러 정도 가격이 낮았다. 이는 망간단괴와 망간각에 함유된 희토류의 함량이 육상광상보다 비교적 낮지만, 희토류 구성비는 가격이 높은 중(重)희토류가 우세하게 포함되어 있기 때문이다.

● 바다에서 찾아낸 가능성

망간단괴 및 망간각에서 채광이 예상되는 희유금속인 니켈, 코발트를 추출하는 일은 채광의 경제성과 밀접한 관련이 있다. 망간단괴와 망간각에서 산출되는 희유금속 중 텔루륨, 백금은 지각대비 함유 정도가 높아 경제성 있는 희유금속 종으로 판단되며, 주 금속을 제·정련할 때 부산물로 생산되어 니켈과 코발트의 채산성을 높여 줄 것으로 생각된다. 또한, 망간단괴 및 망간각에 함유된 희토류 금속의 품위는 비교적 낮으나 광석량을 대규모로 확보할 수 있어 채광 경제성을 높일 수 있을 것으로 생각된다. 특히 이들 해저금속광상은 시장가격 측면에서 유리한 중(重)희토류 함량비가 높아 채광을 하게되면 채광 예상 금속의 경제적 가치를 증대시킬 것이다.

단, 망간각은 희유금속 개발에 있어 대규모의 광석량을 확보하는 것이 중요하다.

즉 한국이 탐사 중인 서태평양 공해에서 국제 광구 등록을 통해 망간각이 덮인 해저산을 다수 포함 할 수 있도록 하는 것이 중요하다. 이는 광구의 크기에 따라 달라진다. 현재 망간각 국제 광구등록 규칙 논의에서 가장 핵심적인 사항은 망간각 광구의 크기를 결정하는 것으로, 양질의 해저산을 다수 포함하면서도 타국의 광구와는 겹치지 않도록 적절한 크기의 광구 범위를 설정하는 것이 중요하다. 해저열수광체에는 지각에 비해 셀레늄과 인듐이 다량 함유되어 있다. 주 금속원소(구리, 아연)의 부산물로 이들 희유금속을 생산함으로써 주 금속 종의 개발 채산성을 높여줄 것으로 생각된다. 또한, 해저열수광체에 다량 함유된 귀금속은 희유금속과 더불어 주 금속원소들의 채광 경제성을 배가시킬 것이다.

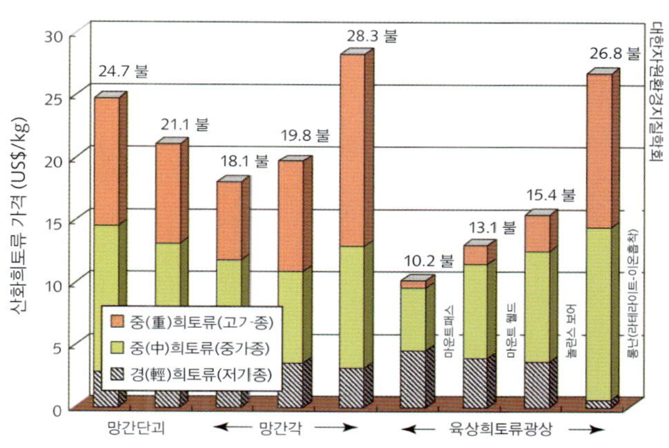

해저금속광상 및 육상광상에 함유된 희토류 총 금속의 1kg 당 가격비교

지중해 청동기 문화를 이끌었으며, 지난 수 세기 동안 세계에 가장 많은 구리를 공급했던 키프로스 광상, 일본 국부 창출의 일부를 담당했던 구로코 광상 등은 모두 해저에서 형성돼 육상에 노출된, 막대한 규모의 해저열수광상이었다. 덩사오핑은 1992년 남순강화(南巡講話)에서 '중동에 석유가 있다면 중국에는 희토류가 있다.'는 말을 남겼다. 그의 말이 20여 년이 지난 오늘날 새삼 놀랍게 느껴지는 것은 지금 희토류를 포함한 희유금속 '자원전쟁'이 치열하게 펼쳐지고 있기 때문이다.

IT분야를 비롯한 녹색산업 및 첨단산업의 성장은 희토류 및 희유금속 확보에 달려있다고 해도 과언이 아니다. 우리에게는 중국에 부존하는 거대 희토류 광산도 없고, 중동처럼 많은 양의 석유도 없다. 하지만 우리에게는 바다가 있다. 바다를 활용하면 세계 해양광물자원 시대를 선도할 수 있기에 이를 위하여 해양기술력 향상에 더 많은 역량을 쏟아야 할 것이다. 한국은 지난 30년간 지속적으로 심해저 광물자원개발 사업을 펼쳤다. 그리하여 선진국 수준의 해양광물자원 개발기술을 갖추었지만, 바다에서 희유금속을 찾아 개발하기 위해서는 아직 가야 할 길이 멀다. 망간단괴, 망간각 안에 들어 있는 희유금속은 그 존재 양상이 아직 확실히 규명되지 않고 있다. 부존 양상의 정립은 채광 후, 제·정련 기술의 개발과 직결되며, 탐사·채광의 효율화와 밀접한 관련이 있다. 따라서 이에 대한 연구가 필수적이다. 또한, 광범위한 해저를 효율적으로 탐사할 수 있는 해저 탐사체 및 탐사기술 개발이 필요하다. 희유금속 광물자원의 부존 양태, 지역적 특성, 품위, 매장량, 제·정련 기술개발 등에 대한 유기적인 연구가 지속적으로 수행되어야 바다는 우리의 진정한 블루오션이 될 것이다.

해양탐사기술

Marine Geological and Geophysical Technology

무한한 자원을 품고 있지만 접근이 어려운 심해를 연구하기 위해
다양한 탐사기술이 개발되고 있다.

해저퇴적물 채취 및 분석기술 158
해저퇴적물은 주위 환경에 의해 침식, 운반, 퇴적 등의 작용을 하므로, 해양환경을 이해하려면 퇴적물 시료의 채취 · 분석은 반드시 필요하다. 다양한 해저퇴적물 채취 장비와 분석기술에 대해 알아보자.

해저 지구물리 탐사기술 166
육상과 달리 해저는 지질학적 연구방법을 적용하기가 대단히 어렵고, 많은 비용과 시간을 필요로 한다. 그러나 계속된 과학의 발전은 해양의 지구물리 탐사기술을 개발하고 이를 이용하여 지구 자원의 개발 및 효율적 관리에 이바지할 것이다.

해양원격 탐사기술 174
해저지형은 단순하지만, 3~5km 깊이의 바닷물에 잠겨있어 이해가 빈약했다. 천리안 해양위성은 해무 관측, 해빙 감시, 녹조 관측 등을 할 수 있으며, 해양이변으로부터 국민의 재산과 안전을 지키고 있다.

해저면 음향영상 탐사기술 188
무한한 광물자원을 품고 있는 깊은 바닷속은 아직 미지의 공간이다. 이 미지의 공간을 들여다볼 수 있는 열쇠가 바로 음파에 있다. 해저면 탐색을 위해 개발된 첨단 음향영상 탐사기술을 소개한다.

해저퇴적물 채취 및 분석기술

해저퇴적물은 주위 환경에 의해 침식, 운반, 퇴적 등의 작용을 하므로, 해양환경을 이해하려면 퇴적물 시료의 채취 · 분석은 반드시 필요하다. 다양한 해저퇴적물 채취 장비와 분석기술에 대해 알아보자.

우한준 · 이희일 한국해양과학기술원

1940년대 이전에는 해양지질 조사 시 준설법(法)에 따라 대부분 해저퇴적물 시료를 채취했으며, 작은 굴착 장치밖에 없었다. 1960년대 이후 해양지질탐사 기술은 급속히 발전했으며, 안정된 선박에서 심해저를 굴착하는 방법뿐 아니라 지진파로 해저구조를 알아내는 방법 등도 개발되었다. 해저퇴적물은 주위 환경에 의해 침식, 운반, 퇴적된 것이므로, 해양환경을 이해하려면 퇴적물 시료를 채취·분석하는 것이 반드시 필요하다. 해저퇴적물 채취 및 분석을 위한 다양한 기기들과 표층퇴적물 이동 관측 기기에 대하여 알아보자.

해저의 암석채취에 사용되는 그랩(grab) 채취기

KIOST

● 그랩 채취기

초기의 해저시료 채취는 바다의 깊이를 측정하는 측심(sounding) 납의 밑바닥에 컵을 붙여서 측심이 끝날 때 퇴적물을 채취하는 방식이었다. 그 이후 추를 단 시료 채취기가 하강하는 동안 금속주걱이 열려 있다가 바닥에 부딪히면 스프링 또는 다른 장치에 의해 닫히는 방법이 개발되었다. 이와 같은 그랩(grab) 타입의 채취기는 표층퇴적물의 채취 용도에 따라 다양한 크기와 모양을 가지고 있다. 그랩의 종류로는 Orange peel buckets, Petersen 그랩, Campbell 그랩, 그리고 van Veen 그랩 채취기 등이 있다. 대부분의 그랩들은 손으로 하강시키고 회수할 수 있을 정도로 작은 크기이고, 일부는 인양기가 필요한 것도 있다. 그랩 채취기는 보통 퇴적물 깊이 15cm 정도를 채취할

장석

이준호

조간대에서 진동기를 이용하여 수 미터의 퇴적물을 채취하는 진동 시추기 모습 ①
해저면 퇴적물을 채취할 수 있는 피스톤 시추기 ②

수 있으나 시료가 교란될 가능성이 있다. 그러나 입자 크기와 광물 분석에는 유용하게 사용할 수 있다.

● 시추장치

연속된 퇴적층에는 지구의 역사와 환경변화가 기록되어 있다. 지층이 쌓인 순서를 연구하기 위해서는 퇴적층이 연속적으로 나타나는 퇴적물을 채취해야 한다. 연속된 퇴적층의 시료를 채취할 수 있는 기구는 자유낙하 중력 시추기(free-fall gravity corer), 진동 시추기(vibracorer), 피스톤 시추기(piston corer), 그리고 상자형 시추기(box corer), 다중 코어 시추기(multi-corer) 등이 있다.

이 중 다중 코어 시추기는 상자형 시추기로 퇴적물을 채취할 때 퇴적층이 로딩(rodding, 눌림 작용)되어 생기는 문제점을 보완하면서도 여러 개의 퇴적코어를 한 장소에서 동시에 채취할 수 있도록 만든 것이다.

장석

이희일

상대적으로 교란받지 않은 퇴적물을 채취할 수 있는 상자형 시추기 ①
여섯 개의 퇴적물 코어를 동시에 채취 가능한 다중 코어 시추기 (multi-corer) ②
코어 채취 시 발생하는 인공적 퇴적층 눌림으로 인한 오차가 상자형 시추기보다 훨씬 작다.

진동 시추기는 호수, 습지, 갯벌 등 연안에서 퇴적물을 채취할때 많이 이용된다. 진동 시추기는 크게 지지대, 코어 원통 그리고 진동기가 있는 드라이브 헤드(drive head)로 구성된다. 지지대는 수직 대들보에 사다리가 있는 삼각형 모양으로 코어 원통과 진동기를 지지하며, 시추기가 퇴적물 위에서 수직으로 작동할 수 있도록 해준다. 진동 시추기는 퇴적물 입자에 따라 뚫고 들어갈 수 있는 깊이가 다르지만, 일반적으로 5~8m 정도의 퇴적물을 채취할 수 있다.

피스톤 시추기는 해저면에서 긴 퇴적코어를 채취하는 기구로, 보고된 바에 의하면 현재 이것으로 채취한 최대 코어퇴적물의 깊이는 약 38m(프랑스 마리온 연구선)이다. 이 기구는 철선으로 코어를 하강시킨 뒤 원통(barrel)이 퇴적물 속으로 들어가도록 무거운 추를 투하한다. 매달린 추가 바닥에 부딪히면 조정간이 풀어져 코어를 넣는 통(core barrel)이 일정 거리를 자유 낙하하여 시추기가 깊이 박히게 된다. 피스톤 시추기의 장점은 수심이 깊은 해저면에서 긴 퇴적물을 채취함으로써 가장 최근의 퇴적물은 물론 오랜 시간이 지난 퇴적물도 함께 채취해, 긴 시간 동안 퇴적의 역사를 밝힐 수 있도록 해준다는 것이다. 반면 단점은 시추하는 동안 코어통이 언제나 꽉 채워지지 않기 때문에 시추기를 올릴 때 밑의 물질이나 물이 빠지기 쉬워 퇴적물이 변형된다는 점이다. 특히 사질퇴적물 등은 밑으로 흘러내리기 쉽다. 코어퇴적물의 상부는 교란되어 없어지는 경우가 많은데, 특히 모래 위에 연한 유동 연니(ooze, 점토퇴적층)가 있을 때 심하다. 또한, 피스톤 시추기는 모래가 단단하게 다져진 표면에서는 시료 채취가 매우 제한되는 단점이 있다. 최근에는 코어퇴적물의 표층부 교란을 막기 위해 코어 시추기 내부에 분리 가능한 피스톤을 설치한 특수 피스톤 시추기가 개발되어 사용되기도 한다.

상자형 시추기는 코어퇴적물을 채취할 때 상부가 교란되거나 제거되는 오차를 막기 위해 고안한 채취기로, 대개 약 50cm 길이까지 퇴적코어를 채취할 수 있다. 상자형 시추기는 교란받지 않은 시료를 얻기 위해 많이 사용한다. 상자의 길이는 변화시킬 수 있으며 지름은 24×30cm 이상이다. 이 시추기가 해저면을 뚫고 들어가면 삽 부분이 회전해 주둥이 부분을 꽉 틀어막게 되어 있다. 또한, 지름이 크기 때문에 퇴적물 구조에 교란이 거의 없다. 이 시추기를 이용하여 피스톤 시추기로는 시료채취가 되지 않는 견고한 모랫바닥에서 시료를 채취할 수 있다. 상부에는 해저퇴적 표면의 여러 구조 등이 잘 보존되므로 퇴적구조나 생물 서식 분포도를 파악하는 데 이용된다.

● 표층퇴적물 이동 관측기기

해양환경에서 퇴적물은 해류, 조류 및 파랑(wave)과 관련하여 이동하며, 특히 해저면 가까이에서 바닥을 따라 구르거나 약간 튀면서 이동하는 밑짐이동(bed load transport) 형태로 활발하게 일어난다. 해저면에 의해 유체 흐름의 구조가 크게 영향을 받는 지역을 일컬어 해저 경계층(bottom boundary layer)이라 하며, 이 층은 대부분 유체분자들이 불규칙하고 곡선적으로 이동하는 난류층으로 존재한다. 해저 경계층은 질량, 운동량 그리고 열 등이 난류와 혼합되어 해수의 상층부로 많은 에너지를 공급한다.

따라서 저면 경계층에서의 퇴적물 이동 현상과 이동률을 정량적으로 관측하고 예측할 필요성이 있다. 해저 경계층 퇴적물 이동 관측에 사용되는 퇴적물 이동 종합관측시스템(Sediment Transport Monitoring System, SeTMonS)은 유속 관측기(Electromagnetic current meter) 4개, 부유물질 농도 측정기(Optical Backscattering Sensor, OBS) 3개, CTD 1개, 압력센서 1개, 디지털 고도계 1개, 그리고 각종 측정기에서 관측된 자료를 동시에 저장하는 자료기록장치(data logger)로 구성되어 있다.

우한준

해저층 종합 환경 관측 시스템 (SeTMonS)

유속 관측기는 전자기장과 음향원리를 이용해 유속을 관측하는 기기로, 1947년 터커(Tucker) 박사가 처음 사용한 이래 지난 수십 년 동안 연안환경 연구에 많이 이용되었다. 유속 관측기의 종류에는 구형, 디스크형 그리고 환상형의 3가지가 있다. 어떤 형태든 기본적 작동원리는 '패러데이(faraday) 유도법칙'으로, 자기장 변화에 따라 전도체에 전류가 흐른다는 원리를 이용한다. 센서의 껍질 내에 두 개의 여자(勵磁) 코일이 센서 중심으로부터 주변으로 향하는 자장을 보내도록 되어 있으며, 껍질에 두 쌍의 전극이 부착되어 있다. 센서 주변으로 해수가 흐르면 센서 주변 물의 자장값이 변하고, 이어 코일의 자장을 변하게 만들어 전압의 변화를 만드는데, 전압은 해수의 유속에 비례한다. 따라서 전극에서 발생하는 여자전압(excited voltage)의 변화를 관측함으로써 물 운동의 속도와 방향을 측정할 수 있게 된다. 유속 관측기의 장점은 아주 견고하고 다루기 쉬우며, 높은 부유사 농도나 공기 방울 등에 저항성이 강하므로 파도가 부서지는 쇄파대에서 강한 에너지로 인해 유속계 혹은 이를 계류하는 장치 등에 심한 영향을 주지 않는다. 그러나 이 기기의 관측 가능 최대 유속은 3m/s 정도이고, 흐름의 변화에 대한 전압의 반응 속도 한계는 0.1초 이므로, 바람에 의한 파랑이나 너울에 의한 궤도 운동 속도를 관측하기는 충분하나, 쇄파대에서 난류 속도(turbulent velocity)를 관측하기에는 부적합하다.

부유물질 농도 측정기는 높은 강도의 적외선을 발사하는 발광 다이오드(IRED)와 4개의 실리콘 다이오드로 이루어진 감지장치로 구성되어 있다. 발광 다이오드는 수직으로 50°, 수평으로 30°의 각도를 유지하며 방사상으로 적외선을 내보낸다. 감지장치는 빔이 진행되는 동안 수층내 부유하는 입자에 의해 140° 이상 각도로 후방 산란(back scattering)된 것들을 모아서 합친다. 센서의 작동 범위는 퇴적물의 입자크기와 기기의 증분에 따라 달라진다. 진흙 퇴적물은 최대한으로 관측할 수 있는 농도가 5kg/m^3이고, 사질 퇴적물은 100kg/m^3 이다. 이 기기는 연안, 특히 해저 경계층 등에서 높은 부유물질 농도를 관측하는데 적합하다는 장점이 있다. 적외선은 수층을 통과하면서 점차 줄어들기 때문에 태양광선은 해수면으로부터 0.2m 아래의 수층에서 탁도를 관측하는 데 있어 전혀 지장을 주지 않는다. 이러한 장점 덕분에 해빈 및 조간대와 같은 아주 낮은 수심에서도 탁도의 관측이 수월하다. 이 기기의 또 다른 큰 장점은 크기가 작다(약 0.05×0.018m)는 것이다. 작은 크기 덕에 해저면 아주 가까이에도 설치할 수 있으며(최소 0.03m), 여러 개를 수직적으로 배열하여 표층, 중층, 저층의 수층 내 해저면에서 다시 떠오른 부유물질의 농도가 옅어지는 지점을 관측할 수도 있다.

압력센서는 순간 수위의 변화를 관측하는 기기인데, 기기의 원래 특성이 부품을 보호하기 위한 덮개를 덮은 후 특성이 달라지기 때문에 압력센서에 대한 통계학적인 검교정을 담수 탱크에서 미리 실시한다. 통계학적 검교정 실시 전, 센서의 오프셋(offset) 값은 기록된 값에서 우선으로 차감하고, 센서에서 감지되는 담수의 압력은 해수에서의 밀도로 환산시킨다. 평균수심은 평균수위의 시간 변화를 얻은 후 해저면으로부터 센서 높이를 빼서 실제 수심의 변화 자료를 취한다. 오프셋 값은 대기압의 상태에 따라 바뀐다. 따라서 수위관측을 실시할 때마다 센서를 물 밖으로 옮겨 두 번의 오프셋 값을 읽어서 평균값을 실제 수심으로 바꾸기 전 제거한다. 센서로부터 얻어진 수위값은 실제로는 센서 위로 감지되는 압력값이다. 이러한 압력값은 평균해수면의 수압에 의한 고정압력 그리고 파랑의 존재에 의해 변동하는 압력 부분이 가미된 것이다.

해저면의 침식/퇴적 변화를 4Hz로 연속 측정하는 디지털 고도계는 0.75mm의 고해상도를 가지고 있으나, 현장 관측 시 불꽃이 튀는 것이 단점이다.

● 자동 다중코어 검침기

자동 다중코어 검침기(Multi-Sensor Core Logger, MSCL)는 컴퓨터 프로그램을 이용해 음향적인 특성, 퇴적물의 밀도 측정 및 자기감화율 측정을 실시간으로 동시에 측정할 수 있다. 이런 종합적인 분석이 가능한 소프트웨어를 개발한 회사는 영국 지오텍(GEOTEK)사다. 이 장비는 1998년 당시 국내에서는 한국해양연구소(현 한국해양과학

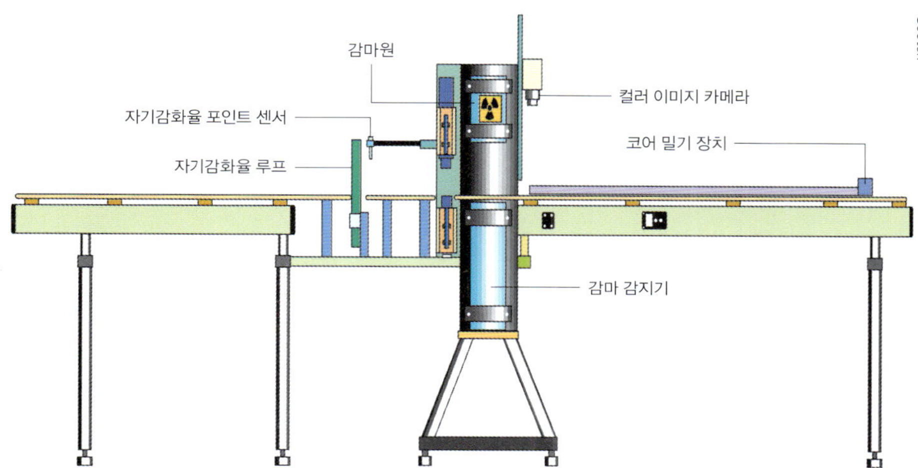

Geotex

다중코어 검침기의 모식도

기술원)가 유일하게 보유하고 있었으며, 세계에서는 35번째로 도입한 첨단장비이다. 이 장비의 주요 성능은 앞서 언급한 음향적 특성을 파악하는 일차(P, Primary)파 속도 및 일차파 크기, 퇴적물 밀도, 공극률 및 자기감화율을 동시에 자동으로 측정이 가능하며, 퇴적물에서 방출되는 자연감마량을 전체 또는 분리 측정하는데, 이는 측정 시간과 깊은 관련이 있다. 뿐만 아니라, 코어퇴적물이나 시추 암석까지도 조사가 가능하며, 배 위와 실험실 모두에서 측정할 수 있다는 장점이 있다. 코어퇴적물을 절개하지 않는 상태의 전코어와 절개코어에서 측정하는 두 가지 방법이 있다. 전코어와 절개코어는 수평측정과 수직측정의 방법을 사용하므로 장비의 위치를 바꾸어야 하는 단점이 있고, 분해 시 많은 나사를 분리해야 하므로 수직과 수평을 자주 교체하지 않는 것이 좋다. 배에는 코어 냉장실이 없는 경우가 많으므로 전코어를 측정함으로써 퇴적물코어가 절개된 후 보관상의 어려움을 피할 수 있고, 실험실로 돌아와 코어를 절개한 후 분석하면 퇴적시료 채취 등 후속으로 따르는 여러 가지 분석 작업에 유용하게 이용될 수 있다.

이희일

다중코어 검침기를 측면으로 본 장면. 밀도측정을 위한 장비가 보인다.

수개월 이상 소요되는 심해 시추탐사(Ocean Drilling Project, ODP)의 경우 연구선 내 실험실에 이 장비를 설치 운영한 후 다시 분해하지만, 국내 대부분의 탐사는 10일에서 20일 이내의 단시간 탐사이므로 연구선 내의 고정 설치 운영 시 활용공간의 확보, 측정에 소용되는 시간상의 제약 및 잦은 장비 이동설치에 따른 장비 안정성 문제를 고려하여 대개 탐사 후 바로 운영하는 방법을 선택하고 있다.

이 장비의 장점은 시추퇴적물의 손상 없이 모든 자료를 획득할 수 있어 시료를 직접 분석하는 다른 연구 분야에 지장이 없다는 것과, 모든 분석 결과가 표준시료로 보정되어 계산되기 때문에 지역적 또는 시간적인 제약 없이 측정된 자료를 상호 비교할 수 있다는 것이다.

다중코어 검침기를 이용하여 획득한 자료는 다양한 분야에 응용될 수 있다. 일차파 속도 및 크기는 지층탐사자료에 대한 퇴적 층후(thickness)의 정확한 두께를 계산하는 데 이용되며, 자기감화율은 퇴적물의 기원, 성분변화 및 기후변동 연구에 이용된다. 또한, 감마 밀도는 퇴적물 성분에 따른 압밀정도 및 공극률 등 지질공학적인 자료로써 퇴적물 안정성 조사 및 퇴적과정 변화를 이해하는 데 사용된다. 자연감마는 방사선 물질의 방출량을 측정할 수 있으므로 폐기물 등 퇴적물의 오염정도를 파악하는데 사용된다. 방사선 물질은 예를 들어 칼륨(K), 우라늄(U), 토륨(Th) 등을 정량 분석할 수 있다. 또한, 퇴적물 단면의 컬러 이미지 촬영을 위한 스캔 카메라가 장착되어 코어 퇴적물을 일일이 잘라 평평하게 만들어 따로 촬영하지 않아도 컴퓨터에 이미지를 저장할 수 있으므로, 퇴적물의 특성인 색깔, 조직 및 구조를 자세히 조사할 수 있다. 그러나 장비 운영 시 방사선 물질(^{137}Cs)에 대한 철저한 안전관리가 요구된다.

● 퇴적물의 실험실 분석

채취된 퇴적물 시료는 연구목적에 따라 실험실에서 다양한 과정을 거쳐 분석된다. 퇴적물의 입도 분석으로 지질환경, 퇴적양상, 퇴적물 기원지, 수리환경 변화 등을 해석할 수 있다. 층서 내의 미고생물 및 지화학 분석은 고해양환경의 특성과 변화를 파악하는 데 사용할 수 있다. 층서 내의 다양한 미고생물은 실체 현미경 또는 전자 현미경을 이용하여 종을 동정하고 분류하여 고해양환경을 복원할 수 있다.

미고생물 분석에 사용되는 실체 현미경

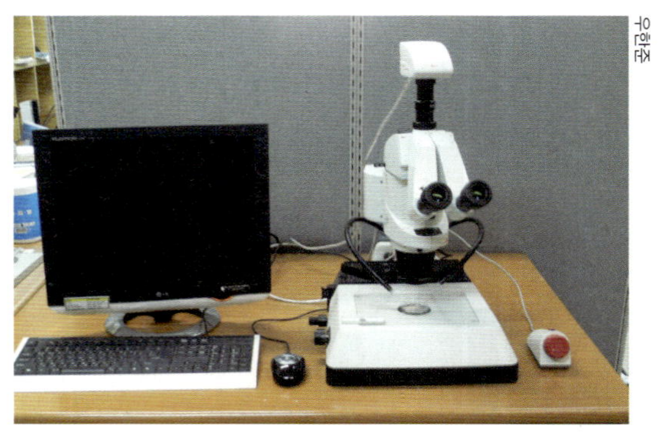
우한준

현장에서 채취된 코어 퇴적물은 실험실로 운반하여 절개한 후 눈으로 관찰할 수 있는 퇴적물의 특징을 기술하고 사진을 찍는다. 퇴적물의 내부 구조를 파악하기 위하여 코어를 절개, 평평하게 만든 후 X-선 촬영을 하고, 입도, 수분 함량, 탄산염 함량, 유기물 함량, 미고생물, 지화학 분석을 위한 시료를 채취한다. 코어시료의 X-선 사진은 입도, 퇴적구조, 광물 구성 등을 파악하는 데 유용하게 사용된다. 입도 분석을 위한 퇴적물은 과산화수소수와 염산을 차례로 첨가하여 유기물과 탄산염을 제거한 후 4ø 체를 이용하여 습식체질(wet seiving)에 의해 비교적 입자가 굵은 조립질과 입자가 작은 세립질 퇴적물로 분리한다. 4ø 이하의 조립질 퇴적물은 0.5ø 간격으로 GRADEX 2000을 사용하여 약 15분 간 체로 거른 후 입도별 무게 백분율을 구한다. 4ø 이상의 세립질 퇴적물은 전체를 대표할 수 있는 2g을 취해 300mL의 0.1% 칼곤용액(calgon, 경수 연화제)을 넣고 초음파분쇄기와 자기진동기로 시료를 균일하게 분산시킨 후, X-선 자동 입도 분석기인 Sedigraph 5100으로 입도를 분석한다. 입도별 무게 백분율은 그래픽(graphic) 방법 또는 모멘트(moment) 방법에 따라 평균입도, 분급도, 왜도, 첨도 등의 통계적인 변수들을 구할 수 있다.

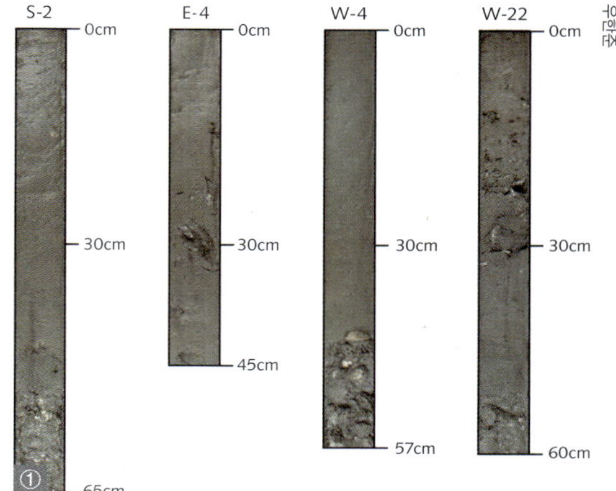

우한준

이희일

코어 퇴적물을 절개하여 평평하게 만들어 특징을 관찰한 사진 ①

퇴적물의 내부구조가 잘 보이는 퇴적물코어의 X-선 사진 ②

입도 분석 시 모래 크기 이상의 퇴적물을 0.5Ø 간격의 체에서 분리하기 위한 GRADEX 2000 입자 크기 분석기 ③

4Ø 이상의 세립질 퇴적물을 입도 분석하는 Sedigraph 5100 ④

우한준

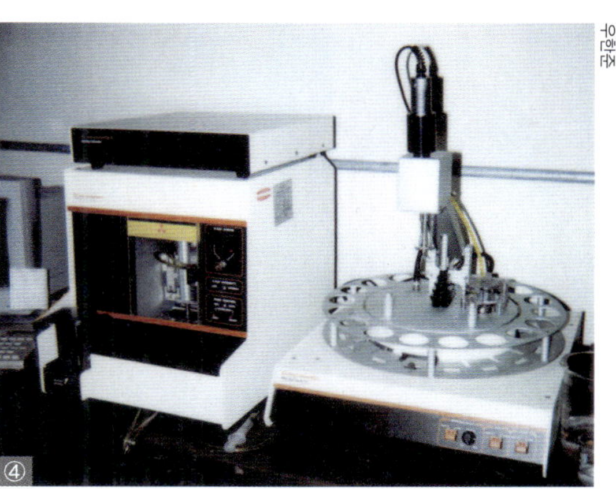

우한준

육상과 달리 해저는 지질학적 연구방법을 적용하기가 대단히 어렵고, 많은 비용과 시간을 필요로 한다. 그러나 계속된 과학의 발전은 해양의 지구물리 탐사기술을 개발하고 이를 이용하여 지구 자원의 개발 및 효율적 관리에 이바지할 것이다.

석봉출 한국해양과학기술원

해양연구는 물질의 성분이나 성질을 밝히는 정성적 논의에서 탈피하여, 점차 수집한 통계자료를 분석하고 활용하는 정량적 논의로 옮겨가는 추세다. 이와 함께 해양관측은 점점 고정밀도, 고분해능(high resolving power)의 계측이 가능해지고 있다. 해양은 시공간적으로 복잡하게 변동하고 있기 때문에, 정확한 기술을 위해서는 이에 상응하는 전략이 필요하다. 즉 최적의 자료 획득하기 위한 연구의 필요성이 커지고 있다.

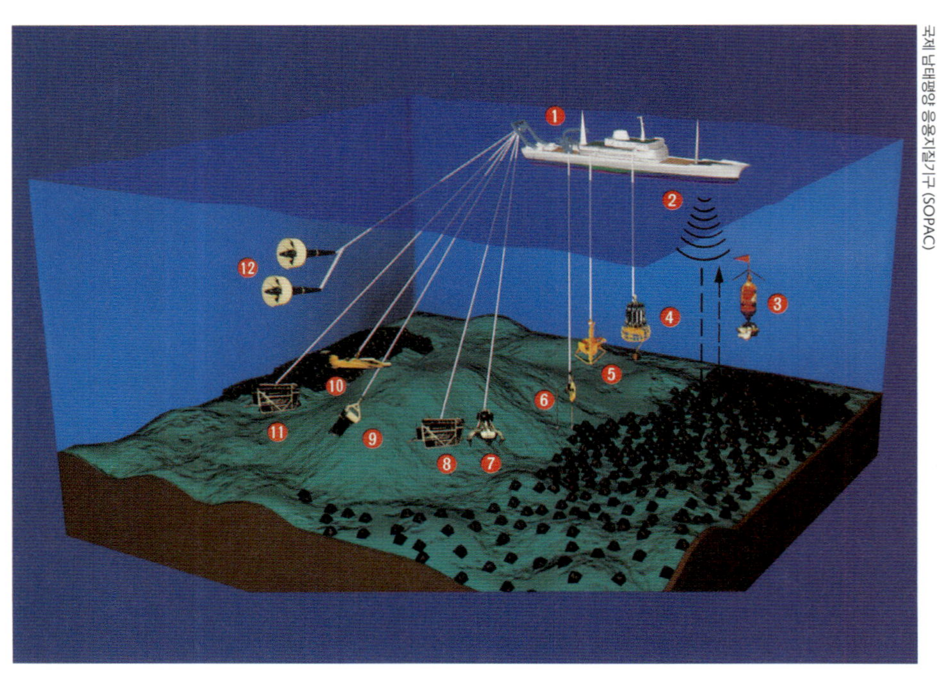

해저탐사의 모식도

① 해양연구선
② 음향 탐사장비
③ 자유 낙하식 채취기 (FFG)
④ CTD(수온, 염분도측정기)
⑤ 해저퇴적물 채취기 (Box corer)
⑥ 해저 주상퇴적물 채취기(piston corer)
⑦ 해저퇴적물 채취기 (Grab)
⑧ 심해 카메라와 파인더
⑨ 해저 표층퇴적물, 암석 채취기
⑩ 사이드 스캔소나
⑪ 심해 카메라
⑫ 지자기 탐사기

국제 남태평양 응용지질기구 (SOPAC)

영국 해양연구소 (IOS)

해수면 가까이 예인하면서 해저면을 촬영하는 사이드 스캔소나 탐사 모식도 ①

해양조사선에서 사이드 스캔소나 장비를 물속으로 투하하는 모습 ②

투하가 끝난 모습 ③

육상과 달리 해저에서는 지질학적인 연구방법을 적용하기가 매우 어렵고, 비용과 시간도 많이 필요하다. 때문에 전체적으로 조사의 정밀도와 관측밀도는 아직 육상에 비할 바가 아니다. 그러나 최근 해양에 대한 지구물리 탐사장비 및 기술 개발은 해저 연구에 비약적인 진보를 가져왔다. 대표적인 해저 지구물리 탐사기술인 광역적 해저면 탐사기술, 해저지질 구조 탐사기술, 중력탐사기술, 지자기탐사기술이 우리나라에서도 활발히 연구 개발되고 있으며, 이 외에도 전기전도도 탐사기술, 잠수조사선을 이용한 해저 탐사기술, 해저 고정 관측소 개발 이용기술, 인공위성 이용기술 등이 선진국을 중심으로 활발하게 개발·이용되고 있다.

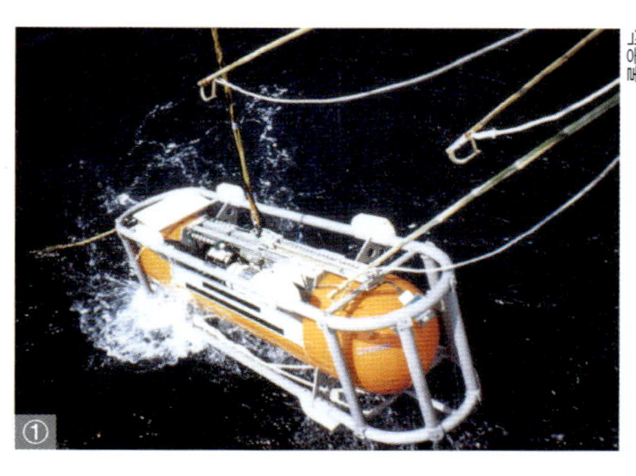

석봉출

영국 해양연구소 (IOS)

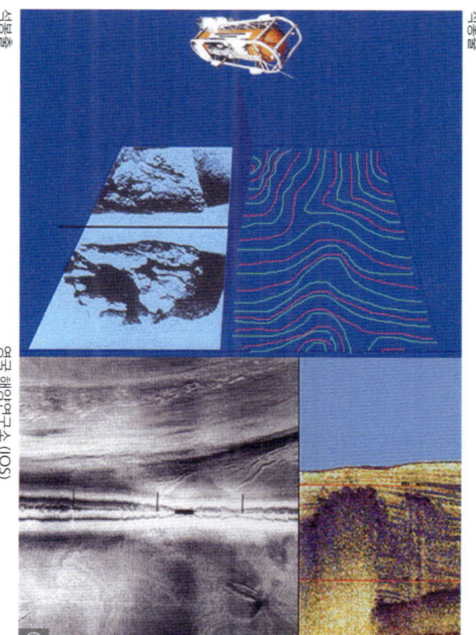

석봉출

정밀한 해저면 특징을 관찰할 수 있는 한국해양과학기술원의 탐사장비 Deep tow ①

Deep tow의 일종으로 영국에서 사용 중인 TOEI 시스템 ②

해저표면의 모습과 해저수심, 해저 천부지층의 구조는 물론 지자기 변화를 관측이 가능한 Deep tow ③

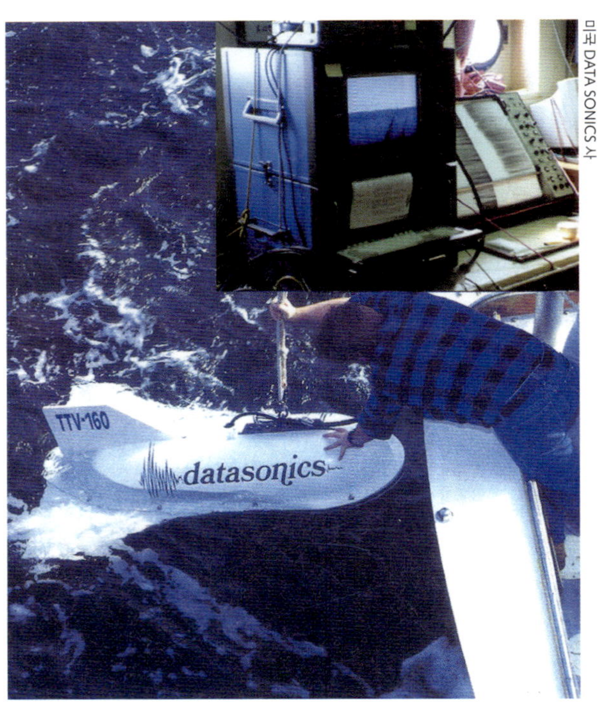

미국 DATA SONICS 사

해저 지층구조 탐사를 위한 반사법에 의한 천부지층 탐사의 예

● 광역적 해저면 탐사기술

해저 지형은 해저 연구에서 가장 기본적인 정보다. 같은 지형의 해저라 하더라도 용암에 의한 것인지, 아니면 암벽에 난 굴뚝 모양의 세로로 갈라진 큰 균열(chimney)이 모여 있는 것인지에 따라 지질학적, 지구물리학적 해석은 매우 달라진다.

해저탐사는 주로 음파를 이용하며, 크게 해저면을 대상으로 하는 것과 해저면 이하를 대상으로 하는 것으로 구별된다. 탐사방법은 인공적으로 제어하는 발신음이 해저면 또는 해저하의 음향학적 불연속면에서 반사 또는 후방 산란(back scattering)한 음파를 수신·증폭함으로써 해저면 또는 해저하의 정보를 얻는다. 수신·증폭한 신호를 수치화하여 자기테이프, 광디스크 등에 수록하는 것이 요즘의 일반적인 경향이다. 따라서 수록 자료의 기록 범위는 충분하며, 각종 전산처리를 통하여 여태까지의 아날로그 방식과 비교하여 해상도가 매우 높은 기록을 얻고 있다.

음파를 이용, 해저를 더 자세히, 더 정밀하게, 그리고 더욱 광역적으로 조사하기 위해 등장한 것이 다중빔 음향측심(multi-beam echo sounding) 기술이다. 이를 통해 육상과 마찬가지로 복잡한 해저 지형이 밝혀지면서 많은 정보를 얻을 수 있었다. 활단층의 배열, 해저협곡 등 해저에서 일어나는 지질, 지구물리학적 현상의 다이내믹한 영상을 얻게 되면서 해저연구의 새로운 장을 열고 있는 것이다.

광역해저면 주사(side-scan sonar)는 해저면 형상에 대한 더욱 상세한 정보를 얻기 위해 개발됐다. 이는 음원의 방향으로 산란되는 음파인 후방 산란파를 이용해 해저면의 음향영상을 작성한다. 다수로 배열된 수신점에서 반사파를 받아 이들 사이의 위치 차이를 구하고 왕복 시간으로부터 반사점의 방위와 거리를 구하는 방식이다. 즉, 동시에 취득한 음향화상과 수심도를 조합함으로써 해저의 미세 구조를 상세히 알 수 있다. 해저로부터 발생한 후방 산란파는 지질정보(펄, 모래, 자갈, 용암 등)를 제공한다. 그러나 실용적인 지질분류의 알고리즘은 아직 개발되어 있지 않은 상태다. 이 같은 탐사가 가능한 기기로 우리나라에는 1998년 한국해양과학기술원의 해양연구선 온누리호에 도입 설치한 심해견인식 사이드 스캔소나가 있다.

● 해저지질 구조 탐사기술

인공음원을 이용하여 해저에서 전달되는 반사, 굴절파를 분석하여 지각 구조를 찾는 기술은 매우 오래된 역사를 가지고 있다. 그러나 요 근래 선박의 위치를 결정하는 정밀도가 비약적으로 향상하고, 음파 제어에 의한 단일파형의 접근, 디지털 수신, 고속 컴퓨터 등에 의한 대량 데이터 처리 등의 진보로 탐사기술은 새로운 전개를 보이고 있다. 또 3차원 탐사, 두 개의 배선 체계를 이용한 탐사, 해저 지진계 응용 등으로 보다 깊은 곳에 이르는 지각 구조를 정확하게 해석할 수 있다.

해저 하부 탐사는 크게 표층에서 수십 미터까지의 상세한 퇴적구조 및 변형구조를 조사하려는 것과, 수 킬로미터까지의 심부구조를 탐사하기 위한 것으로 구분된다. 천부탐사의 송수신은 해저면 탐사와 동일한 소자를 이용하지만 사용하는 주파수는 3.5kHz 정도로 낮다. 해저 아래의 탐사에서도 발신파의 지향 각도가 클 때 급격한 지형에서는 장애물을 만나 그 진행 방향이 변화하는 회절파 등으로 인해 고해상도 기록을 얻기 어렵다. 이 때문에 1980년대 중반 parametric array를 이용하는 방법이 개발되었다. 이 방법은 두 가지 고주파음(예를 들어 33kHz와 18kHz)으로부터 저주파음(예를 들어 2.5~5.5 KHz)을 합성하는 것이다. 합성파는 저주파임에도 지향각을 4.5° 정도 좁게 할 수 있다.

심부탐사의 대표적인 기기는 다중수신식 음파탐사 장치이다. 발신음으로는 전달에 의한 감쇄가 작은 수십~100Hz 정도의 저주파 음파가 이용된다. 음원으로서는 통상적으로 에어건 또는 워터건이 이용되며 압축 공기 등의 에너지를 수중에서 변환하는 방식이다.

심부 탐사에서도 공간적인 배열방식에 따라 음원을 복수로 사용하여 합성파의 지향각을 좁게 하는 방법이 개발되었다. 수신은 복수의 수신부로 구성되는, 길이 수 킬로미터에 이르는 예인형 음향수신기(streamer cable)에 의해 행해진다. 복수의 수신부에서 수신되는 신호는 기하학적으로 동일한 지점에서 반사된 신호를 더해 주는 방식에 의해 음원 시그널/잡음비를 향상시킬 수 있다. 또는, 단위면적에 반사점을 집계하여 3차원적 탐사를 하기도 한다.

더 깊은 심부 구조를 고정밀도로 구하는 방법으로는 두 척의 선박을 이용하는 광각 반사법이 있다. 한 척은 발신음을 내고 나머지 한 척은 음향수신기(streamer cable)를 통해 항진 중에 신호를 수신하는 방식이다. 이때 두 선박은 서로 반대방향으로 진행하면서 거리를 늘려나간다. 이렇게 함으로써 이들 두 선박간의 중간점 부근의 상세한 속도구조를 구할 수 있다.

이상의 탐사 방법은 반사파를 이용하는 것이지만 굴절파를 이용하여 속도구조를 구하는 방법이 있다. 소노부이(sonobuoy)탐사와 해저지진계(Ocean Bottom Seismometer, OBS) 탐사가 대표적이다. 이들 탐사는 보다 저주파의 음원으로 다이너마이트 화약을 사용하기도 한다. 이 방법에 의해 해양 지역에서는 지각의 아랫부분과 만틀의 경계를 이루는 모호 불연속면보다 더 깊은 곳, 즉 상부 맨틀까지의 속도구조를 구하고 있다.

중력탐사기술

중력 측정은 최근 10년간 다음 항목에서 매우 큰 진전을 가져왔다. 즉 해상중력 측정의 정밀도 향상, 초전도 중력계 개발과 이용, 인공위성에 의한 지오이드 중력 측정, 지구중력모델 정밀화, 해저에서 중력측정 등이다.

선상중력 측정은 선박의 이동으로 생기는 에트바스 보정과, 측정 장치의 실내 환경에 의해 관측 자료의 질이 좌우된다는 점에서 이를 중점적으로 보완하기 위한 노력을 계속하고 있다.

최근 중력 측정에서는 초전도 중력계가 매우 큰 성과를 올리고 있으며, 해저에서 중력 측정이 중요시되고 있다. 종래에는 해저에서 중력을 측정하는 기술의 효율이 낮다는 점에서 별로 이용되지 않았던 것이 사실이다. 그런데 선상에서의 중력 측정과 인공위성에 의한 해면고도 관측 자료에 의해 중력 데이터 밀도가 상당히 높아진 요즘은 이들 수단으로 관측이 어려운 지역, 즉 연안역과 내만 등에서의 측정이 중요시되고 있다. 이처럼 근해에서 해저중력계가 비교적 유효하게 활용될 단계에 왔으며, 또한 정밀도가 높으므로 앞으로 많은 조사가 기대된다.

해양에서 중력과 실제에 가깝게 지구 모양을 나타낸 지오이드(geoid) 연구에 획기적인 수단이 된 것은 인공위성 고도계다. 이것은 마이크로파 레이더에 의해 해면의 형상을 직접 측정하는 방법으로, 이로 인해 최근 10년간 대양 대부분의 지오이드와 중력의 측정이 가능해졌다. 해상 및 인공위성 데이터에 의해 지구중력 모델이 정밀화되어 현재에는 공간분해능이 약 10km 정도에 이르는 범지구 중력모델이 얻어졌다.

지자기 탐사기술

지구와 지구주위에 나타나는 자석과 같은 자성을 지자기(geomagnetism)라 한다. 지자기 측정 방법으로는 선상에서의 3성분 지자기 측정, 심해 예인법에 의한 지자기 측정 등을 들 수 있다.

선상에서의 3성분 자기장 측정은 선박의 위치와 방위를 감시하여 선체가 지니는 자성의 영향을 제거시키는 것이다. 측정치는 장소에 따른 자기장의 상대적 변화로, 정밀도는 수 나노테슬러(nT)이다. 이에 의해 해저의 지자기 선구조(lineation)의 해석이 정확해지고 있다. 한편, 자기장의 도면화(mapping) 역시 자력계를 해저 가까이에 예인해 측정함으로써 보다 상세한 정보를 얻는 추세다.

● 전기전도도의 탐사기술

최근 10년간 해저에서의 지구 자기장 및 전기장의 시간 변화 측정은 대단히 진보했다. 자기장과 전기장을 함께 취급함에 따라 해저하의 지각과 맨틀의 전기전도의 구조가 알려져 지구의 생성원인을 이해하는 데 큰 공헌을 하고 있다.

해저지각, 맨틀의 전기전도도는 그 부분의 온도와 물성의 중요한 지표가 된다. 이를 측정하기 위해 개발된 해저 자력계는 1980년경부터 현장 관측에 투입되었다. 시간 변화에 따른 지자기 해석으로 지하의 전기전도도 이상을 추정하는 연구는 자기 폭풍이나 일변화(日變化) 등, 시간 변화에 대한 전자유도 성분을 분리하는 방법에 따라 육상의 관측점에서 오래동안 행해졌다.

해저에서 지자기 시간 변화 측정이 가능해지면서, 지각 심부의 정보를 얻기 위한 광범위 지역에서의 관측 역시 가능해졌다. 더욱이 인공적으로 해저에 전류를 흘려 그 영향을 관찰하는 magnetic telleuric 방법을 사용하면서, 얕은 지각 내의 전기전도도 분포가 정확히 결정되고 있다. 이러한 관측은 해류에 의해 유도되는 성분을 제거하는 처리까지 수행하고 있다.

일반적으로 전압을 나누는 목적으로 만들어진 가변저항을 전위차계(potentiometer)라고 하는데, 1970년대 미국 스크립스 해양연구소의 필루(Filloux) 교수 등이 해저 전위차계를 개발하여 자력계와 동시 관측을 수행하는데 성공했으며, 캘리포니아의 동태평양 등에서 관측을 수행하고 있다.

● 잠수조사선을 이용한 해저 탐사기술

해양 연구에서 직접 현장을 관측하는 것은 최종 단계의 중요한 수단이다. 그러나 선박, 항공기 또는 인공위성으로 관측 가능한 범위를 벗어나는 심해는 직접 접근할 도구가 없다는 것이 큰 장애 요인이었다. 이러한 문제점을 극복하기 위해 유인잠수정이 개발되었다. 이 외에도 무인 해중 작업 장치인 ROV(Remotely Operated Vehicle)와, 자율 무인잠수정 AUV(Autonomous Unmanned Vehicle)의 개발을 통해 고전적 지구물리 탐사 방식의 장애를 극복하고 있다.

①
일본 해양연구개발기구 (JAMSTEC)

②
KIOST

③
일본 해양연구개발기구 (JAMSTEC)

④
프랑스 해양연구소 (IFREMER)

⑤
프랑스 해양연구소 (IFREMER)

⑥
KIOST

미국은 1960년대에 '앨빈'이라는 심해잠수정을 건조하여 사용 중인데, 1986년 침몰한 타이타닉호 발견에 지대한 역할을 했다. 프랑스는 '씨아나' 등의 잠수선을 운용 중이다. 우리나라는 한국해양과학기술원에서 수심 250m까지 잠수 가능한 유인잠수정 '해양 250'을 운용한 바 있으며, 현재는 6,000m 급 심해용 무인잠수정을 개발하여 운영 중에 있다. 일본은 1983년 7월 일본 과학기술청 해양과학기술센터에서 잠수정 '신카이 2000'을 개발했으며, 최근에는 6,500m까지 잠수가 가능한 '신카이 6500'을 개발하여 이용 중이다. 특히 신카이 6500은 일본 열도 주변 심해역에서 연차적으로 잠수조사를 실시, 수많은 성과를 올리고 있다.

잠수조사선은 수압 때문에 인간의 직접 관찰이 불가능했던 심해저를 관찰할 수 있게 하여 해양저에 관한 지형, 지질, 지구물리학적 조사 연구, 생물 및 수산에 관한 조사 연구, 해수의 물리, 화학적 조사 연구 및 해양공학 분야에 관한 조사 연구에 탁월한 역할을 담당하고 있다.

● 해저 고정관측소 개발 이용기술

해저에서는 관측기기의 투입, 회수, 유지 등의 문제 때문에 장기적인 관측이 매우 어렵다. 그래서 해저에 고정관측소(station)를 만드는 연구가 진행되고 있는데, 이것은 해저 관측점이 되어, 해저의 변형 및 상대이동의 파악 등을 정량화할 수 있는 중요한 자료를 제공할 것으로 기대된다.

해저의 고정관측점을 이용하는 연구는 매우 다방면에 걸쳐 있다. 특히 시간에 따른 관측 자료의 변화를 대상으로 하는 지구중력 및 자기장 연구는 정밀도에서뿐만 아니라, 관측 공간의 확대와 관측 시간의 장기화에 힘입어 지구 내부의 변화상을 보다 상세히 밝히는 데 크게 기여할 것으로 기대된다.

잠수조사선을 이용한 해저탐사기술

① 무인잠수정 ROV ② 우리나라의 최초유인잠수정 해양 250
③ 일본의 심해잠수정 신카이호 ④ 프랑스의 유인잠수정 노틸호의 투하장면과 근접촬영
⑤ 프랑스 해양연구소 유인잠수정 ⑥ 한국의 6,000m급 심해 무인잠수정 '해미래'

● 인공위성의 이용기술

범지구 측위 시스템인 GPS와 디퍼렌셜 GPS (Differential GPS) 운용체계도

GPS는 미국의 위성항법 시스템으로 표준측위 서비스가 민간용으로 개방되어 있다. DGPS는 GPS의 정확도를 10m 이하까지 향상시킨 정밀 선위관측 시스템이다.

해양관측 자료로서 위성관측 데이터의 질은 다른 현장 관측 데이터와 비교해 큰 차이가 있다. 그러나 위성관측은 고분해능, 광역 동시 관측, 고밀도 관측이 가능할 뿐만 아니라 기후에 좌우되지 않는 등 많은 장점을 가지고 있다. 또한, 대량 데이터를 신속히 이용할 수 있다. 하지만 결점이 없는 것은 아니다. 즉 인공위성 관측으로 얻어지는 자료는 주로 해면 부근의 정보에 제한된다. 그러나 현장 관측 자료와 병행하여 위성관측의 이점을 활용한다면 새로운 관점의 연구기회를 얻을 수 있을 것이다.

1980년대 '인공위성에 탑재된 센서를 통해 우주에서 해양을 관찰'하는 방법이 10년간의 연구 결과 실제 구축되면서, 연구자가 직접 데이터를 취급하여 연구에 이용했다. 1978년에는 마이크로파 센서를 집대성한 해양관측위성 SEASAT가 발사됐다. 마이크로파 산란계, 고도계, 방사계, 레이더 등으로 이루어진 장치는 지금까지도 위성 해양관측의 주역으로서 역할을 톡톡히 하고 있다. 지난 20년은 위성에 의한 관측 방법을 이용하기 위한 모색 단계를 지나 이미 응용에도 상당한 성과를 올린 기간이었다. 미 해군이 발사한 GEOSAT(1985~1989) 단계를 지나 지금은 저궤도 위성인 TOPEX/POSEIDON(1992~)으로 자료를 얻을 수 있으며, 이들 자료는 특히 지구 중력장의 연구에 지대한 공헌을 하고 있다.

이와 별도로 범지구 측위시스템, 즉 GPS(Global Positioning System)는 최근 사용량이 늘어났다. GPS를 통한 정밀 측량은, 간편성, 전천후성, 고정밀도라는 뛰어난 기능으로 측지, 측량뿐 아니라 해면 변동의 검출, 지진, 화산 분화의 예지, 플레이트 텍토닉스(plate tectonics, 판구조론)의 응용 등 여러 가지 과학 관측 수단으로 이미 활용되고 있다.

21세기는 각종 지구 관측용 인공위성이 발사되어, 위성에 의해 지구 관측이 질적, 양적으로 변화하는 시대가 될 것이다. 특히 대규모적인 지구환경 감시, 해양-대기 변동에 의한 기후 변동 등의 현상이 보다 과학적으로 이해될 것으로 보인다. 따라서 계속되는 과학의 발전에 힘입어 해양의 지구물리 탐사기술의 개발과 이용은 지구 자원의 개발 및 효율적 관리를 통해 후세의 질적인 삶을 높이기 위한 필수적인 요소가 되고 있다.

해양원격 탐사기술

해저지형은 단순하지만, 3~5km 깊이의 바닷물에 잠겨있어 이해가 빈약했다. 천리안 해양위성은 해무 관측, 해빙 감시, 녹조 관측 등을 할 수 있으며, 해양이변으로부터 국민의 재산과 안전을 지키고 있다.

안유환 · 유홍룡 한국해양과학기술원

모든 해양활동에 있어서 해저의 지형을 아는 것은 매우 중요한 일이다. 해저지형은 선박의 진로 방향에 관한 정보를 주는 것은 물론 항해 목적에 따라 여러 가지로 이용할 수 있다. 해양의 생물 생태는 수심에 따라 큰 영향을 받고, 이는 인근 연안 수산업을 좌우하게 된다. 해양 지구물리 연구에서도 수심 측량은 중요한 관측 항목 중 하나다. 특히 해저지형에 따라 해류가 강해지거나 약해질 수 있으므로 해저분지의 형태는 해류의 순환 연구에 중요한 역할을 한다. 해류 연구에서 잘못 측량된 수심은 해양 순환 수치실험에 큰 오차를 만든다.

현재 대부분의 수심측량은 항해 중 음향 반사를 이용한 측심기를 통해 이루어졌다. 자연히 대부분의 수심 정보는 선박의 항로 위에 있으며, 그 외 해역의 수심자료는 자료가 빈약하거나 잘 알려지지 않았다. 특히 수심이 깊고 기복이 심한 남반구 해양저에 관한 자료는 매우 빈약한 형편이다. 수심 관측은 지속 시간이 아주 짧은 파형인 펄스(pulse) 음파의 왕복 소요시간을 이용해 정밀 관측이 가능하다. 그러나 배의 속도가 매우 느리기 때문에 최신의 모든 관측선을 이용해도 해양저를 모두 조사하려면 약 125년이 걸린다. 현재 선박을 이용해 관측한 해저지형은 전체의 약 5%에 불과하다.

● 위성을 이용한 해저지형 탐사

최근에는 '해수면 높낮이 관측위성(altimetry, 위성고도계)'으로 해저수심을 측량할 수 있는 기술이 매우 발전했다. 미국의 스크립스 해양연구소(SIO) 및 해양대기청(NOAA)을 포함한 각국의 많은 연구진은 전 지구의 해저지형에 대한 보다 정확한 영상 정보를 얻기 위해 위성관측 기술을 개발하고 있다. 이러한 새로운 해저영상은 지금까지 알려지지 않은 해저 화산이나, 해저지형 구조를 발견하고 석유 자원을 탐사하는 등 엄청난 발전에 이바지하고 있다. 현재 위성고도계를 이용한 해저 탐사기술로 공간적으로 아주 조밀한 위성(ERS-1) 자료에서 작은 해저산까지 감지해 낼 수 있다.

여기에서는 미 해군 인공위성 GEOSAT 및 유럽연합의 다목적 위성으로 개발된 위성고도계 ERS-1의 위성자료를 통해 얻을 수 있는 지구적 규모의 고해상도(격자 크기 5'×5') 측심기술과 이들이 어떻게 활용되는가를 알아보자. GEOSAT은 1985년에 미 해군의 지원으로 궤도에 올린 위성고도계로, 5cm이내의 정확도로 해면 높이를 측정할 수 있는 정도의 정밀도로 개발되었다. 1990년까지 작동되었으며, 자료의 군사적 중요성으로 인하여 1990년, 남위 60°~72°, 1992년, 남위 30° 해역까지 공개되었고, 1995년에서야 전 지구의 GEOSAT 자료가 공개되었다. 위성 트랙과 트랙 사이의 폭은 적도 부근에서 약 5km, 위도 60°에서는 약 2~3km의 간격이다. ERS-1는 1991년 유럽연합에서 다목적 위성으로 개발한 위성고도계다. 1994년 GEOSAT과 같은 자료를 수집하기 시작했으며, 1997년 일반에 공개되었다. 이 위성은 공간 해상도가 GEOSAT 보다 높기 때문에 특정 지역의 상세한 해저지형도 작성이 가능하다.

해수면 높낮이에 영향을 주는 해저지형 변화는 그 차이가 너무 작아서 일반적으로 확인하기 어려우나, 위성에 탑재된 레이더 고도계로는 측정할 수 있다. 지난 수년 동안 미국의 지구물리 자료센터(National Geophysical Data Center, NGDC)에서는 유럽 연합의 ERS-1 자료와 미 해군의 GEOSAT 위성에서 제공한 해양 전반의 해수면 높이에 대한 상세한 자료를 수집해 왔다.

● 위성을 이용한 해면수위 변화 측정

해수 표면의 높낮이는 파도, 바람, 조류, 해류의 영향을 무시할 경우, 해양저 중력의 크기에 따른다. 지구는 자전하기 때문에 지구의 등위면은 그 원심력에 의해 극지 지름이 적도보다 43km 짧은 타원체에 가까워진다. 이 이상적인 타원체 모양은 지구의 외형적 표면과 상당히 잘 맞는다. 실제 적도 해양표면은 이상적인 타원체로부터 100m 정도 높아진다.

지구 표면의 중력 변화는 전적으로 지구 내부 물질의 밀도에 좌우된다. 해수는 지각의 암석보다 밀도가 낮으므로, 수심이 깊은 해양의 중력은 얕은 해양보다 작다. 예를 들어 해저 밑에 있는 거대한 산에 의해 여분의 중력이 발생하면 해수 표면은 솟아오른다. 전형적인 수중 화산은 높이가 2,000m 이상이고 지름이 40km가 넘는다. 그렇지만 그로 인한 해수 표면의 융기 정도는 미세하므로 육안으로 확인되지 않는다.

지오이드(geoid)는 해수면의 표면이 중력 이외에는 아무런 힘을 받지 않는다고

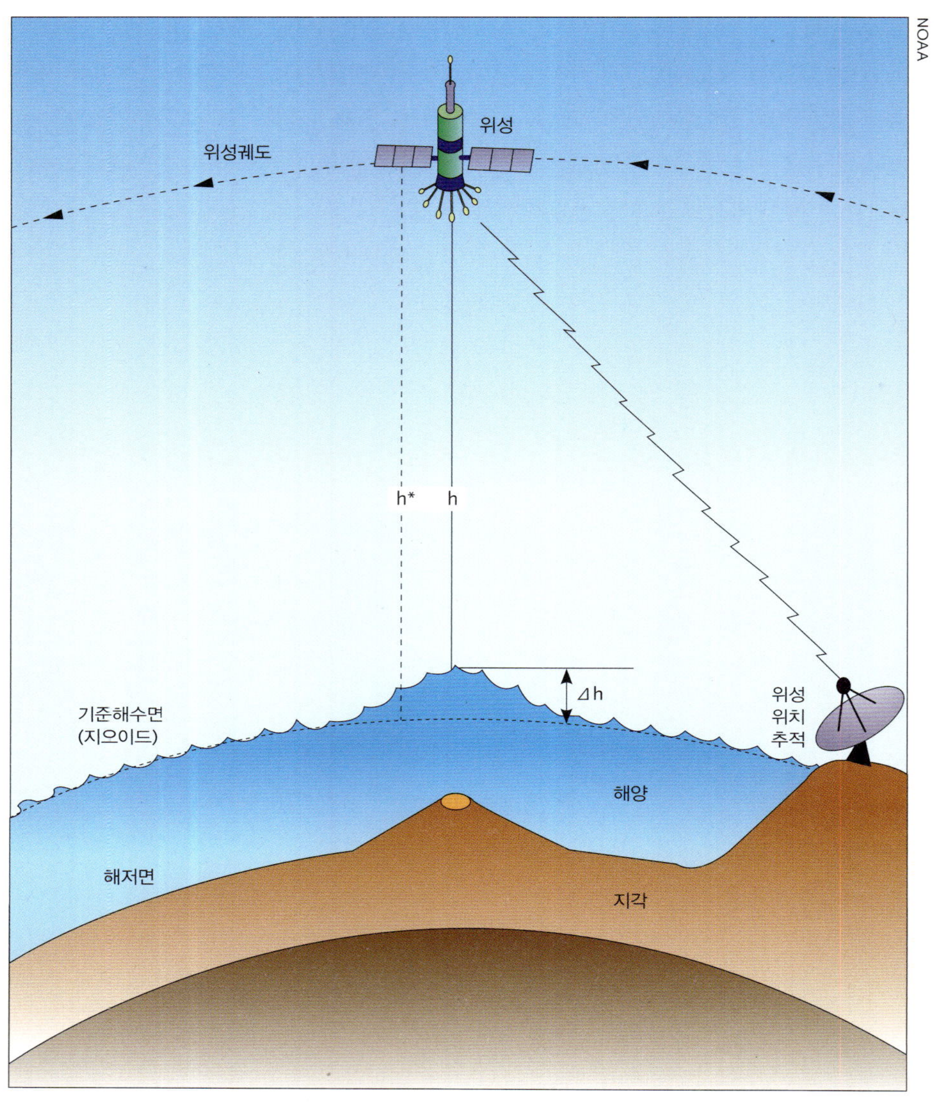

해저지형에 의한 해수면 높이 변화
기준 해수면에 대한 위성고도(h*)와 실제 위성고도(h)와의 차 (h* - h)가 비정상적인 해수면 고도(Δh)가 된다.

가정할 때 형성되는 이상적 표면상태의 해수면을 말한다. 해수면 높낮이 변화는 모두 이 지오이드를 기준으로 한 것이다. 지오이드를 기준한 해수면의 작은 굴곡들은 위성에 장착된 매우 정교한 고도계를 통해서 측정한다. 물론 조류나 해류로 인해 해수면에 변화를 일으킬 수 있는 다른 요인들은 제거되어야 한다. 1985년 미 해군이 발사한 GEOSAT 위성은 수평 거리 10~15km, 수직 ±3cm 정밀도의 공간 해상도를 지도화하였다. GEOSAT 위성의 궤도는 고위도 지방을 관측하기 위해 위도 ±72°까지 극지에 접근하여 7km/sec의 속도로 지구를 하루에 14.3번 선회한다. 그러므로 1년 반 동안에 약 6km의 공간 해상도로 전 지구 해수표면의 높낮이 지형도를 그릴 수 있다.

수직 해상도 3cm의 정밀도를 얻기 위해서는 위성과 해수표면 한 지점간의 거리 측정이 매우 정밀하게 수행되어야 한다. 먼저, 타원체 궤도에서 위성의 높이 h*를 측정하려면 전 세계에 퍼져있는 레이저나 위성을 제어하기 위해 설치된 레이저 통신 시설인 '도플러 스테이션 네트워크'로부터 위성 추적을 이용한다. 위성의 궤도와 높이는 궤도 역학 계산을 통해 더욱 정확하게 측정할 수 있다.

두 번째, 가장 근접한 해수 표면으로부터 위성의 높이(h)를 측정하기 위해서는 13GHz(해수 표면은 이 주파수에서 가장 잘 반사됨)의 끊김과 이어짐이 반복되는 마이크로웨이브 펄스를 이용한다. 이 레이더를 지름 약 45km 정도의 다소 넓은 수표면에 쏘게 되는데, 하나의 펄스가 해면을 도달하는 점의 크기(footprint)는 지름 1~5km로, 파도 때문에 불규칙한 표면의 평균값을 구할 수 있을 정도의 충분한 크기로 정해야 한다. 이렇게 하면 해수 표면에 둥글게(footprint의 외곽 동심선) 쏘아진 펄스들이 왕복하는 시간 분포로부터 평균 파고와 해수면에 가장 가깝게 측정된 지점의 고도를 알 수 있다.

특히 해수면이 거칠 때는 초당 1,000회 이상의 펄스를 사용해 신호대 잡음(S/N) 비율을 향상시킨다. 물론 이온권과 대기권에서의 전파 지체에 따른 펄스의 왕복 시간 보정과 해역별로 잘 알려진 조류에 의한 해면 보정도 마찬가지로 수행되어야 한다. 타원체의 해수면 높이(h*)와 실제 해수면 높이(h) 사이의 차는 대략 해저지형과 지오이드와의 높이차(Δh)와 같다(Δh=h*−h).

중력 분포도 작성

위성은 지구를 선회하면서 해저지형과 지오이드와 높이차 값의 자료를 지속적으로 수집한다. 일반적으로 여기에는 2가지 형태의 특징이 있는 위성을 활용한다. 즉, 공간적인 해상도는 낮으나 한 지점의 통과 횟수가 많은 위성과 한 지점을 통과하는데 오랜 시간이 소요되는 반면 트랙과 트랙의 폭이 좁아 공간 해상도가 높은 위성이다. 두 종류의 위성자료를 조합하여 더욱 정밀하고, 공간적으로 세밀한 해저지형 기복 영상자료로 변환한다. 그리고 다시 중력변화 분포도로 전환한다. 오른 편의 그림은 GEOSAT 위성이

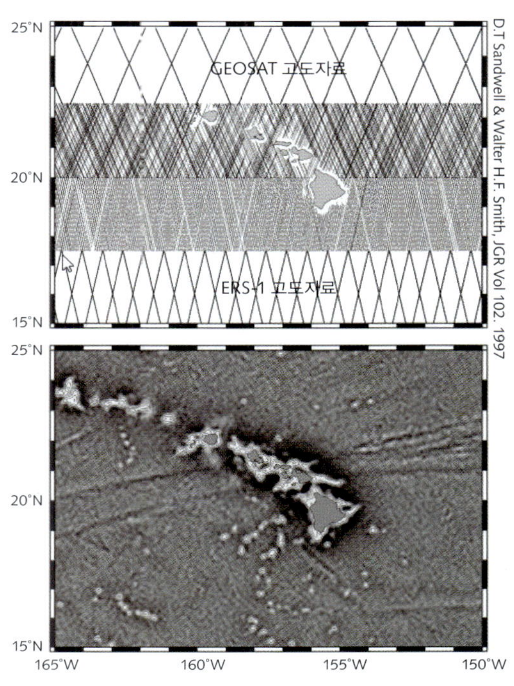

다른 특성을 갖는 두 종류 위성고도계로부터 고해상도의 중력변화 분포도로 바꾼 뉴질랜드 동남부 해역의 영상

4년 반 동안 측정한 것과 ERS-1이 2년 동안 측정한 뉴질랜드 동남부 해역의 해저지형 변화 자료를 분석한 중력의 변화 값을 보여 준다.

이를 더욱 완벽한 중력변화 영상으로 전환하기 위해서는 자료의 공간적인 조밀도, 위성 트랙 간격, 자료의 편차 등을 고려해야 한다. 이 전환 과정에서 규모가 작은 해저지형의 영향은 더욱 강조시켜 분명하게 나타내야 한다. 이 전환 알고리즘은 물리 법칙, 기하학 및 통계학 등에 기초해서 수행된다. 이런 관측 자료들은 매우 방대·다양하고 오차가 많이 포함되어 있기 때문에 복잡한 컴퓨터 작업이 요구된다. 더 정밀한 최종 중력 분포도는 현장의 측정값과 비교하여 교정한다. 최근의 위성에 의한 중력 자료분석 결과, 선상 관측자료와 비교하여 오차는 5mgal 내이다. 1mga(1gal=1cm/sec^2)은 표준 중력 9.8m/sec^{2}의 약 백만분의 1에 해당하는 크기이다. 해저지형 변화에 의한 중력의 전형적인 변화량은 20mgal 정도로, 비교적 깊은 해저 해구도 300mgal을 초과하는 정도이다.

● 해저지형 추출

공간적으로 조밀한 위성 측정자료에서 해수면 높낮이 변화도는 다시 중력 변화도로 전환된다. 보다 정밀하게 중력 변화 값을 알아내기 위해서는 해수면 변화를 일으킬 수 있는 모든 외적 요인(파도, 바람, 수온, 대기압, 조류 등에 의한 해수면 변화 효과)이 고려되어야 한다. 이 수심 자료는 다시 공간적으로 듬성듬성 관측한 현장 수심 자료들과

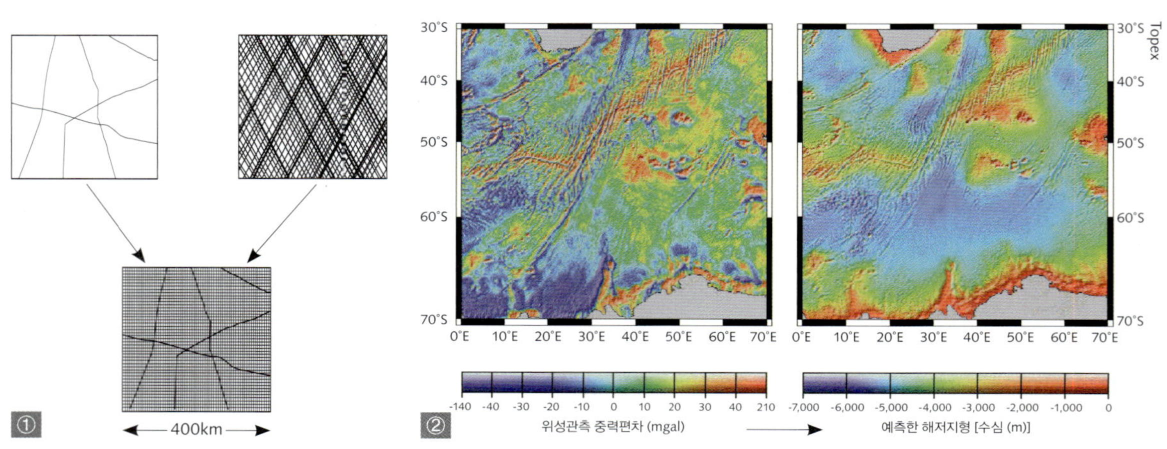

위성 중력 영상자료를 활용해 완성한 해저지형 영상

① 공간적으로 조밀하나 정확하지 못한 위성 중력자료를 공간적으로 듬성하나 정밀 관측한 현장자료로 재구성하여 보다 정밀한 해저 중력변화 지형도를 작성하는 과정이다. ② 위성 중력 영상으로부터 해저지형 영상이 완성된 모습을 보여준다.

결합하여 고해상도의 해저 수심도를 작성할 수 있다. 이렇게 작성된 해양 수심도(중력도)는 선박의 안전 항해에 사용될 만한 해상도에 비해 정확성은 떨어진다. 그러나 주요 해류의 해중 지형에서 장애물의 위치를 알아내거나 물고기와 바닷가재가 풍부한 얕은 해중 산(sea mount)의 위치, 석유탐사, 지각의 변동, 잠수함의 항해자료 등 다양하게 응용할 수 있다.

● 위성에 의한 해저지형도

해저의 지질 및 지형적 구조는 기본적으로 46억 년이라는 지구의 나이 중 고작 15만 년 동안 일어난 지각 활동을 반영한 것이다. 해저지형은 대륙보다 훨씬 단순하다. 그 이유는 해양에서는 퇴적 및 침식 속도가 매우 느리며, 대륙에서처럼 해양분지와 잦은 충돌로 인한 상호작용(Wilson cycle)이 거의 없기 때문이다.

해저지형은 단순하지만, 대부분이 3~5km 깊이의 해수로 차단되어 있기 때문에 이에 대한 이해가 빈약하다. 위성을 이용한 주요 해저지형 관측 예를 들어보면, 태평양-남극(Pacific-Antarctic) 해저융기를 들 수 있다. 이것은 뉴질랜드의 북부에서 두 개의 주된 지구조판(tectonic plates) 사이에 넓게 자리 잡은 해저의 광활한 융기면이다. 크기는 남미 대륙과 비슷하며, 그 산맥의 서쪽으로는 루이스빌(Louisville) 해중 산맥이 있다. 이는 뉴욕에서 로스앤젤레스에 이르는 거리 만큼의 커다란 수중 화산 산맥인데 이렇게 커다란 융기부가 발견된 것은 불과 40여 년 전이다. 루이스빌 해중 산맥은

밝혀지지 않은 해저 지형까지 볼 수 있는 위성고도계의 지구 전체 해역 해저지형

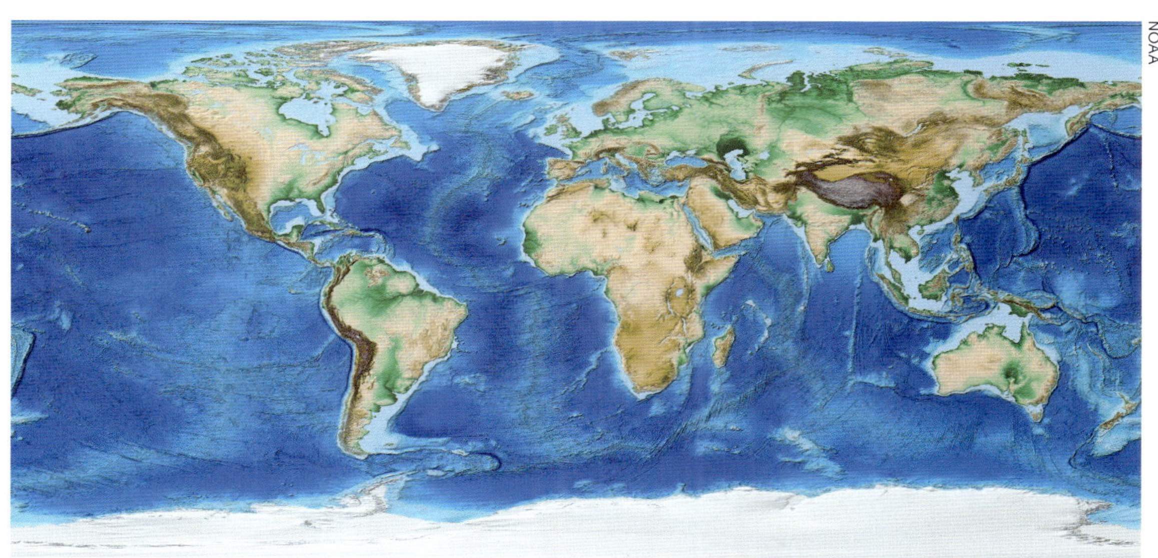

NOAA

1972년 수증 음파 측심계를 이용한 남태평양의 선박 탐사에서 처음 발견되었다. 그로부터 6년 후 산맥 전체의 모습이 NASA의 SEASAT 위성에 탑재된 레이더 위성고도계에 의해서 드러났다.

최근 GEOSAT과 ERS-1에서 수집한 고밀도의 자료들은 태평양-남극 융기면과 루이스빌 해중 산맥을 전례 없이 자세히 보여주고 있다. 179쪽의 그림은 위성에 의한 지구 전체 해역의 해저지형을 나타낸 것으로, 중력의 차이에 의해 추출된 해저지형의 모습을 잘 보여주고 있다.

지구관측(Earth Observation)

위성에 의한 해안지형 변화 관측

미국에서 발사한 LANDSAT 위성, 프랑스의 SPOT 위성, 일본의 J-ERS 위성 등은 민간용으로 쏘아 올린 다른 위성들에 비해 해상도가 매우 좋을 뿐 아니라, 가시광선 및 근적외선(near infrared) 자료를 동시에 획득할 수 있어 수면과 지면의 경계선을 쉽게 구별할 수 있게 한다. 또한, 이 위성의 자료를 이용하여 우리 눈에 익은 천연색에 가까운 영상을 추출해 낼 수 있어 해안선과 연안지형을 관측하는데 매우 유용하다.

해안선 변화 및 연안 공간이용 현황 관측

해안선을 따라 발달한 백사장은 위성영상에서 매우 뚜렷하게 나타나므로 쉽게 알아차릴 수 있다. 백사장은 해양 관광자원으로 그 가치가 날로 더해가고 있지만 해안구조물 축조에 따른 주변 상황의 변화나, 해수면 상승 등으로 쉽게 침식되는 특성이 있다.

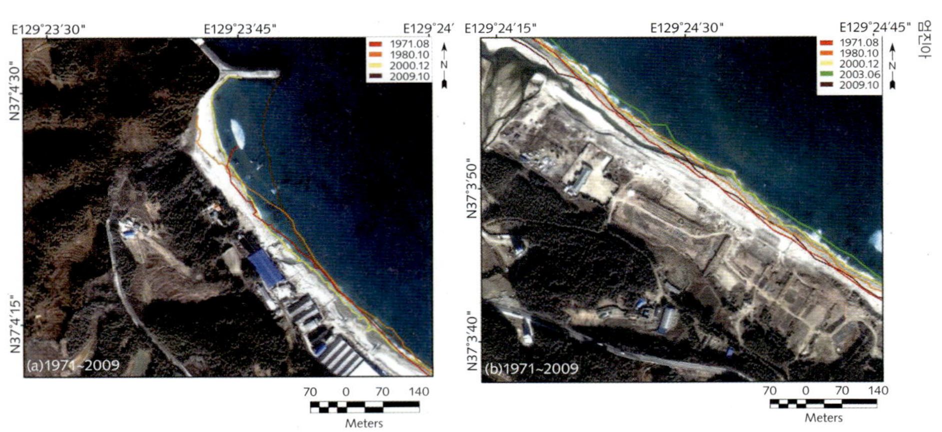

1971년~2009년, 동해안에서 관측된 해안선 변화

정지위성과는 달리 지구관측위성은 일정한 주기로 지구표면을 반복하여 관측하도록 궤도가 설계되어 있다. 예를 들면 LANDSAT 위성은 적어도 16일에 한 번은 지상 어느 한 지점 상공을 통과한다. 이러한 특성을 이용해 해안선의 형태를 반복 관측한 영상자료들을 중첩하면 그 변화를 쉽게 파악할 수 있다. 이때 위성 영상자료는 일반적인 항공사진과는 달리 수치자료로 되어있어 영상의 기하학적 보정 등 중첩에 필요한 전산작업에 용이하다. 백사장뿐 아니라, 어떠한 형태의 해안선이라도 반복적으로 관측된 인공위성 영상의 중첩기술을 이용하면 그 변화상을 쉽게 파악할 수 있다.

이러한 기술은 곧은 해안선을 따라 길게 발달해 있는 아프리카 연안이나 갠지스강 하구지형 등의 변화상 파악에 널리 이용되고 있으며, 국내에서는 주로 서해안의 지형변화 관측에 이용된다. 같은 이치로 연안 공업단지 조성, 방조제 축조 등 연안의 공간이용 현황 및 그 진척 상황도 위성영상을 이용하면 한눈에 알 수 있는데, 지금까지는 가시광선 및 적외선 탐사가 주축을 이뤄 구름 덮인 지역은 관측할 수 없는 단점이 있었다. 그러나 근래 들어 SAR위성 영상 레이더(imaging radar)의 본격적인 개발로 전천후 관측이 가능하여 더욱 자세한 변화상황 파악이 가능하다. 방조제 축조, 연안 공업단지 조성, 대규모 연안 공항 건설 등 연안활동이 세계적으로 알려진 우리나라의 서해안 지역에도 이 기술이 활용되고 있다.

● 조간대 지형 관측

일반적으로 갯벌 혹은 뻘밭이라고 알려진 조간대는 조석간만에 따라 수면 밖으로 드러나거나 잠기는 특수한 지역이다. 조간대는 경사가 매우 완만하므로 항공 측량으로 바다의 수준면에서 지표의 어느 지점에 이르는 수직 거리인 표고(altitude)를 관측하는 것이 거의 불가능하다. 그러나 다음과 같이 조간대 고유의 특성과 위성을 이용하면 조간대의 표고 측정 및 그 지형변화 관측이 가능하다. 첫째는 조석 시간에 따라 변하는 조간대의 외곽선(water line), 둘째는 위성자료의 육지/물의 인식 용이성, 셋째는 위성의 반복 관측이다.

조간대의 표고를 측정하기 위해서는 우선 목표로 설정된 조간대를 포함한 영상자료 중 가능한 짧은 시일 내에 얻어진 다양한 시간대의 자료를 선정해야 한다. 이 자료에 나타난 조간대 외곽선이 그 자료를 얻을 당시의 등고선이라고 간주할 때, 선정한 영상들을 중첩하면 등고선으로 표현된 도면을 얻을 수 있다. 각 영상자료를 얻을 때 해수의 높이 차이인 조고(height of tide)를 현장 관측 자료나 조석표로 환산하여 각 등고선 높이를 설정한 후, 전산 작업으로 표준 등고선을 추출해 도면화하거나 조감도를 작성하면 조간대의 지형을 파악할 수 있다. 이를 토대로 경사도면, 단면도 등 분석을 위한

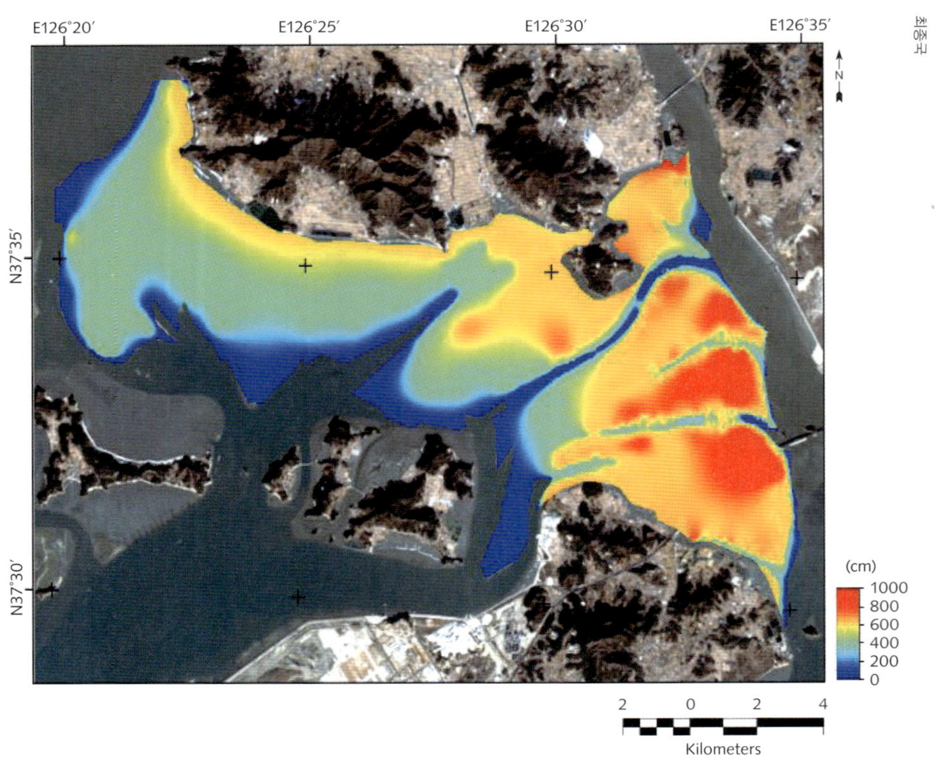

LandSat 위성으로 관측된 강화도 조간대의 미세한 지형 높낮이(DEM)

최중기

작업도 가능하다.

이러한 방법으로 시간대적으로 떨어져 있는 여러 벌(set)의 조간대 지형도를 작성할 수 있다면, 전산기 상에서 각각의 지형도를 중첩하여 시간 흐름에 따른 조간대 지형의 변화상도 파악할 수 있다. 그러나 본격적인 위성탐사가 시작된 지 십 수 년에 불과하여 여러 질의 자료를 확보하기란 쉽지 않다. 따라서 영상자료 취득시기가 다르고, 조위가 같거나 거의 같은 자료를 선정해 중첩함으로써 부분적으로나마 해당 등고선 부근에서 침식 또는 퇴적작용이 있었는지를 파악할 수 있다.

이러한 방법은 시간적으로 아무리 짧은 간격대에서 위성자료 세트를 선정한다 하더라도 그동안에 발생했을지 모르는 침식, 퇴적작용과 기상변화에 의한 국지적 해수면 변동 등은 무시한다는 것을 전제로 한다. 따라서 아주 정밀한 결과를 얻는다는 보장은 없으나 현재까지 조간대지형 관측에 이보다 더 나은 다른 방법은 없는 것으로 알려져 있다.

위성 센서의 정밀도가 향상되어 자료의 양이 증가함에 따라 앞으로는 위성이 궤도를 지나가면서 무조건 자료획득을 하는 것이 아니라, 계획된 목표지역만 선별적으로 관측할 수 있다. 따라서 현장에서의 계획적 수위 측정뿐 아니라, 레이더에 의한 전천후

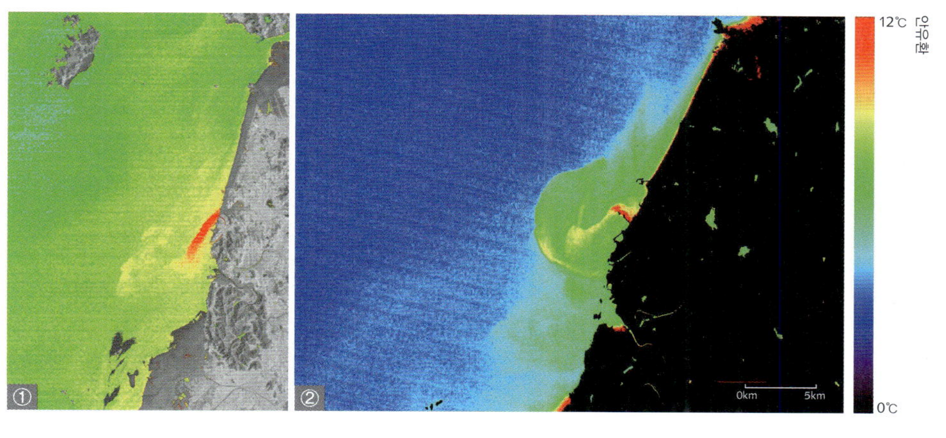

영광원자력발전소 냉각수 배출구 부근 Landsat TM 영상
① 1996년 9월 1일 10시 28분
② 2011년 3월 11일 11:05분

관측도 실용화되어 더욱 정밀한 지형관측이 가능해지고 변화를 파악하는 것도 쉬워질 것으로 전망된다.

● 고정밀 위성자료의 기타 활용

고정밀 위성자료는 가시광선뿐 아니라 뻘의 수분함유 정도에 따라 신호의 세기가 민감하게 변하는 근적외선 영역의 관측이 가능하다. 또한, LANDSAT 위성의 Thematic Mapper(TM) 탐지기는 해수표면의 온도측정이 가능한 열적외선 영역의 탐사도 수행한다. 이는 조간대 표면에 함유된 수분의 분포 및 원자력발전소에서 냉각 후 배출되는 온배수 확산범위를 파악하는 데 활용되고 있다. 조간대 표면에 함유된 수분의 분포는 퇴적물 입자의 크기와 표면경사에 따라 변화하므로 위성영상에 나타난 수분함유 분포를 통해 일반적인 표면퇴적물 분포를 유추해낼 수 있다.

한편 조간대 수로의 양쪽 급경사는 배수가 잘 되어 일반적으로 수분 함유율이 낮다. 그러므로 가시광선 자료로는 잘 관찰되지 않는 작은 조수로의 배수 시스템은 근적외선 탐사로 얻어지는 수분함유 분포를 통해 잘 파악된다.

열적외선 탐사가 가능한 LANDSAT 위성 TM영상자료는 위에 언급한 바와 같이 연안에서 원자력발전소 및 화력발전소의 온배수 범위를 파악하는 것뿐 아니라 조간대의 표면온도 측정도 가능하다. 여름철 쾌청한 날씨의 썰물 때 조간대 표면은 태양열에 의해 표면온도가 높이 상승한다. 조간대가 이렇게 흡수한 열은 밀물이 진행됨에 따라 표면을 덮는 해수 온도를 높여줄 것이다. 현재는 가설에 지나지 않으나 원격탐사로 파악된 이러한 현상이 증명되면 원자력발전소 주변의 해수온도 상승이 온배수에 의한 것인지, 태양열에 의한 것인지를 가늠해 주는 중요한 지표가 될 것이다.

● 천리안 해색위성(Ocean color)에 의한 해양관측

최초의 해색 센서는 1978년에 궤도에 올린 Nimbus-7에 탑재된 연안관측용 센서 CZCS로, 연안의 해양환경 모니터링이 그 목적이었다. 해색원격탐사(Ocean color remote sensing)는 사람의 눈으로 관측하는 것과 같은 가시광 영역의 해수색의 변화를 탐지한다. 최근 사용되는 위성으로는 미국의 SeaWiFS가 있으며, 한국도 1999년 항공우주연구원의 다목적 실용위성 KOMPSAT 1호에 OSMI라고 불리는 해색 관측 전문 기기를 탑재했다. 그러나 활용 SW의 부재와 자료의 질적 문제로 거의 활용되지 못한 채 2008년 2월 그 임무를 종료했다.

2010년 국토해양부(현 해양수산부)의 지원으로 한국 정지궤도에 올릴 세계 최초의 해색위성(천리안 해양위성, GOCI)이 개발되었다. 해양과학기술원(KIOST)이 임무와 이용자 요구사양을 개발하고, 한국항공우주연구원(KARI)이 유럽 ASTRIUM사와 공동으로 탑재체를 개발한 이 위성은, 현재 해양위성센터(KOSC/KIOST)에서 운용하고 있다. 천리안 해양위성은 매시간 한반도 주변 관측으로 기존의 극궤도 위성과는 다른 새로운 해양환경 정보를 보여준다. 이 정지궤도 위성의 기본 기술 및 몇몇 활용 사례는 다음과 같다.

천리안 해양관측위성의 임무

천리안 해양위성은 35,000km 고도의 정지궤도에 있기 때문에 전 지구를 관측 할 수 없다. 관측영역은 한반도 주변 해역(2,500km × 2,500km)에만 고정되어 있으며, 매시간 관측하여 낮 시간 동안 하루 8회 관측이 가능하다. 그러므로 천리안 해양위성은 장기간의 해양변동보다는 아주 짧은 단기 해양변동을 관측하기에 적합하다. 그러나 이러한 높은 관측빈도로 인한 연구기능보다는 해양을 실시간 감시할 수 있다는 운용기능이 더 중요하다. 천리안 해양위성의 주요임무는 적조 및 녹조 발생과 같은 실시간 해양환경 감시, 유류 사고 후 유류의 이동과 확산, 해빙·해무와 같은 해상·해양환경 감시, 오염 물질 투기해역의 해양환경 변동 감시 등이다. 이러한 해양이변에 대처할 수 있는 정보 획득과 예측을 통해 해양재해·재난을 낮춰 국민의 생명과 재산을 보호하는데 그 목적이 있다.

해색위성에서 밴드 선정

해색원격탐사에서는 그 위성의 임무에 따라 선택하는 파장대가 달라진다. 파장 선택의 조건은 사용할 파장대의 신호가 원격탐사 대상물질에만 민감하게 광 변화가 있는 파장대, 반대로 관측 대상 물질의 양에 무관하게 광학적 반응이 없는 파장대로, 광 신호의 크기가 충분히 세어야 한다. 마지막으로 순수한 해수신호를 얻기 위해 대기 신호의 크기를 추정하여 전체 신호에서 제거해주어야 한다. 이를 위한 대기보정용 파장대가 필요하다. 주로 해수신호에 무감각하나 대기의 에어로졸 농도에 민감한 파장대를 사용한다.

해색 위성의 센서에 사용되는 기본적인 파장대(nm)는 380, 412, 440, 490, 510, 555, 620, 665, 680, 760, 865nm 등이다. 이 중 440/555nm는 해수 내의 일차 성산자인 식물플랑크톤의 광합성 색소(클로로필)의 광 흡수파장/비흡수 광파장이므로, 식물플랑크톤의 농도 관측을 위해 필요하다. 그 외 490/510nm는 클로로필 농도가 너무 짙을 경우 440nm의 신호가 너무 작아질 때 사용할 수 있다. 또 부유사 농도를 측정하기 위해서는 부유사의 농도에 비례하여 신호가 크게 증가하는 555nm나 625nm가 적합하다. 부유사의 낮은 흡광작용과 강한 역산란 특성 때문이다. 700nm 이상의 근적외선(NIR)에서도 부유사 농도에 따라 신호가 증가하지만 절대 신호의 크기가 작아서 사용하기 어렵다. NIR 파장에서는 해수 자체의 강한 광 흡수로 신호의 크기가 급격히 감소하기 때문이다. 해수에 용존된 유기물질(CDOM)의 감지를 위해서는 380/412nm의 단파장대가 필요하다. CDOM은 단파장으로 갈수록 흡광작용이 크게 증가하기 때문이다. 대기보정 파장대는 단파장으로는 380nm, 장파장으로는 760, 865nm가 사용된다. 최근 좀 더 긴 파장대(SWIR)가 더 우수하다는 연구 결과가 있으나 천리안 위성에는 채택되지 않았다.

해수환경분석을 위한 알고리즘의 개발

천리안 위성으로 얻은 해색 신호의 크기는 물체에 투사되는 입사광의 세기에 따라 변할 수 있으므로 그대로 사용할 수 없다. 그러므로 이 신호의 크기는 대기권 밖의 태양광의 세기가 그대로 입사되었다고 가정할 때 얻어지는 신호로 수정하여 사용한다. 이를 '규격화된 해수 신호 (normalized water leaving radiance)'라고 한다. 혹은 해수신호를 입사광의 세기로 나누어준 값, 일명 '원격 반사도(remote sensing reflectance)'를 사용하여 해양환경을 분석한다.

가장 대표적 분석 대상 물질은 식물플랑크톤 양의 지표로 사용되는 광합성 색소 클로로필(chlorophyll), 해수중의 총 부유물(total suspended solid)량, 그리고 입자는 아니지만 주로 육상의 식물이나 가축 폐기물 등에서 발생하여 해수로 유입되어 존재하는 유색 용존 유기물(CDOM)이다. 이 물질들은 광학적으로 흡수 및 산란 특성이 다르므로 위성으로 그 정량적, 정성적 분석이 가능하다.

예를 들어, 클로로필 색소의 흡광 파장대인 440nm와 비 흡광대인 555nm의 신호 비율 값을 현장 관측치와 통계적인 관계를 유도하여 알고리즘을 개발한다. 부유물 알고리즘 역시 555nm 혹은 670nm에서 광량 값을 현장 실측치와 비교 활용하거나,

조석작용으로 변하는 부유퇴적물의 시간별 농도 변화
2011년 10월 26일 오전 9시~1시

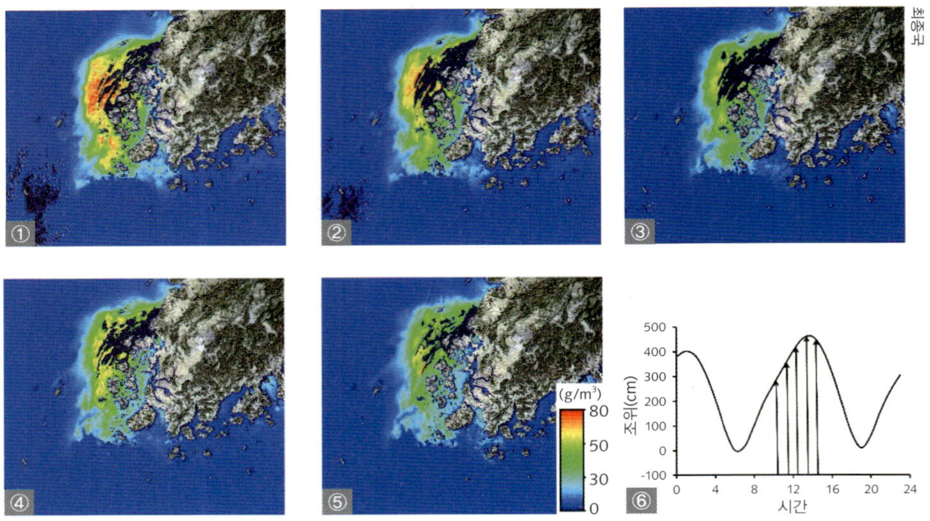

혹은 두 파장대(440/550, 520/670)의 비율 값을 사용하여 알고리즘을 유도한다. 최근 연구에 의하면 부유사의 경우 440nm와 555nm의 비율 값을 사용하거나, 555nm 혹은 620nm의 단독 파장 값을 사용하는 것이 좋다는 결과가 있다. 용존 유기물은 단파장에서 강한 흡광작용을 하므로 380nm나 412nm의 해수신호를 사용하면 그 양을 추정할 수 있다.

천리안해양위성의 응용

부유사의 관측

한반도 주변해역의 탁한 해수에 포함된 부유사의 물리적 특성은 해역에 따라 다르나, 서해안은 뻘(mud) 입자가 재부상하여 유기 및 무기입자가 혼합되어 있다. 반면 양쯔강 하구나 동중국해에서 이동해 오는 입자는 육상에서 흘러들어 온 무기입자가 주를 이룬다. 위성으로 이들 부유입자의 시공간적인 분포를 파악하여 해수 중의 농도와 이동 경로를 파악하는 것은 지질학적 측면에서 해저퇴적물의 생성 기원과 연구에 큰 도움이 되며, 연안 유해 오염물질의 이동 경로 파악에도 중요한 정보가 된다.

최근 위성 영상을 통해 해수표면의 탁도 및 부유물의 시공간적인 분포와 변동을 파악하여 더 많은 지질 정보를 얻을 수 있었다. 고해상도 위성으로는 LANDSAT, SPOT 등이 있으며, 해상도는 낮지만 해수 탁도 전문 센서인 SeaWiFS, OCTS, MODIS, NPP 위성 등이 있다. 그 외 적외선과 가시광을 동시에 사용한 NOAA 위성도 가끔 사용된다.

특히 정지궤도인 천리안 해양위성은 매시간 관측하는 기능 덕분에 해양환경 감시면에서 기존의 위성보다 더 우수하다고 알려져 있다.

186쪽의 그림은 천리안 해양위성이 관측한 한반도 남서해안(목포 근해역)의 탁수 분포를 시계열로 얻은 영상이다. 조석현상으로 발생하는 조류에 따라 단기 해양환경 변동을 볼 수 있다. 이러한 시계열 자료는 천리안 위성의 강점으로, 이전의 위성에서는 볼 수 없던 것이다. 특히 수일간의 영상을 동시에 연결하여 동영상으로 재현할 수 있으며, 조석 현상에 의한 조류운동 모델의 검·보정 자료로 활용할 수 있다. 흔히 봄철 제주 서편에서 서해 중앙으로 진입한다고 알려진 황해난류는 이 그림에서처럼 탁도로 보면 오히려 흐름이 단절된 탁도 전선(front)이 형성됐음을 알 수 있다. 서해 연안의 부유물 농도가 높은 이유는 대부분 얕은 수심으로 인해 표저층 수괴가 혼합하고 강한 조류때문에 해저부유물이 재부상하기 때문이다.

클로로필 농도의 관측

해양생태계의 가장 중요한 지표중 하나인 클로로필 값은 해양의 일차 생산량의 지표이자 연안에서는 수질지표로 활용된다. 더 큰 규모로 보면 지화학적 측면에서 지구의 탄소순환의 한 축을 담당하고 있는 식물플랑크톤의 활동(biological pumping) 정도를 보여주는 정보이기도 하다. 즉, 미래 기후 변화의 방향을 결정짓는 해양의 반응을 보여주는 것이라 볼 수 있다. 반면 지역적으로는 오염에 민감한 연안해에서 해수오염의 자료로 사용된다. 식물플랑크톤의 강력한 bloom이 발생하는 것을 적조라고 하는데 이에 대한 정보와 예측은 어민들의 수산양식 활동에 반드시 필요하다. 적조의 발생과 이동 그리고 농도에 관한 정보를 통해 연안 양식업에서 어민의 피해를 최소화할 수 있다.

그 외에도 천리안 해양위성은 해양의 해무 관측, 해빙 감시, 녹조 등의 관측이 가능하며, 황사, 산불, 폭설, 홍수 등의 자연재해를 감시하고, 특히 해양이변으로 인한 국민의 재산과 안전을 지키는 역할을 하고 있다. 보다 자세한 활용 사례는 '천리안 발사 2주년 기념 영상집'인 『우주에서 바다를 감시하다』 화보집(KIOST 2012년 발간)을 참고하면 된다.

천리안 해양위성이 관측한 동해의 클로로필 분포영상

다양한 크기의 소용돌이(eddy)가 형성되어 있으며, 이를 통해 동해의 역동적인 해수운동을 짐작할 수 있다.

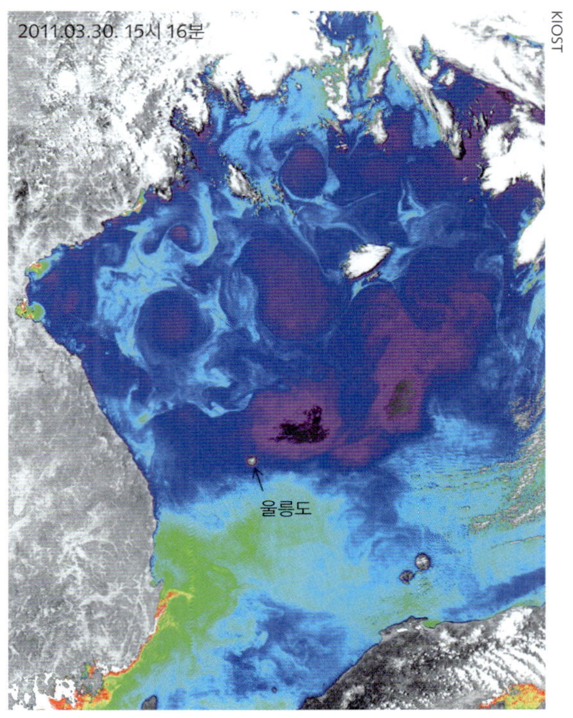

해저면 음향영상 탐사기술

무한한 광물자원을 품고 있는 깊은 바닷속은 아직 미지의 공간이다. 이 미지의 공간을 들여다볼 수 있는 열쇠가 바로 음파에 있다. 해저면 탐색을 위해 개발된 첨단 음향영상 탐사기술을 소개한다.

김성렬 한국해양과학기술원

'사이드 스캔소나(Side Scan Sonar)'는 국내에서 '측면주사음향측심기' 또는 '측면주사소나'라고 불리고 있지만, 탐사장비 본래의 의미를 충분히 표현하지 못하고 있다. 사이드 스캔소나란 해저 바닥에 비스듬히 향하도록 음파를 송신하고, 되돌아 오는 반사파 신호를 받아 음향학적으로 해저면의 형태를 영상화하는 탐사장비이다. 항공사진으로 육상지형을 촬영 하듯이 음파로 바다 밑 해저를 촬영하는데, TV 화면을 여러 개의 주사선(scan line)으로 채우는 것과 비슷한 원리를 적용한 탐사방법이다. 장비 이름에서 알 수 있듯이, 수중예인 센서가 진행하는 방향의 좌·우측(side) 해저면을 음파(sonar)가 연속적으로 훑어(scan) 지나가면서 해저 상황을 영상으로 표현한다.

사이드 스캔소나는 해저의 지질구조와 형태, 해저광물자원, 그리고 광통신케이블과 파이프라인 등 해저 구조물 설치 전 지질재해 위험요소(geohazards) 탐사 등에 사용되고 있다. 또한, 해저의 침몰선박, 어초, 해양 투기물 등 이상 물체의 현황과 위치, 모양 등에 대한 상세한 해저정보를 제공한다. 특히 교각 하부의 지반침하 여부를 확인하는 등의 분야에서 수중 잠수 촬영과 함께 추가로 수행되는 음파탐사 결과물로

해저면 형태가 영상화되는 탐사원리 ①
해저에 노출된 침몰선 ②

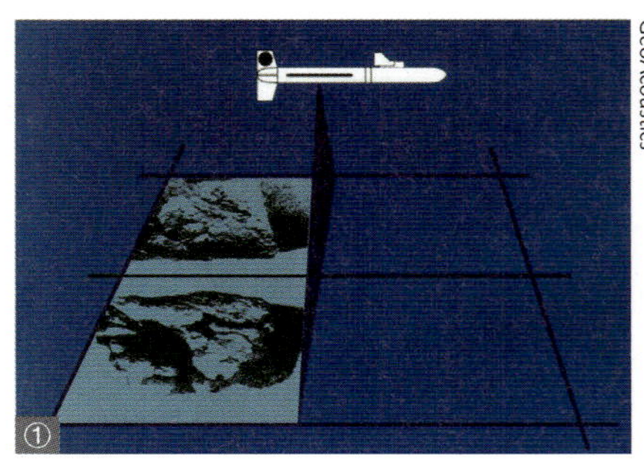

GeoAcoustics

Klein Associates

활용되고 있다. 연안역 개발에 따른 항만공사의 입지조건 결정과 유용광물자원 분포량 평가를 위한 해저지질조사에서는 필수적으로 요구되는 탐사항목이다.

● 해저를 관찰하는 도구 : 음파

소나(sonar)는 'SOund NAvigation Ranging'의 약자다. 즉 소나는 음파이고, 음파는 소리다. 소리로 어떻게 해저 바닥의 모양을 볼 수 있을까? 유리 탁자와 나무 책장, 철재 책상을 두드리면 다른 소리가 난다. 들려오는 소리를 듣기만 해도 유리인지 나무인지 철물인지 구분할 수 있다. 부딪히는 매질의 종류에 따라서 되돌아오는 반사파 음향의 진폭과 주파수가 다르기 때문이다. 같은 원리로 바다 밑 땅속으로 음파를 보내고 되돌아오는 소리를 들어 보면 그곳이 어떤 상태인지 알 수 있다. 여기서 소리를 '듣는다'는 말은 반사파 음향신호를 분석한다는 뜻이다.

관찰하는(보는) 방법을 한번 생각해 보자. 우리 몸의 허리 둘레, 체중 그리고 체온은 줄자, 체중계 그리고 체온계로 알 수 있다. 그렇다면 지구의 반경, 질량, 지온은 어떻게, 무엇으로 측정할 수 있을까? 분명 줄자, 저울, 온도계로 측정할 수는 없을 것이다. 그럼에도 우리는 그 수치를 알고 있다. 이것은 여러 가지 관측한 자료와 실험 결과를 근거로 계산한 수치이다.

우리가 어떤 현상을 알게(know) 되고 지식(knowledge)으로 확실한 개념을 갖기 위해서는 일단 '본다(see, look)'는 행위가 필요하다. 눈으로 직접 보고 이해하는 것이 제일 정확하다고 생각하지만, '본다'는 의미를 좀 더 폭넓게 수용한다면 이 세상에는 시각을 통하지 않고도 이해되는 지식이 훨씬 더 많다. 방법상의 차이일 뿐이다. 예를 들어 깊은 바다의 수심을 알아보려면 음향측심기라는 도구(tool)를 이용하면 된다.

다양한 관찰방법과 정착화된 지식

목적	방법	관찰	도구	결과	지식
허리의 둘레를 몸의 무게를 몸의 체온을	재어 달아 재어	본다	줄자 체중계 체온계		정착화된 지식
지구의 반경을 지구의 무게를 지구의 온도를	재어 달아 재어	본다	?	6,400km 6×10^{24}kg 6,000°K	
바다의 수심을 해저의 모양을 해저의 물체를	측량해 조사해 촬영해	본다	음향측심기 음파탐지기 수중카메라		
수중을, 해저를	탐사해	본다	광파, 음파		

저주파(100kHz)와 고주파(500kHz) 음원을 사용한 해저면 음향영상의 해상력 비교

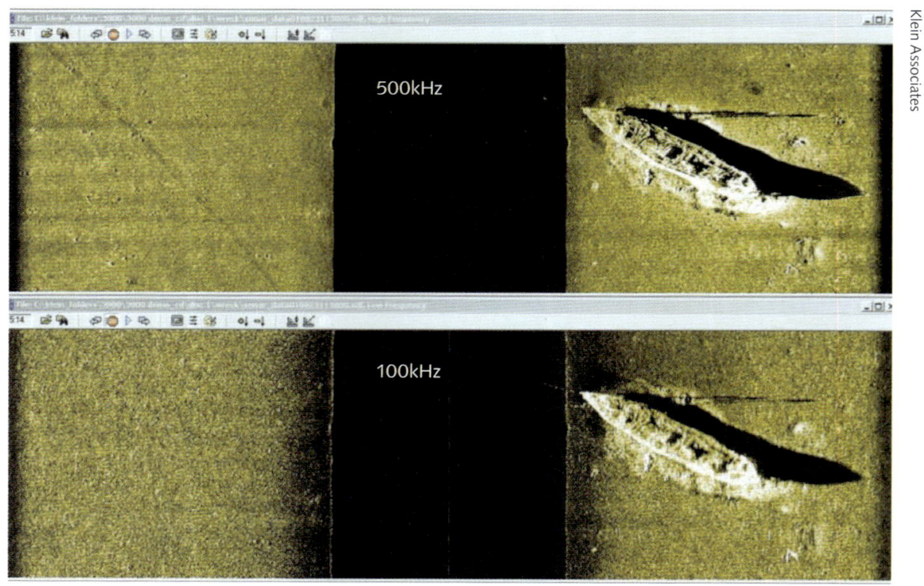

Klein Associates

음향측심기는 음파라는 간접적인 수단을 통하여 바다의 깊이를 짐작해 보는 원리다. 즉 어떤 도구를 이용해 현상을 보고, 이해가 되면 그것이 우리의 지식으로 남게 된다. 우리가 직접 본다는 것도 광파라는 빛이 정보전달자의 역할을 하기 때문이다.

광파 또는 전자파는 전달에너지가 물에서 감소하는 현상(attenuation, 감쇄)이 너무 심해서 수층을 투과하는데 한계가 있지만, 음파는 그렇지 않아 매우 좋은 정보 전달자 역할을 해준다. 따라서 수중 또는 해저탐사에 사용되는 대부분의 탐사장비와 기술들은 음파를 이용한다. 일반적으로 파동의 특성은 주파수에 있다. 음원(sound source)이 저주파일수록 투과력(penetration)은 높아지지만, 해상력(resolution)은 낮아진다. 고주파의 경우는 그 반대다. 즉 저주파를 통해 바다의 깊고 먼 곳의 정보를 알 수 있지만 해상력은 낮다. 그러나 고주파는 깊거나 멀리까지는 도달할 수 없지만 얕거나 가까운 곳의 정보는 저주파보다 훨씬 상세한 정보를 제공한다.

또 한 가지 파동의 공통적인 특징은, 전달에너지는 주행거리와 주파수에 비례하여 약해진다는 것이다. 즉 멀리 갈수록 전달에너지는 감소하며, 고주파일수록 전달에너지의 감쇠량이 더 커진다. 저주파 파동이 고주파 파동보다 더 멀리 갈 수 있는 이유가 여기에 있다. 사이드 스캔소나 탐사에서도 광역(廣域)보다 협역(狹域)에서 탐사범위가 좁으므로 고주파를 사용한다. 따라서 고주파일수록 해저의 정보를 더 상세히 파악할 수 있다. 아무리 깨끗한 해역이더라도 광파(햇빛)는 수면에서 약 200m 이상을 투과하지 못한다. 심해로 내려가면 캄캄하다. 그러나 음파를 이용하면 해저의 모양을 훤히 들여다볼 수 있다.

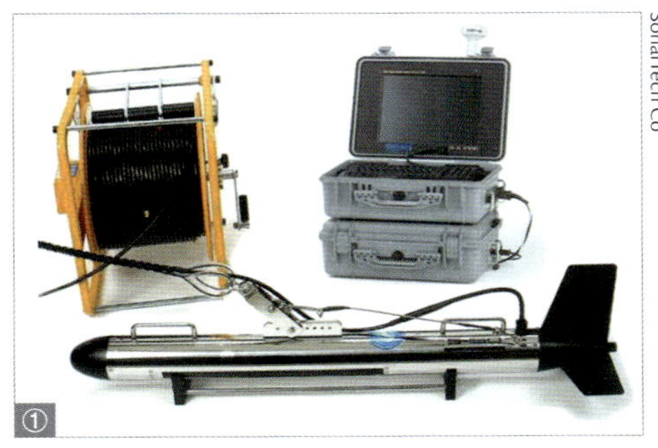
SonarTech Co

EdgeTech Sonar Equipment

본체, 케이블, 수중예인체로 구성되는 천해용 탐사장비 ①
권상기와 크레인이 필요한 중장비 규모의 심해 예인형 탐사장비 ②

● 해저면 탐사장비의 구성과 자료특성

사이드 스캔소나는 면 개념의 탐사장비이므로, 협역용과 광역용으로 구분한다. 협역용은 100~500kHz의 고주파 음원을 사용하고, 25~500m 주사폭(scan range) 내에서 수심에 따라 적절히 선택할 수 있으며, 주로 얕은 바다인 천해용으로 사용된다. 광역용은 12~50kHz의 저주파 음원을 사용하며, 주사폭은 5~30km 정도이고, 주로 심해용으로 사용된다. 천해용은 음향신호를 제어하고 저장하면서 표출하는 본체와 수중예인체(tow-fish) 그리고 예인케이블로 장비 구성이 간단하다. 그러나 심해용은 수중예인체가 무거워지고 예인케이블이 길어지면서 중대규모의 권상기(cable winch)와 크레인이 필요하므로, 소형선박으로는 장비의 탑재와 운영이 불가능하다. 주파수가 낮으면 해상력이 낮아지기 때문에, 심해용은 해상력을 높이기 위해 다소 높은 주파수 음원을 채택하며 해저바닥 약 5,000m까지 수중예인체를 내려서 탐사하는 심해 예인형(deep-tow side scan sonar system)도 개발되어 있다.

음향측심기와 사이드 스캔소나는 몇 가지 점에서 차이가 있다. 음향측심기는 수심측량이 목적이고, 해저지형을 수직단면(vertical section profile)으로 탐사하는 개념이며, 선박의 직하부에 대한 해저기복의 정보를 제공한다. 반면 사이드 스캔소나는 해저면의 상황과 지질정보가 목적이고, 해저지형을 수평면적(horizontal area mapping)으로 탐사하는 개념이다. 음향측심기는 단빔(single beam)과 다중빔(multi-beam) 시스템으로 구분된다. 단빔은 음파를 발신하고 수신하는 변환기(transducer)가 하나이므로 탐사선이 항해하는 직하부의 수심만 측량할 수 있다. 반면 다중빔은 여러 개의 변환기를 집약적으로 한곳에 모아놓은 구조로, 일반적으로 탐사선의 밑바닥에 고정으로 설치하여 운영된다. 이들은 각 빔별로 할당된 넓힘각(swath angle)에 따른 반사파 신호의 왕복주행 시간을 바탕으로 수심을 계산한다. 따라서 단빔과 달리 다중빔은 일정한 탐사폭(swath range)을 갖는 면 개념의 수심 측량이 가능하며, 수심 측량 위치는 탐사선의 항해 위치와 정확히 일치한다.

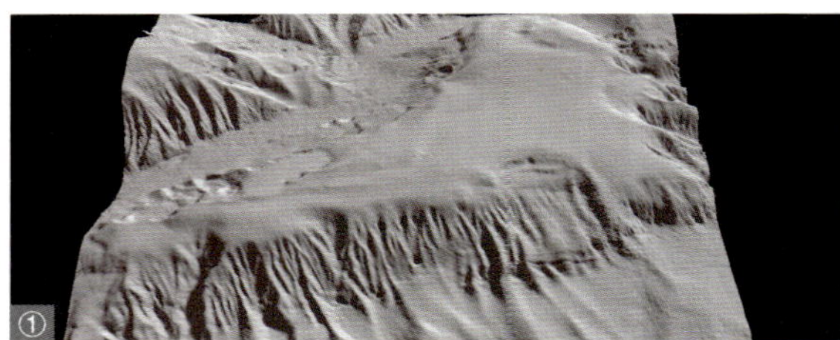
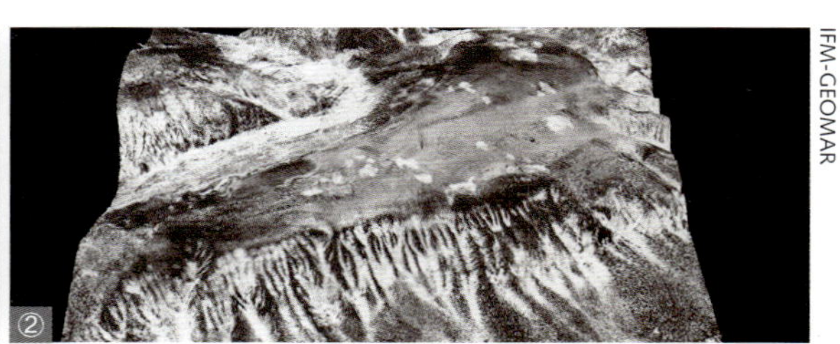
IFM-GEOMAR

다중빔 음향측심기를 이용한 해저지형 ①
사이드 스캔소나를 이용한 해저면 음향영상 ②

사이드 스캔소나는 좌·우현에 각각 한 개씩의 변환기를 부착한 단빔 형태이며 후방산란(back-scattering) 신호를 수신해 진폭의 변형 저항 성질 전반(intensity, 강도)을 영상화한다. 발신되는 음파형태는 수중예인체의 진행방향에 대하여 수직이며 두께는 얇고 폭은 넓은 부채꼴 모양이다. 음파가 해저면에 부딪히는 범위를 주사폭(scan range)이라고 하며, 좌·우현에서 수신되는 각각의 신호 파형(scan signal trace)은 낱개로는 별다른 의미가 없으나, 여러 개의 신호 파형을 차례로 모아놓을 때에 비로소 해저면의 형태를 갖추게 된다.

다중빔 음향측심기와 사이드 스캔소나 모두 일정한 폭의 탐사범위가 있으나 개념상에는 차이가 있다. 전자는 개별적인 여러 개의 채널을 통한 반사파 음향신호의 도달시간을 이용해 해저지형의 기복(relief)을 탐사하는 방법이며, 후자는 단빔 형태의 후방산란 음향신호의 강도를 이용해 해저면의 분포물질(material)을 탐사하는 방법이다. 그러나 최근에는 전자에서 해저면 음향영상자료를, 후자에서 해저지형자료를 구현하는 기술도 소개되고 있다.

수중예인체에서 멀어질수록 조밀하게 분포하는 자료배열

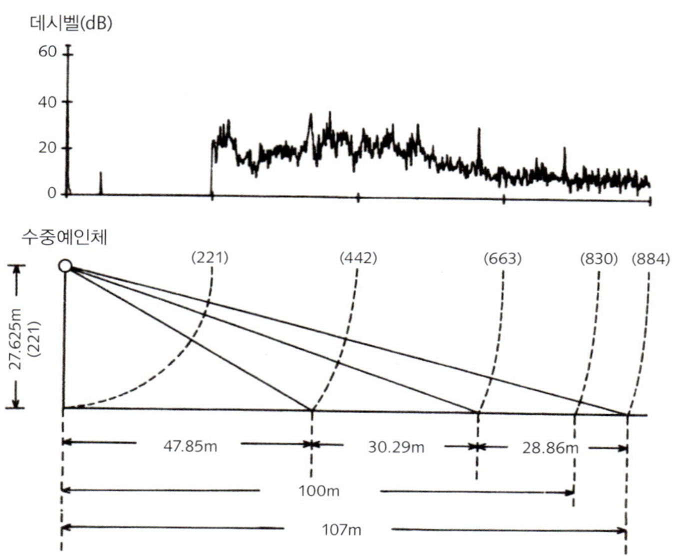

김성렬

● 해저면 영상자료의 후처리

경사거리(slant range)란 수중예인체에서 해저면까지의 거리를 말한다. 해양에서 수심 측량이나 지층탐사는 음파가 수직 상하로 왕복으로 주행하지만, 해저면 탐사에서는 측면 방향으로 음파가 퍼져 나가기 때문에 경사거리가 지속해서 증가한다. 수중예인체가 감지하는 거리는 해저의 수평면에 대하여 언제나 경사져 있으며, 그 경사거리가 증가할수록 해저면과 이루는 입사각(grazing angle)은 점차 감소한다. 따라서 현장 기록 자료의 분포밀도는 수중예인체의 먼 쪽(far-range)보다는 직하부(near-range)에서 훨씬 낮기 때문에, 해저의 실제 형태와는 다소 차이가 있다는 점을 고려해야 한다.

현장 자료는 시간계열(time series) 자료이지만, 경사거리가 보정된 후에는 그 성질이 거리계열(distance series) 자료로 바뀌게 된다. 경사거리와 수평거리의 기하학적인 위치관계에서 보면, 수중예인체의 직하부 보다는 측면 방향으로 멀어질수록 자료 간의 거리 간격이 점점 좁아지는 형태로 공간적인 분포가 달라지고 있다. 따라서 경사거리를 보정한다는 것은, 수층효과를 제거한 후에 음파가 왕복주행한 시간 길이를 수평거리로 환산하는 자료 처리를 의미한다. 192쪽의 그림에서 예로 보여주는 신호 파형은 총 884개의 자료로 구성된다. 1번부터 220번째까지는 수층에서 반사된 값이므로 진폭은 0에 가까운 값이다. 해저면에 부딪혀서 후방산란으로 되돌아오는 해저 반향은 221번째부터 시작된다. 그 이후 연속적인 신호 파형의 진폭은 해저퇴적물의 거친 정도 등 지질의 특성에 따라 후방산란된 음향 강도를 나타내고 있다. 따라서 해저면 영상기록 중 가운데 부분이 비어 있으면 경사거리를 보정하기 이전인 시간계열 자료이다. 경사거리가 보정된 거리계열 자료는 위치정보가 있다면 실제 축척의 도면으로 투영할 수 있다.

현장 탐사는 수중예인체를 탐사선 후미에서 수중 예인하는 방식으로, 언제나 영상기록 위치가 항해 위치와 차이가 있다. 예인케이블의 방출 길이(laying out)를 알고 있더라도 탐사선과 떨어진 거리는 탐사선의 항해 속도와 방향에 따라 수시로 달라지며, 해저지형이 많이 달라지면 방출 길이도 변경시킨다. 따라서 수중예인체가 탐사선 뒤에서 예인되고 있다는 사실 외에 우리가 알고 있는 위치 정보가 없다는 의미가 된다. 수중예인체의 위치를 정밀하게 파악하기 위해 short/long base line과 같은 별도의 수중위치 관측장비가 필요하지만, 가격이 비싸며 현장운영도 어렵기 때문에 현장탐사는 대부분 보조 장비 없이 수행된다. 특히 이상 물체나 해저구조물을 탐색할 때 물체의 위치와 그 형태를 정확하게 파악하려면 수중예인체의 절대 위치가 반드시 필요하다. 또한, 위치자료의 보정처리가 먼저 선행되지 않으면 기타 여러 가지 후처리 과정이 아무리 잘되었더라도 실제 해저면 형태와는 다른 왜곡된 결과를 얻게 된다.

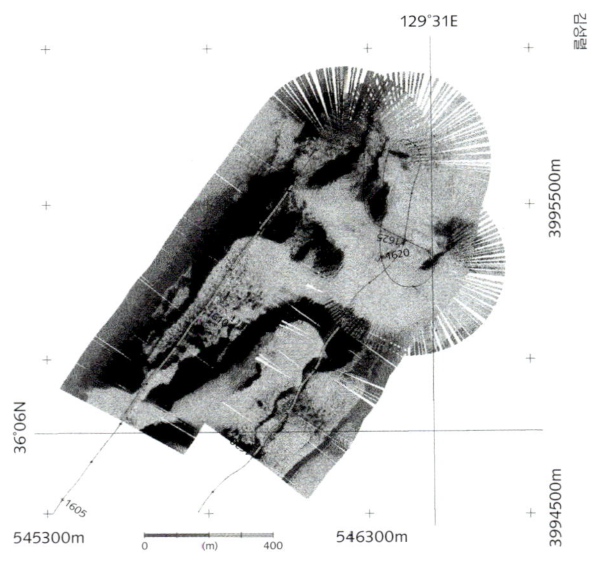

실제축척으로 투영된 해저면 음향영상

경사거리를 보정하고 수중예인체의 절대 위치로 변환한 후 처리했다.

기하학적인 방법으로 수중예인체의 절대 위치를 결정하기 위한 체계적인 방법은 이미 국내에서 개발된 연구결과가 있다. 왼쪽의 그림은 기존에 취득된 자료 일부를 이용하여 경사거리 보정한 후 탐사선 항해 자료를 수중 예인체의 절대 위치로 변환하여 실제 축척의 도면으로 투영해본 해저면 음향영상 결과다. 여기서 발신되는 음파의 형태는 188쪽의 그림처럼 부채꼴 모양이므로, 수중예인체의 진행 방향이 조금씩이라도 자주 바뀌면 양쪽 측면 먼 쪽에서는 탐사 되지 못하는 구역이 발생하거나, 중복 탐사되는 현상이 생긴다. 예를 들어 탐사선이 원을 그리며 회전할 경우 원의 안쪽은 같은 해저면이 반복해서 탐사 되는 반면, 원의 바깥쪽은 듬성듬성하게 탐사 됨을 확인할 수 있다. 제시한 자료에서는 사전에 계획된 조사측선으로 진입하기 위해 탐사선이 3회씩이나 회전 했음에도 두 탐사측선간의 영상기록이 크게 어긋나지 않고 잘 연결되고 있다. 국내에서 개발된 위치변환 알고리즘은 적절한 연구성과로 평가된다.

해저면 음향영상의 모자이크

해저면 탐사결과의 최종 표현물은 각각의 조사측선별 영상자료를 전체적으로 모자이크 된 한 장의 도면으로 제작되며, 이 결과를 이용하여 탐사구역 전체의 해저 상태와 지질구조를 해석하게 된다. 현장탐사가 진행되는 중간에 주사폭을 변경하거나, 탐사측선 간격이 주사폭 보다 좁으면 해저영상을 중첩하는 것이 불가피하다.

현재까지의 중첩 영상 처리방법은 탐사측선별 해저영상을 각각 별도로 처리한 후에 영상기록의 연결성을 고려하여 가장 잘 일치하도록 탐사측선별로 차례차례 붙여 나가는 방식이다. 위치가 틀리거나 상태가 불량한 영상 위에 더 양호한 영상을 올려놓으면서 모자이크 도면을 완성하는 것이다. 따라서 특정한 부분에서는 해저형태를 정확히 표현할 수 있다는 장점이 있으나, 나머지 다른 부분에서는 중첩한 흔적이 남게 된다. 각각의 탐사측선별로 준비된 영상자료를 모자이크할 경우 측선마다 매번 중첩 부분에 대한 우선순위를 결정해야 하는 번거로움이 뒤따른다. 뿐만 아니라, 중첩 영상의 처리 부분이 그대로 남아 있어서 전체적인 구성면에서 현실감이 떨어진다.

Marine Sonic Technology

해저면 음향영상 모자이크
끊어진 부분의 영상을 연결하기 위해 여러 측선의 탐사기록을 중첩해 놓았다.

이러한 문제점을 해결하기 위해 주사폭을 조금씩 축소하면서 전체자료에 대한 모자이크 처리를 반복적으로 수행한다. 그리고 먼저 처리된 결과에 다음 처리된 결과를 치환하는 방법을 사용한다. 물론 여기서 조금씩 주사폭을 축소하는 정도가 너무 크면 선명한 영상을 기대하기 어렵지만, 출력도면의 축척을 고려한 축소율을 조절하면 선명한 해상도의 모자이크 결과도면을 제작할 수 있다. 우리나라 근해에서 수행된 해저면 탐사자료를 이 처리방법을 이용하여 모자이크 도면으로 처리한 결과를 보면, 여러 개의 탐사측선 자료를 모자이크 처리했음에도 불구하고 암반분포의 형태가 중첩된 흔적을 발견할 수 없으며, 측선간의 해저영상이 정확하게 연결되고 있음을 볼 수 있다. 연안 지역에서는 대부분 노출 암반이 분포하고 있으며, 외해 쪽에서는 육지에서 만들어진 모래퇴적물이 해저기반암을 얇은 두께로 덮고 있는 것으로 해석된다. 국내에서 개발된 이 방법은 몇몇 전문기관에서 활용하면서 현재까지의 미비점을 보완하는 단계에 있다. 앞으로 검증과정을 통해 신기술로 인정받게 된다면 다른 분야에서도 널리 응용할 수 있을 것으로 기대하고 있다.

미국 지질조사소(USGS)에서는 멕시코만의 해저지질 분포상황을 폭넓게 이해하기 위해 영국에서 제작한 광대역 해저면 탐사장비(long range side scan sonar)인 GLORIA를 이용하여 해저면 탐사를 시행하고, 음향영상 모자이크 도면을 제작한 바 있다. 음향영상의 특징과 해저퇴적물의 물성을 비교하여 지질음향학적(geoacoustical morphology)으로 지질분포도를 작성하고 해석한 것이다. 광대역 해저면 탐사는 심해

우리나라 근해역에서 수행된 해저면 탐사자료의 음향영상 모자이크

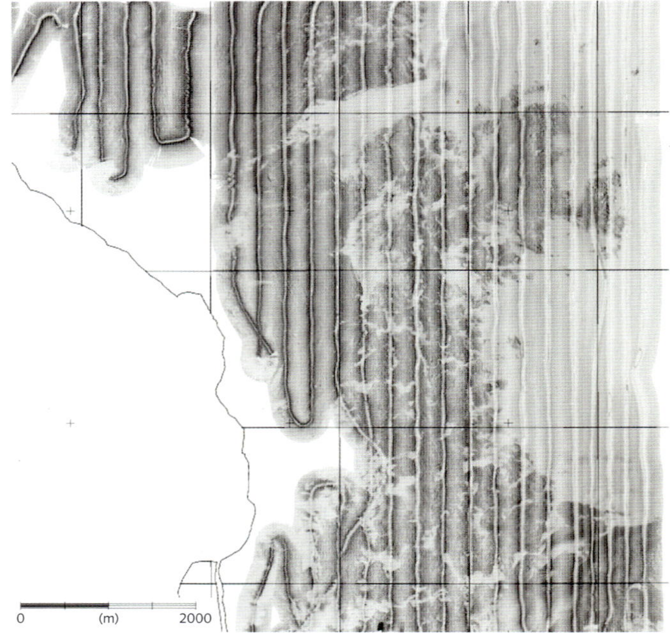

김성렬

멕시코만 해역의 해저지질분포를 해석한 결과도면

미국 지질조사소 (USGS)가 광대역 해저면 탐사장비 (GLORIA)를 이용해 완성한 음향영상 모자이크 자료를 근간으로 했다.

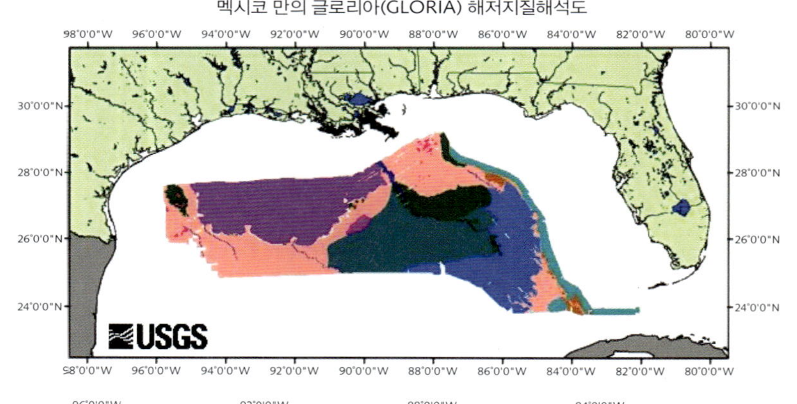

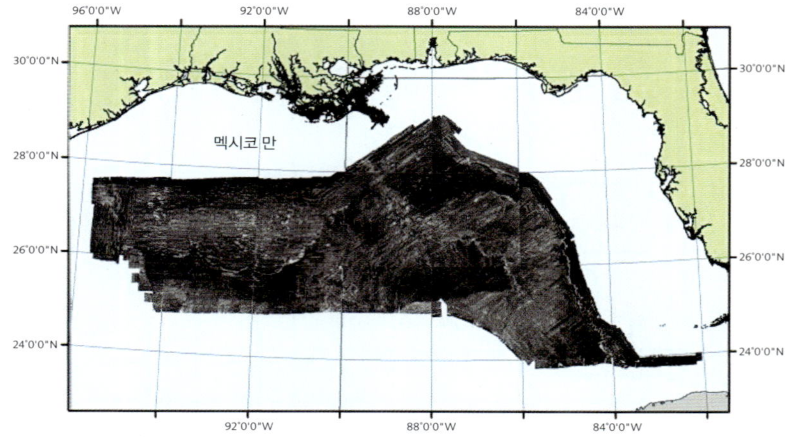

U.S. Geological Survey GLORIA Mapping Program

예인용 탐사와는 다소 차이점이 있다. 비교적 해수면 근처라 할 수 있는 약 50m 깊이에서 수중예인체를 예인하는데, 주사폭이 좌·우현 각각 20~30km 정도이기 때문에 광대역이라는 이름을 붙인다. 사용하는 음원의 주파수 범위는 12~13kHz다. 따라서 천해용 탐사장비에 비해 해상력은 매우 낮지만, 수심이 깊은 해역과 넓은 해역을 단시간 내에 탐사할 수 있다는 장점을 가지고 있다. 현장에서 운영할 때 심해 예인형의 탐사속력은 2노트 이하지만, 광대역 탐사장비는 8~10노트의 속력으로 현장조사가 수행된다.

● 미래의 해저면 탐사기술과 전망

누구나 지구 내부의 깊은 층에 대한 지식을 어떻게 얻었는지 궁금할 것이다. 이는 대부분 간접적인 방법으로 구한 정보이다. 그 가운데 물리적인 방법을 이용하여 지구의 성질을 밝혀내는 학문이 지구물리학인데, 이 학문을 탐사에 적용하면 물리탐사라고 부른다. 물리탐사가 주로 사용되는 분야는 지진파(탄성파), 중력, 그리고 자력 연구다. 해양에서는 음파를 이용하는 방법이 보편화되어 있으며, 최근에는 인공위성을 이용하는 분야(주로 광파)도 급속히 발전하고 있다.

해저면 음향영상 탐사기술 역시 음파를 도구로 이용하는 해양지구물리학의 한 분야이다. 특히 해양자원개발은 심해 광물자원탐사의 하나로 해저지각 활성대 주변에 분포하는 열수광상(마그마로부터 방출된 열수가 지하 틈을 따라 상승해 그중에 함유된 광물이 침전하여 생긴 광상)에 대한 정밀 해저지형도 작성과 지질환경 분석 등 많은 연구가 진행되고 있다. 최근 석유자원 고갈에 따라 인류의 차세대 대체연료로 주목받는 해저 메탄수화물에 대한 관심이 높아지고 있어서, 심해 예인형 정밀 해저면 음향영상 탐사장비와 함께 잠수정의 활용도를 높이는 방안도 적극 검토되고 있다.

해양은 지구 표면적의 약 70%를 차지하고 있지만, 우리의 활동무대는 여전히 육지에 국한되어 있다. 바다에 대한 궁금증을 해결하고 해양을 충분히 이해하기 위해 우리는 여러 가지 탐사방법을 끊임없이 개발해 왔다. 특히 음파를 이용하는 기술영역은 물이 가지고 있는 특수한 성질로 인해 해저탐사에 핵심적으로 적용되고 있다. 최근에는 IT산업의 발전과 함께 전산시스템의 소형화, 고속화, 대용량화를 위한 기술개발이 빠른 속도로 진행되고 있으며, 해양 관련 분야에서는 수중통신기술과 내압기술 등의 분야가 IT 분야와 더불어 융·복합적으로 발전하고 있다. 이러한 영역들이 해저탐사 기술에 접목될 가까운 미래에는, 광파보다 해상력이 절대 부족한 음파를 보완하는 대책으로 광파(전자파)와 음파를 결합한 형태의 장비개발과 탐사기술이 실용화될 것으로 기대하고 있다.

찾아보기(가~마)

가

가스수화물 136, 137, 138, 139, 140, 141, 142, 143, 144, 145
가시광선 180, 181, 183
간빙기 41, 42, 43, 45, 54, 60, 61, 62 73, 78, 81, 83, 85, 86, 87, 88
감압법 140, 141
개형충 58
경계획정 65
경광물 96
경사거리 193, 194
경희토류 150, 151, 152
계절변화 77, 78, 79
고기후 55, 58, 59, 78, 79
고기후 변화 41, 59, 80, 84, 88
고생대 15, 58, 103
고주파 190
고해양 55
고해저수로 69, 70
고환경 57, 58, 59
골재자원 96, 97, 98
공간이용 180, 181
공룡 12, 14, 15, 17, 19, 20, 21, 22, 23, 52
공룡의 멸종 20, 23
관측위성 174
광대역 해저면 탐사장비 195
구로코 광상 155
구리 50, 100, 102, 110, 113, 114, 115, 117, 118, 119, 123, 125, 128, 129, 131, 133, 148, 155
국제해저기구 114, 117, 124, 133, 148
그랩 채취기 158
그린란드 73, 74, 76, 77, 78, 79, 80, 81, 82, 83, 84, 85, 86
그린란드 써밋(Summit) 74, 81
극전선 74
근원암 104
근적외선 180, 183, 185
금 50, 96, 100, 102, 129, 131, 133, 147, 148, 151
급격한 기후변동 38, 81, 82, 84, 85
기후변동 38, 39, 40, 41, 42, 43, 44, 45, 84, 164
기후변화 15, 38, 41, 42, 43, 44, 45, 56, 57, 58, 59, 60, 62, 72, 73, 74, 75, 76, 79, 80, 81, 83, 84, 85, 86, 87, 88, 89, 187

나

남극대륙 27, 73, 74, 76, 77, 78, 79, 84, 85, 86, 87

남극해 74, 78, 121
남서태평양 도서국가 121
남해 65, 66, 92, 93, 99
넵튠사 133
노틸러스사 132, 133
녹조 관측 174, 187
니켈 102, 110, 113, 114, 115, 117, 118, 119, 123, 125, 148, 149, 150, 153, 154

다

다중 코어 시추기 159
단독 개발광구(7.5만 평방킬로미터) 117, 148
단층 30, 31, 70, 71, 104, 106, 127, 142
대륙붕 26, 42, 64, 65, 67, 69, 70, 71, 93, 95, 96, 97, 100, 101, 102, 105, 106, 107, 108, 109, 111, 144
대륙이동설 24, 35
대멸종 12, 14, 15, 17, 19, 21, 23
대체에너지 92, 142
대체연료 197
덮개암 105, 140
데이빗 라우프 15
데이빗 아키볼드 20
데이빗 칼리슬 19
도호열 25
돔콘코르디아 기지 76
동위원소 20, 40, 41, 42, 44, 75, 79, 80
동위원소비 41, 78, 79
동위원소비 델타(δ) 79
동태평양해령 EPR형 광체 129
디이츠(R. Dietz) 25
디지털 고도계 161, 162

라

라하르 47, 49
로렌타이드 빙상(Laurentide Ice Sheet) 82
르 피숑(Le Pichon) 25, 27

마

마리아나형 34, 35
마샬제도 121, 123
마젤란 해저산군 124
만년설 74, 75
망간 69, 102, 110, 114, 115, 117, 118, 119, 120, 123, 125, 128, 148, 149, 150, 152, 153
망간각 110, 118, 119, 120, 121, 122, 123, 124, 125, 148, 149, 150, 151, 152, 153, 154, 155

찾아보기(마~아)

망간단괴 110, 111, 112, 113, 114, 115, 116, 117, 118, 119, 120, 124, 125, 133, 148, 149, 150, 151, 152, 153, 154, 155

맨틀대류설 24

메소아하 지역 141, 142

메탄가스 85, 87, 88, 89, 108, 136, 138, 141, 145

메탄수화물 69, 71, 92, 95, 136, 137, 139, 143, 197

메탄올/글리콜 주입법 141

멕시코만 해역 142, 196

모나자이트 96, 97, 152

모자이크 26, 194, 195, 196

무인수중탐사로봇(ROV) 124

무인잠수정 67, 171, 172

물리검층 107

물리탐사 106, 107, 109, 197

미고생물 57, 58, 164

미크로네시아 121, 123, 133

바

방사능 110, 152

배사구조 105

배타적 경제수역 64, 65, 66, 67, 68, 69, 71, 99, 100, 121, 123, 136, 144, 148

배호분지 69, 94

백금 96, 118, 123, 125, 146, 147, 149, 150, 153, 154

백두산 52, 54, 55

베게너(A. wegener) 24, 35

베수비어스 화산 47, 49, 50

변질광물 128

변환단층 25, 26, 30, 31, 32

보스톡(Vostok) 빙하코어 84, 85, 86, 88

부유물질 농도 측정기 161, 162

부유물 알고리즘 185

부유성 유공충 13, 58, 59

북대서양 심층수 81, 82, 85, 86

비철금속 146

빙기 41, 42, 43, 45, 54, 73, 81, 82, 85

빙하 14, 41, 47, 53, 60, 61, 62, 63, 72, 73, 74, 75, 76, 77, 78, 79, 80, 81, 82, 84, 88

빙하 시추기 76

빙하코어 60, 75, 76, 77, 78, 79, 80, 81, 82, 83, 84, 85, 86, 87, 88, 89

빙하코어 연대 측정 77, 78

사

사암 105, 120
사이드 스캔소나 166, 167, 168, 188, 190, 192
산소결핍층 120, 122
산소동위원소 40, 41, 44, 45, 55, 60, 63
산업혁명 38, 61, 72, 87, 89
산화희토류 149, 150, 152, 153
상자형 시추기 159, 160
석유 67, 92, 101, 102, 103, 104, 105, 106, 107, 108, 109, 136, 137, 140, 143, 155, 175
섭입대 25, 30, 34, 35
세립질 퇴적물 165
소나(SONAR) 189
소빙하기 63, 73, 89
수성기원 118, 119, 120, 121, 125, 152
수소 동위원소 79
수심 측량 174, 191, 193
수압 채광법 141
수중예인체 191, 192, 193, 194, 195, 197
수중 음파 측심계 180
수직 해상도 177
스미스 35
습식체질 165
시소(seesaw) 효과 86
시추공 100, 106, 107, 109, 142
식물플랑크톤 185
신생대 12, 13, 15, 16, 18, 20, 22, 23, 40, 51, 96, 103, 104
실체 현미경 164
심부 빙하코어 76, 80, 81
심부탐사 169
심해굴착계획 28, 142
심해굴착프로그램 51
심해분지 111
심해저 광물자원 115, 125, 155
심해저광업 113, 116
심해저자원개발 113, 114, 117, 119
심해퇴적물 41, 42, 73, 149, 151, 152, 154
쓰나미 49, 50, 52, 145

아

아간빙기 73, 81, 82, 85
아소 화산 54, 55
안정동위원소 78, 79
알고리즘 168, 178, 185, 186, 194
알류산 해구 28
암몬조개 12, 13, 22, 23
암석권 29, 32

찾아보기(아~자)

압력센서 161, 162
앨빈호 127, 172
약권 25, 26, 30, 31, 32
엠 간빙기(Eem interglacial age) 83, 84
연대측정 오차 78
연속된 퇴적층 159
열곡 26, 30
열분해 138
열수광상 126, 127, 129, 130, 132, 135, 197
열수기원 119, 152
열수생태계 131
열수 순환작용 127
열수유체 128, 131
열수활동 33, 127, 130, 131, 133, 151
열점 19, 29, 121, 132
영거 드라이어스(Younger Dryas) 한랭기 82, 83
오피올라이트 128
온누리호 92, 134, 168
온실가스 38, 136, 145
온실기체 72, 75, 85, 87, 88, 89
울릉도 52, 53, 54
울릉분지 53, 54, 55, 69, 70, 71, 95, 109, 144
원격 반사도 185
위성 173, 174, 175, 176, 177, 178, 179, 180, 181, 182, 183, 184, 185, 186, 187
위성고도계 174, 175, 177, 179, 180
윌슨(J. T. Wilson) 25, 26
유공충 40, 41, 58, 59, 60, 84, 104
유색용존유기물(CDOM) 185
유속 관측기 161
유엔해양법협약 114
유용광물자원 95, 97, 101, 189
유용금속 110, 117, 119
유인잠수정 115, 127, 171, 172
유체 포유물 128
유카탄반도 16, 20, 23
유화광물 광상 50
육상광물자원 101, 115
융기 14, 35, 175
음향 반사 174
음향수신기 169
음향측심기술 168
이산화탄소 38, 39, 40, 44, 45, 49, 61, 62, 63, 72, 75, 85, 87, 88, 89, 137, 145, 147
인공위성 51, 68, 167, 170, 171, 173, 175, 181, 197
인듐 151, 153, 154, 155
인산염광물 69, 71, 95

자

자동 다중코어 검침기 162
자항식 채광시스템 117
장보고 기지 86
저류암 104, 105
저서성 유공충 58, 59
저어콘 96, 97
저주파 169, 170, 190, 191
저층해류 112, 120, 122, 123
저탁암 71
전기전도도 167, 171
전단탄성률 138
전략광물자원 92
절대 위치 193, 194, 195
제 4기 39, 40, 44, 51, 52, 59, 70, 73, 83, 96, 104
제노타임 152
조간대 159, 162, 181, 182, 183
조립질 퇴적물 165
존스톤 제도 121, 123
주기적 멸종 16, 19, 20
중광물 92, 96, 97
중력변화 177, 178
중력탐사 167, 170
중생대 12, 13, 14, 15, 16, 17, 18, 19, 20, 21, 22, 23, 101, 103, 121, 122
중세 온난기 89
중앙해령 25, 27, 30, 31, 126, 128, 129, 130, 131, 132, 133, 135
중첩 영상 194
중희토류 149, 150, 151, 152, 154, 155
증기 및 열수 주입법 141
증발과 응결 79
지각변동 27, 101, 104, 105, 106, 131
지구온난화 62, 72, 83, 84, 89, 136, 141, 145
지구표면 22, 25, 26, 29, 31, 32, 181
지구표층 환경 42
지구환경 13, 40, 42, 72, 73, 74, 75, 76, 79, 85, 88, 122, 123, 173
지열발전소 50
지오이드(geoid) 170, 175, 176, 177
지온구배 144
지자기탐사 167
지진파 30, 94, 107, 158, 197
지질시대 13, 15, 16, 21, 38, 39, 51, 52, 56, 57, 58, 59, 61, 73, 103, 131
직선기선 제도 65
진동 시추기 159, 160
진폭공백현상 139
질량류 70

찾아보기(차~하)

차

착이온 120
챌린저호 67, 119
챌린저호 탐사 119
천년단위 56
천리안 해색위성 184
천리안 해양위성 184, 187
천부탐사 169
천연가스 69, 89, 92, 95, 101, 102, 103, 104, 105, 106, 107, 108, 109, 136, 137, 140, 141, 142, 143
철-망간 산화물 119
체적탄성률 138
충돌구 16, 20
측심기 174
층서 47, 55, 76, 164
칠리형 34, 35

카

케로젠 104
코발트 102, 110, 114, 115, 117, 118, 119, 122, 123, 125, 148, 149, 150, 153, 154
코어 퇴적물 146, 164, 165
코코리스 12, 58
클라리온-클리퍼톤 해역 111, 112, 113, 115
클로로필 185, 187
키리바스 121
키프로스 광상 155
킬라우에아 화산 18, 48

타

탄산염 보상심도 57, 59
탄산염암 105
탄성파 94, 103, 107, 139, 142, 144, 197
탄소 저장량 88
탐사규칙 124, 133
탐사기술 108, 115, 123, 124, 133, 155, 167, 168, 169, 170, 173, 175, 197
테프라 46, 47, 53, 54
테프라연대학 46, 47, 55
테프라층서학 47, 55
텔루륨 150, 153, 154
통가 133, 134, 135, 148, 149, 151
퇴적물 13, 33, 35, 40, 41, 42, 49, 53, 54, 55, 56, 58, 59, 60, 63, 70, 71, 73, 84, 92, 93, 94, 97, 100, 103, 104, 110, 111, 115, 120, 121, 122, 134, 136, 140, 144, 148, 158, 159, 160, 161, 162, 163, 164, 165, 166, 183

퇴적물 이동 종합관측시스템 161
퇴적물 입도 분석 164, 165
퇴적상 55, 69, 70, 71
투과력 190
티탄철석 96, 97

파

판구조론 24, 25, 27, 28, 29, 31, 33, 34, 35, 57, 126, 173
펄스(pulse) 음파 174, 177
포아송 비 138
포접화합물 137
폭마크(pock mark) 144
표식지층 46
표층퇴적물 이동 관측 기기 158
플랑크톤 104, 111
피스톤 시추기 159, 160
피지 133, 135, 151

하

해령 25, 26, 27, 28, 30, 31, 32, 33, 34, 95, 126, 151
해류 순환 174
해무 관측 187
해상력 190, 191, 197
해색원격탐사 184
해수면 13, 14, 15, 20, 42, 52, 54, 55, 56, 59, 71, 72, 93, 96, 121, 162, 167, 174, 175, 176, 177, 178, 180, 182, 197
해수면 변동 54, 55, 182
해수환경분석 185
해안선 변화 180
해안지형 180
해양관할권 64, 65, 66
해양대기청 174
해양분지 179
해양자원개발 65, 67, 135, 197
해양저 산맥 25, 26
해양표면 175
해저 경계층 161, 162
해저광물자원 101, 109, 110, 118, 132, 133, 148, 149, 152, 188
해저산 118, 119, 120, 121, 122, 123, 124, 134, 150, 151, 153, 155, 175
해저열수광체 151, 154, 155
해저열수활동 126, 127
해저영상 174, 194, 195
해저융기 179
해저지진계 169, 170

찾아보기(하, A~Z)

해저지형 46, 92, 93, 94, 95, 107, 174, 175, 176, 177, 178, 179, 180, 191, 192, 193

해저탐사 166, 168, 172, 190, 197

해저퇴적물 45, 52, 53, 78, 79, 84, 97, 139, 144, 158, 166, 186, 193, 195

해저화산 46, 47, 52, 53, 54, 118, 119, 132

해저확장설 25, 35

허튼(Sir J. Hutton) 35

헤스(H. Hess) 25, 26

헬렌 화산 47, 48, 49

현무암 대지 48

혜성 15, 17, 19, 20, 23, 48, 57, 58

호상열도 32, 33, 52, 94, 119

홀로세 간빙기 83, 84, 86, 87

홈즈(A. Holmes) 24

화산가스 47, 49

화산분화 52, 55

화쇄류 47, 48, 49, 52

화학합성 127, 131

후방산란 192, 193

후방산란파 168

훤층 75

희유금속 146, 147, 148, 149, 150, 151, 153, 154, 155

희토류 100, 115, 118, 146, 147, 148, 149, 150, 151, 152, 153, 154, 155

희토류 원소 118, 152

A~Z

AUV(Autonemous Unmanned Vehicle) 171

BSR 139, 142

chimney 168

CZCS 184

EPICA 돔씨[1] 84

---

1) EPICA 돔씨 (European Project for Ice Coring in Antarctica at Dome C)
1996~2004년에 유럽 10개국이 남극 동남극대륙의 돔씨에서 빙하코어를 시추한 국제공동 프로젝트

EPICA 돔씨 빙하코어 84, 86, 87
ERS-1 175, 177, 178, 180
GEOSAT 173, 175, 176, 177, 180
GISP2[2] 74
GISP2 빙하코어 54, 81, 84
GLORIA 195, 196
GPS 173
GRIP[3] 74
GRIP 빙하코어 78, 81, 83, 84
IPCC 4차 평가보고서 89
KOMPSAT 184
LANDSAT 180, 181, 182, 183, 186
MEF형 광체 130
NEEM[4] 76
NEEM 빙하코어 76, 84
North GRIP[5] 84
North GRIP 빙하코어 84
OCTS 186
OSMI 184
ROV 124, 171, 172
SAR위성 181
SeaWiFS 184, 186
SEDEX 131
Side Scan Sonar 188, 191, 195
SKP-I 53, 54
SKP-II 53, 54
SPOT 180, 186
TAG형 광체 130
UN 해양법 협약 64, 65, 67, 68
VMS 131
X-선 사진 164, 165
X-선 자동 입도 분석기 165
δ값 79, 80

2) GISP2 (Greenland Ice Sheet Project 2)
1989~1993년에 미국이 그린란드 써밋에서 빙하코어를 시추한 프로젝트

3) GRIP (Greenland Ice Core Project)
1989~1992년에 유럽 8개국이 그린란드 써밋에서 빙하코어를 시추한 국제공동 프로젝트

4) NEEM (North Greenland Eemian Ice Drilling)
2007~2011년에 우리나라를 포함하여 14개국이 참여하여 그린란드 북서쪽 빙하코어를 시추한 국제공동 프로젝트(2007~2011)

5) North GRIP (North Greenland Ice Core Project)
1999~2003년에 유럽과 미국 등 9개국이 참여하여 그린란드 북서쪽 빙하코어를 시추한 국제공동 프로젝트